초등 5,6학년
공부의 정석

초등 고학년 학부모 필독서

초등 5, 6학년 공부의 정석

 교집합 스튜디오 멘토

권태형, 주단 지음

북북북
PUBLISHING COMPANY

들어가며

초중고 다양한 연령대 아이들을 지도해 오면서, 지금까지도 기억에 남는 제자가 여럿 있습니다. 그 당시도 유독 잘 따랐지만 지금까지도 때가 되면 자주 연락하는 아이가 특히 그렇고요. 가르치는 동안 눈부신 성장을 이뤄 결국에는 원하는 목표를 달성했던 아이와 반대로 공부로 인한 여러 상처를 눈물과 분노로 표출하던 가여운 아이도 기억합니다. 또 저와 수업할 때는 큰 문제가 없었는데 그 이후에 들리는 소식이 좋지 못해서 안타까웠던 아이도, 좀 더 일찍 만나지 못한 것이 못내 아쉬웠던 아이와 이제라도 저를 만나 너무나 다행이라고 여겼던 아이도 생각납니다.

그중 초 5, 6 시기는 많은 아이의 나쁜 상황이 눈에 보이기 시작하거나 동시에 좋은 변화의 출발점이 되는 '변곡점'이었습니다. 이 2년 간의 울고 웃는 과정이 그 이후 아이의 중고교 시절 6년을 좌우해서 결국에는 (좋은/나쁜) 결과를 만들어 냈곤 했으니까요. 그래서 단언컨대 초 5, 6은 12년 간의 학창 시절에서 가장 중요한 시기입니다.

초등 영재는 왜 초등 5학년 때 공부에서
손을 놓아 버렸을까?

초등 4학년 겨울방학에 처음으로 만난 A는 동네에서 이름난 영재였습니다. 각종 경시대회에서 입상했고, 영재원에서도 상위권에 있었으며, 주요 과목 선행도 평균보다 한참 앞선, 예의 바르고 야무진 그야말로 '엄친딸'이었죠. 저와는 고등 선행을 시작하기 위해 처음 만나게 됐는데요, 겨울방학 동안만 고1 과정을 집중적으로 공부하기로 하고 처음 테스트를 해보니, 들리는 소문보다는 아이의 실력이 탄탄하지 않아서 영재보다는 '수재에 가깝다'고 생각했던 기억이 납니다. 의대 진학을 염두에 두고 공부를 시키고 있다는 말씀을 하시던 어머님이, 아이 공부에 매우 적극적이시고 또 많은 것(교육 정보 등)을 알고 계시는 눈치여서 꽤나 인상적이었죠. 나중에 알고 보니 독서지도사, 자기주도학습지도사, 아동미술지도사, 독서미술지도사 등 아이 지도 관련 자격증을 엄청나게 많이 보유하신 실력자(?)셨더라고요. 아이의 실력만큼이나 어머님의 교육에 대한 열정이 흘러 넘치셨습니다.

그 후 아이가 중학교 진학을 앞둔 시기에 한 번 더 연락을 받았습니다. 2년 만에 만난 아이의 어머님은 목소리부터 많이 달라져 있었어요. 제게 지난 사정을 자세히 이야기하며 한 번 더 아이를 맡아달라고 부탁하시더군요. 어머님의 말씀이, A는 6학년이 되면서 공부에서 아예 손을 놨고, 요즘엔 하루 종일 게임을 하거나 폰만 보면서 엄마와는 대화도 하지 않으려고 한답니다. 지금 이 상태가 조금이라도 더 지속되면 되돌릴 수 없는 것이 불 보듯 뻔한데 지금까지 쌓아온 것이 너무 아깝다며 결국에는 본인만 손해인 걸 애가 잘 모르는 것 같다고도 하셨어요. 그래도 선생님은 잘 따랐으니까 아이 마음 좀 잡아 달라면서 진도는 많이 안 나가도 괜찮다고, 제발 꼭 좀 부탁드린다고 하시더라고요. 그때는 제 상황이 여의치 않아서 어렵게 고사했었는데 그 아이가 두고두고 마음에 걸렸습니다. 그래서 두어 번 아이를 개인적으로 만나 이야기를 들어보기로 했어요.

2년 만에 만난 A는 많이 달라져 있었습니다. 예전의 생기는 온간데 없고 일단 표정부터 시큰둥했어요. 예전의 이 아이였다면 상상할 수조차 없을 만큼 또래 스타일(?)처럼 멋을 부렸더라고요. 그리고 저를 굉장히 많이 따랐던 예전과는 달리 다시 만났을 때는 제 말에 별 반응을 보이지 않고, 눈도 마주치려고 하지 않았습니다. 그러다 시간을 갖고 이런저런 말로 마음을 풀어주니 A가 조금씩 이야기를 시작했어요. A의 말을 듣자 하니 A의 어머님은 지금 예전에 A와 사이가 좋았던 선생님을 하나씩 찾아다니며, 지도를 다시 부탁하고 계시대요. A의 말로는 본인은 공부할 마음이 전혀 없는데, 엄마가 괜한 애를 쓰고 있다면서 굉장히 귀찮다고 하더군요. 그러고는 공부를 왜 해야 하는지도 모르겠고 그동안 열심히 해서 이제는 지쳤답니다. 공부를 더는 안하고 싶대요. 그래도 저는 선생님의 입장에서 지금 A가 처한 객관적인 상황에 대한 조언을 해 주고 싶었습니다. 그래서 A와 오랜 시간 같이 있으면서 좀더 자세히 얘기를 들어봤죠. A는 저와 수업을 마친

후부터 초등 5학년, 1년 동안 고등 수학을 모두 다 한 번씩 배웠다고 합니다. 엄마의 목표에 따라서 초등 6학년이 되기 전에는 끝내야 한다고 해서, 공부하기 싫어도 꾸역꾸역 배우긴 했는데 솔직히 따라가기가 너무 힘들었다고 하더라고요. 사실 자신은 그렇게 똑똑한 사람 같지 않은데, 엄마는 항상 '넌 다 할 수 있다', '공부하다 죽는 사람 없다', '잘 못하는 건 네가 게을러서'라면서 숙제가 너무 어렵고 시간이 없어서 못 하고, 테스트 점수가 좋지 않으면 화를 내고 꾸짖기만 했다고 합니다. 그래서 배우고 있는 것이 뭐가 뭔지 하나도 모르겠는데도 엄마의 화를 피하기 위해 엄마가 학원에 가라면 그냥 가고, 과외도 받으라면 받았다고 하더라고요. 그런데 어느 순간부터 엄마의 말을 듣기가 너무나 싫어졌다고 합니다. 그리고 왜 이렇게 살아야 하는지 매일 생각했다고 하더군요. 어릴 땐 엄마를 참 좋아했는데, 언제부턴가 엄마는 예전만큼 칭찬해 주지도 않고 웃어 주지도 않고, 지금은 좋은 성적을 받는 것과 숙제하는 것, 방에 들어가 공부하는 것만 좋아하는 사람이라고 느껴진다고 합니다. 공부를 안 하면 자신을 사람 취급도 하지 않는 엄마가 너무 미워서 이렇게 반항하고 있다고요. 몸은 커졌지만 아직은 어린아이라 그런지, 이 얘기를 하면서 울먹여서 시간이 한참이나 흘렀습니다. 저도 속상해서 손을 꼭 잡고 같이 울어줬어요. 그러고 나서 앞으로 어떻게 하고 싶냐고 물어봤더니, 그래도 똑똑한 아이여서인지, 중학생이 될 때까지만 아무것도 안 해도 그냥 내버려 뒀으면 좋겠다, 엄마가 앞으로 본인한테 신경을 안 썼으면 좋겠다고 하더라고요. 그러고 나서 공부가 하고 싶은 마음이 들면, 자기가 하고 싶은 만큼, 하고 싶은 대로 하고 싶대요. 자기도 인생을 망치고 싶지는 않다고요. 저는 그 아이의 말에 고개를 끄덕여줬습니다. 그리고 그 아이의 어머님께 이 모든 이야기를 가감 없이 전해드렸어요.

 그 이후에 A는 어떻게 되었냐고요? 우선 다행히도 A의 어머님은 아이 손을 억지로 끌고 달리는 것은 멈추셨어요. 알고 보니 A가 전한 말 말고도 그 1년 사이 제가 봐도 과한 공부 분량과 일정으로 정말 많이 힘들었겠더라고요. (여기에 언급하지 못하는 많은 일이 있었어요.) 물론 A의 어머님이 이렇게까지 한 것은 자녀에 대한 나름의 사랑 표현이자 기대였을 겁니다. 저도 잘 알고 있기에 그 행동이 절대적으로 잘못되었다고 생각하지는 않습니다. 다만 아이의 의사나 상태 등을 고려하지 않은 '일방적인 행동'이었다는 것은 분명히 문제죠. 번아웃이 온데다 사춘기까지 겹쳐서 세상의 모든 고민을 짊어진 아이에게는, 안타까운 마음에 내던지는 어머님의 말씀이 한낱 잔소리처럼 느껴졌을 겁니다. 아마도 A가 중고등 시기까지 참고 참아 터지기 직전까지 더 몰아 부치셨으면 A는 더 엇나갔을 게 뻔하고 모녀 관계도 돌이킬 수 없는 지경에 이르렀을 겁니다. 그 전에 문제가 불거졌다는 것 그리고 어머님이 그때라도 아이를 생각하는 마음의 표현 방식을 바꾸셨다는 것이 얼마나 다행인지 몰라요. 세상에는 이 사례보다 더 극단적인 자식 사랑, 본인을 투영한 과한 통제 등 '사랑'이라는 이름으로 가해지는 수많은 학대가 존재하기 때문입니다.

책의 서두부터 본의 아니게 다소 어두운 이야기를 풀게 되었네요. 이처럼 초 5, 6은 고학년이자 중등 진학을 앞둔 시기라서 학부모님들은 자기 자녀를 다른 아이들과 비교하며 불안감을 갖기 쉽습니다. 그래서 과한 통제와 강요로 아이와의 관계를 망치게 되죠. 아이들 또한 사춘기로 통용되는 몸과 마음, 학습, 관계 등 온갖 것에 자의식을 담기 시작하는 때라서 예전 같으면 혹은 그 이후라면 그냥 웃고 넘길 수 있는 것들로 부모님과 서로 어긋나기 쉬운 시기고요. 왜 "엄마의 갱년기 대 아이의 사춘기"라고도 하잖아요? 그러니 한때 영재였던 A의 사례를 통해 지금까지 아이와의 관계나 학부모님의 행동에 혹시 틈이 생길 부분은 없는지를 한 번쯤 되돌아 보는 계기가 되었으면 합니다.

초 5, 6까지 심화나 선행과는 담을 쌓은 아이가 중등 최상위권이 된 이유

B에 대한 이야기를 들은 건, B가 중학교 1학년 2학기 무렵이었어요. '들었다'는 표현을 쓴 것은 B가 저의 제자가 아니라 B의 부모님께 전해 들은 내용이기 때문입니다. B의 부모님은 전국에서 열리는 저의 강연에 서울, 대전, 인천, 경기 등 거리를 마다하지 않고 자주 찾아오셨습니다. 우연한 기회에 두 분 중 한 분이 저의 강연을 들으셨고, 그 이후에 또 같이 들으러 오셨지요. 그렇게 여러 번 같이 오셔서 강연 후 여러 가지 질문을 하시고 저는 답변을 드리면서 B의 이야기를 자

세하게 들을 수 있었던 것이죠.

B는 수학도, 영어도 제 학년 과정을 아주 충실히만 밟아온 아이였어요. 한마디로 딱히 선행을 시작하지도, 심화를 해 오지도 않은 그냥 '교과서에만 충실'한 사례였습니다. 그 과정 내내 B의 부모님 또한 조금의 불안함을 느낀 적도 없고, 공부하라는 말은 단 한 번도 해본 적이 없다고 하시더군요(이 부분도 대단하다고 생각했습니다). 초등 때는 그야말로 과목을 불문하고 교과서와 교과 문제집 1권이 학습 도구의 전부였고, 굳이 공부 습관을 들이려고 노력하지도 않으셨다고 해요. 아이가 유일하게 시간과 노력(?)을 들인 것이 있다면 독서와 운동이었답니다. 책은 만화책이든 동화책이든 그림책이든 본인이 원하는 책은, 한마디도 덧붙이지 않고 무엇이든 다 사주셨고 운동은 태권도는 검은띠이고, 수영도 수준급으로 하는 상태였다죠. 중학교에 올라가서도 딱히 시험이 없어서 (자유학년제: 중간 기말 시험 없고 수행평가로 대체) 초등 때와 크게 다른 학습을 하지는 않았는데, 중 2를 앞두고 '이제는 제대로 공부를 좀 시켜야 하지 않을까'하고 생각하시던 찰나에 저의 강연을 들으셨던 겁니다. 그런데 신기한 것은 초등 때 그렇게 특별한 공부를 하지 않았는데도, 중학생인 지금까지도 (물론 중 1입니다) 단원 평가나 수행평가, 학교 수업 때문에 크게 문제되는 일이 없었다는 것이었어요. 오히려 과목 선생님들마다 칭찬을 하고 공부 잘하는 아이로 친구들이나 주변 엄마들에게 눈도장을 찍었다고 하네요. 아마도 그것이 지금까지 학습과 관련해서 별다른 고민을 하지 않으셨던 이

유였을 겁니다. 중 1까지 독서만으로 실력을 쌓을 수 있었다는 것이 조금은 놀라워서 그래도 뭔가, 특별한 비법이 있지 않을까 싶어 B의 독서에 대해서 (독서가 그나마 학습 결손을 메우는 유일한 변수였다 싶었죠) 좀더 자세하게 여쭤보았어요. B의 아버님의 대답을 듣고 나니 비로소 '수수께끼가 풀렸다'는 느낌이었습니다.

B는 4학년 때부터 주말이나 학교에 가지 않는 날이면 두 분 중 한 분과 거의 매일 '서점'에 갔다고 합니다. 일부러 큰 서점에 가서 이른 바 '책장 읽기'를 했다는데, 생소하시죠? '책장 읽기'란, (처음에는 아이 수준에 맞는 도서 섹션, 예를 들어 '아동 만화'에 가서) 책장 하나를 지정한 후, 오늘 집에 갈 때까지 이 책장에 있는 책들 중 '보고 싶은 책'은 모두 보고 가는 것이라고 합니다. 그렇게 오늘은 이 책장, 내일은 저 책장 하다가 아동 섹션을 벗어나 청소년 섹션으로, 영어 섹션으로 그렇게 옮겨 갔고요. (물론 부모님도 그 시간에 책을 보셨다고 합니다) '와! 이게 가능하다고?'라는 생각이 드실 것 같은데요, 저도 그 이야기를 듣는 순간 정말 깜짝 놀랐습니다. 물론 우리가 생각하는 것처럼 어떤 일을 끝마치듯이 책장 하나, 하나 클리어 하는 방식으로 진행되지는 않았답니다. 며칠이 걸리기도 하고, 때로는 한 달 내내 한 책장에 머문 적도 있었대요. 어떤 날은 그 책장에 보고 싶은 책이 한 권도 없다고 할 때도 있었고요. 그런데 최소 하루 1권은 끝까지 보는 날이 많았다는 거죠. 저는 아이가 그 과정에서 이미 선행과 심화 이상의 뭔가를 배웠을 것이라고 확신했습니다. 중 2를 앞둔 지금부터는 초 4부터 머릿속에

마구잡이로 집어 넣은 지식을 하나씩 꺼내어 정리만 하면 되겠다는 생각이 들었죠. 그래서 그 이후의 교과 학습에 대해서 대략적인 설계를 해드렸는데, 지금도 잘하고 있다고 가끔 이메일로 소식을 전해 주십니다.

다행히 B는 '지금이 사춘기가 맞나?'라는 생각이 들만큼 별 탈 없는 초등 5, 6학년을 보냈고, 오히려 사춘기에 겪는 다양한 생각과 감정으로 인한 혼란을 본인이 읽고 싶은 다양한 책을 보면서 해소했던 것 같다고 하시더군요. 보통 초 5, 6 이후 아이들에게는 부모님의 공부에 대한 조언이 '씨도 안 먹힌다'고 알고 계시잖아요? 그런데 B는 오히려 좋아했다고 하네요. 제가 알려드린 교과 설계와 공부법을 그대로 아이에게 적용하고, 때로는 혼자 해보라고 전달을 해도 기꺼이 받아들이고 제 것으로 만들어 갔답니다.

이 사례를 보고 어떤 생각이 드세요? '아, 아이가 참 특별하다'라는 생각이 우선 드실텐데요, 물론 성격이나 기질 자체가 느긋하고 정적인 아이인 것은 맞습니다. 하지만 저는 환경과 부모님과의 관계가 지금의 아이를 만든 것이라고 확신해요. 다른 아이와 비교하며 불안한 마음을 가지기 쉬운 초 5, 6 시기에 B의 부모님은 본인들의 기대치보다 B가 다소 늦더라도 괜찮다고 생각하셨다고 하고요. 그 덕분에 B는 초등 때는 공부에 대한 스트레스가 거의 0에 수렴할 정도로 적었고, 그 대신 책을 마음껏(?) 볼 수 있는 환경에 자연스럽게 놓이게 되어 책을 고르는 눈도, 지식을 펼쳐가는 방법도 터득할 수 있었지요. 그리고 그 모든 상황에서 '너는 해라. 내가 감시한다.'가 아닌 '함께할게.'라는 마인드를 가진 부모님께 어떤 불만을 가질 수 있었을까요?

이 글은 보고 계신 모든 분께 B 가족의 '책장 읽기'를 추천하지는 않습니다. 아니, 할 수가 없을 거예요. 하지만 여기서 우리가 배울 것은, 초 5, 6은 무엇을 시작하든 절대 늦지 않은 시기이다, 길게 보면 중 1까지도 괜찮다, 공부든 독서든 이때라도 만들어진 좋은 습관은 본격적으로 공부를 해야 하는 시기(중 2부터!)의 아이들에게 엄청난 자산이 된다는 것과 부모-자식 간의 관계는 사실 별거 없다, 아이의 자율성을 최대한 존중하되 함께해 주면 된다는 것입니다.

자, 이렇게 두 사례를 통해서 초 5, 6 시기에 대한 큰 메시지를 전달해 드렸습니다. 지금부터는 본격적으로 1부에서 초 5, 6 시기가 '어떤 시기인지', '어떻게 달라지는지' 그래서 우리 아이에게는 '어떤 역량이 필요한지' 그리고 '우리 부모의 역할은 무엇인지'에 대해서 하나씩 짚어드릴 거고요. 2부부터는 총 20일에 걸쳐 '초등 5, 6학년 공부력의 기초 체력을 키우는 방법'과 '올바른 학습 과정을 설계하는 법', '국영수사과 과목별 핵심 공부법', 마지막으로 '사교육과 입시 정보를 똑똑하게 활용하는 법'까지 여러분이 우리 아이의 학습, 입시 코치로서 알아야 할 모든 것들을 담았습니다. 또한 여러 자녀 교육서를 읽기는 하지만 제대로 실천이 안 되던 분들을 위해 DAY마다 배운 내용을 쉽게 적용해 볼 수 있는 '실천 질문'들도 실었으니까요. 그대로만 따라 해도 이 책 한 권이면 누구나 20일 만에 훌륭한 코치로 성장할 수 있습니다. 완독 후 코치 데뷔전으로 우리 아이의 눈부신 미래를 함께 개척해 보세요.

준비되셨나요? 그럼 밑줄 그을 펜과 메모지, 즉 초 5, 6을 정복할 무기를 한 손에 하나씩 들고서 지금부터 저를 잘 따라오시기 바랍니다. 지금부터 시작합니다!

들어가며

초등 영재는 왜 초등 5학년 때 공부에서 손을 놓아 버렸을까요?

초 5, 6까지 심화나 선행과는 담을 쌓은 아이가 중등 최상위권이 된 이유

초등 5, 6학년은 단언컨대
가장 중요한 시기입니다

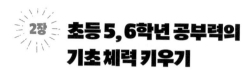

초등 5, 6학년 공부력의 기초 체력 키우기

3장 초등 5, 6학년 학습 코칭의 첫 단추 채우기

4장 초등 5, 6학년 학습 코치가 알아야 할 과목별 핵심 공부법

5장 초등 5, 6학년 학습 코치가 알아야 할 똑똑한 사교육 & 입시 정보

1장

초등 5, 6학년은 단언컨대 가장 중요한 시기입니다

1.

초등 5, 6학년은 이런 시기입니다

불안한 부모와 아이의 이상동몽(異床同夢)

"언제 이렇게 컸는지 모르겠어요. 아직 어린아이 같기만 한데 벌써 중학생이 코앞이네요. 중학생 땐 부모의 손을 떠나서 혼자 뭐든 할 수 있어야 한다는데, 과연 우리 애가 할 수 있을지 모르겠어요."

"다른 집 아이들은 벌써 중등 선행을 시작했다는데 우리 앤 아직도 제 학년 거나 하고, 시켜야만 겨우 책상에 앉는 걸 보니 하루에도 몇 번씩 복장이 터집니다. 이러다가는 우리 애만 뒤처지겠어요."

"학원은 생각도 안 하고 있었는데 선배 언니 말이, 지금 아니면 보낼 학원도 없다는데요? 이것저것 챙길 것이 많다는데 지금부터 알아보다가 하나라도 놓칠까 봐 걱정입니다."

초 5, 6은 유독 '카더라'가 난무하는 시기입니다. '엄마표'를 성공적으로 이끌어 온 초등 저학년 맘(mom)에게도 고학년 맘은 아직 미지의 영역이거든요. 길게 봐야 중학년까지는 아이의 영어며 수학을 봐주었던 '티칭 맘'도 갑자기 높아지는 전 과목 교과의 난도와 '중요한 때라는데 자칫 잘못 알려주면 어쩌지!'라는 불안감으로 저절로 손을 놓게 하는 시기입니다. 물론 초등 시작과 함께 아이의 12년 로드맵을 그리는 부모님(교육 전문가이거나 둘째 아이 이상의 경우)도 있고, 지나고 보면 그 시기 또한 별거 아니었다고 하시는 분들도 있겠습니다만 대부분 첫 아이가 초 5, 6을 앞둔 부모는 확신을 갖기가 어렵습니다. 그래서 (공부를 잘한 부모님의 경우)내 경험담 또는 친척 (친정 언니 등), 동네 맘, 인터넷 커뮤니티나 책과 유튜브 영상을 통한 전문가의 조언에 귀를 기울이게 되죠.

초등은 아이들의 실력이나 성과가 눈에 띄기가 어렵기 때문에 크게 실패하는 경우가 아니라면 시행 착오를 모르고 넘어가기도 합니다. 하지만 중학교 때부터는 다르죠. 당장 아이들의 시험이 있고 또 '누가 선행을 얼마나 했는지'가 공부를 잘하는 아이와 아닌 아이를 구분하는 하나의 잣대가 되어 버렸기 때문에 일반적인 기준에 미치지 못하면 불안한 마음이 들 수밖에 없습니다. 어쩔 수 없는 마음인 것은 인정합니다.

초 5, 6 정도 되면, 부모님 못지않게 아이도 주변 상황을 객관적으로 보게 됩니다. 같이 놀던 친구가 학원 일정에 쫓겨 더는 같이 놀 수 없게 되었다거나 "C가 이번에 거길 들어갔다며? D는 지금 중 2 거 공부하고 있대."라고 어른들이 하는 말이 더는 자신과 상관없는 이야기가 아니라는 것도 알고 있죠. 게다가 다른 친구와 비교해서 내가 더 잘하고 있다는 생각에 우쭐하기도 하고 친구보다 부족하다는 생각이 들 때는 불안함을 갖게 되는 등 아이들도 부모님 못지않게 불안한 시기를 보내고 있습니다.

불안함의 종류는 다양합니다. 충분히 잘하고 있는 아이도 '완벽하지 못하다'는 생각 때문에 불안해하기도 하고, 겉으로 보기엔 '포기했다'는 말로 초연해 보이는 아이도 내면에는 불안함이 숨겨져 있습니다. 불안해서 더 열심히 하기도 하고 반대로 그 불안함 때문에 공부하는 것 자체를 거부하기도 하죠. 그래서 이런 '불안감'이 큰 사람을 걱정하는 이도 많이 있지만 사실 불안은 집중력을 높이고 판단력에 도움을 주는 순기능도 합니다. 수능 시험장에서 극도의 긴장과 불안을 느낀 나머지 고도의 집중력으로 평소 실력보다 훨씬 더 좋은 성과를 냈다는 얘기는 아주 드문 경우가 아니니까요. '실전에 강하다, 무대체질이다'와 같은 사례가 불안함이 만든 대단한 힘일지도 모릅니다.

초 5, 6 아이들 중에는 간혹 '준비'가 되지 않았는데도 불안한 마음에 '학원을 보내달라, 선행을 하게 해달라'고 요구하는 아이들이 있습니다. 이 시기는 친구들과의 관계가 중요한 때라서 친구 따라 강남 가고 싶은 마음이 크기도 하고, 또 가만히 있는 것보다는 학원에 가서 앉아 있으면 불안감을 잠재울 수 있을 것 같다고 여기지요. 그럴 때 '드디어 우리 애가 공부할 마음이 생겼나! 욕심이 생겼나!'라고 생각하며 마냥 기뻐하실 것이 아니라 상황을 객관적으로 판단하고 아이를 이끌어 주셔야 합니다. 학원이 아이를 일시적으로 불안의 웅덩이에서 빠져나오게 할 수는 있지만 실력이 안 되는데도 다니고 있다면 그 때문에 발생하는 공부 자존감의 상실, 효능감의 말살 등이 우리 아이를 좀먹기 때문입니다. 선행학습은 한 번 올라타면 절대 내릴 수 없는 폭주 기관차라고들 합니다. 사실 내려도 되고, 내려서 다시 완행열차를 타도 되지만 대부분의 학부모님과 학생들은 내리면 큰일 나는 것으로 알고 있으니까요.

부모님이 불안해하면 아이도 불안합니다. 그러니 조금은 여유를 가지고, 가능하다면 절대로 아이 앞에서 불안을 드러내지 마세요. 지금이 시기, 모두가 불안하다는 것을 인정하고 나면 한결 마음이 편해질 겁니다. 행여 어떤 걸 꼭 배워야 한다(고 하)는 골든타임을 놓쳤다고 하더라도 우리 아이가 성장하는 한 언젠가는 만회할 기회가 옵니다. 그리고 오히려 그런 상황 때문에 아이는 스스로 더 절실함을 느껴서 예상보다 더 빨리 배움을 흡수하는 경우도 많아요. 단,(그럴 상황이 아닌데도) 학원에 보내달라고 우기는 아이에게 무조건 '안 돼!'라고 접근하는 것은 절대 금물이에요. 그 대신 아이의 흔들리는 마음, 불안한 마음에 든든한 버팀목이 되어주세요. 그래도 기어이 하겠다고 우긴다면, 결과에 책임을 지도록 하시면 됩니다. 초 5, 6 때 부모님께 그런 요구를 할 아이라면, 책임을 지기 위해서라도 열심히 할 테니까요. 그리고 언제든 힘들면 의논해라, 우리는 항상 너를 응원한다는 말도 덧붙여 주시고요. 이 참에 우리 아이에게 책임감을 증명할 기회를 주시는 건 어떨까 싶습니다.

제대로 된 공부를 시작해야 할 '골든타임'

초등 저학년 아이들의 실력은 '종이 한 장' 차이입니다. 단원 평가 준비를 얼마나 했는지, 평소에 얼마나 규칙적인 습관을 들여 공부했는지 등에 따라서 아이들 성적이 결정되죠. 만약 이번에 성적이 좋지 않았다면 다음 시험에 작정하고 준비하면 가뿐히 좋은 성적을 받을 수 있습니다. 실제로도 저학년 교과 내용은 그렇게 어렵지 않기 때문입니다. 게다가 아이가 스스로 계획을 세워 학습하는 단계가 아니기 때문에 전적으로 부모님의 학습 지도에 아이 실력이 달려 있습니다. 그래서 이때는 "아이의 성적은 곧 부모님의 성적이다."라는 표현을 쓰기도 하죠.

초 5, 6, 즉 고학년이 되면 상대적으로 아이들의 성적이 쉽게 바뀌지 않는 것처럼 보입니다. 내용이 어려워진 이유도 있고, 1~4학년 때 차근차근 쌓아온 실력이 이제야 빛을 발하기 때문이기도 하죠. 또 소위 말하는 '할놈할(공부를 할 만한 아이만 한다)'이기 때문에 우리 아이가 공부에 재능이 없다고 판단하시는 분은 굳이 시험 하나하나에 크게 신경을 쓰지 않는 시기이기도 합니다. 그래서 초등 5학년부터는 '그들만의 리그'가 시작된다고 생각하시는 분도 있죠. 하지만 안심하기도 쉽게 포기하기도 이른 시기가 바로 초 5, 6입니다. 이때는 단순하게 그동안 해왔던 공부의 결과만이 아니라 여러 방면에서 새롭게 변수가 등장하는 시기입니다. 지금까지 잘해 왔다고 하더라도 사춘기를 잘 넘기지 못하고 주저앉게 되는 아이도 있고요. 지금까지 해왔던 실력이 '진짜' 실력이 아니라 '거품' 실력이었던 아이일 수도 있습니다. 또 지금부터라도 기본기를 잘 갖추어 중학교에 진학해서 그때서야 자신만의 꽃을 피우는 아이들도 있지요. 중요한 것은 '눈에 띄게 벌어지는 실력'을 보고 일희일비하기에는 너무 이르다는 것입니다. 그리고 지금부터 해도 전혀 늦지 않았다는 사실입니다. 앞으로 대입과 그 이후의 인생을 위해 진검승부를 해야 할 고등학생이 되기까지는 아직도 3~5년이라는 시간이 더 있기 때문이죠. 오히려 지금이라도 경각심을 가지고 저와 함께 실천하게 되어서 다행이라고 생각해 주시면 더 좋을 것 같습니다.

초 5, 6은 초등 저학년 때부터 (잘못된 것인지도 모른 채) 이어온 잘못된 학습 패턴은 과감히 버리고 지금부터라도 제대로 된 공부를 시작해야 할, 그야말로 '골든타임'입니다. 초등 고학년에 꼭 해야 할 것이 무엇인지를 파악하고 과감한 변화와 실천이 필요한 때이죠. 어떤 분은 '초 5, 6 때 중등 준비를 하지 않으면 늦는다. 이제 사춘기가 들어서니 더는 손쓸 수가 없다. 다 자기(아이) 할 탓이다.'라고 생각하실 수 있지만, 전혀 그렇지 않습니다. 그보다는 초 5, 6이 변화의 가장 중요한 시작점이고, 아직은 시간적으로 여유가 있으며, 사춘기와 공부라는 이중고를 앞둔 아이의 무거운 짐을 덜어줄 수 있는 사람은 오직 부모님뿐이라는 것, 그것을 알게 된 이상 바로 지금부터 행동으로 옮겨야 된다는 것만 기억해 주시면 좋겠습니다.

자기주도학습이 목표라면, 반드시 거쳐야 할 것들

다음 중, 가장 바람직한 학습 형태는 무엇일까요?

1) 부모주도학습 2) 자기주도학습 3) 학원주도학습 4) 학교주도학습

정답은 2)번일까요? 음, 2)번일 수도 있지만 좀 더 정확한 답은 '때에 따라 다르다'입니다. 무조건 자기주도학습이 옳다고 생각하신 분들은 깜짝 놀라셨을 것 같은데요, 지금부터 그 이유를 설명해 드릴게요.

미취학부터 초등 저학년 때까지는 아이 스스로, 공부할 것과 분량, 시간 등을 계획하고 실행할 수가 없습니다. 아무리 어릴 때부터 아이를 독립적으로 키우셨다고 하더라도요. 그러니 당연히 1)부모주도학습이 일어날 수밖에 없어요. 그런데 여기서 우리가 한 가지 놓치고 있는 것이 있어요. 1)부모주도학습에 4)학교주도학습도 병행해야 한다는 사실입니다. 초등 1학년은 아이가 학교라는 체제에 처음으로 발을 들여놓는 시기입니다. 특히나 첫 아이라면 부모 또한 (요즘) 학교 입학이 첫 경험인 셈이지요. 이런 상황에서 초등학교 입학 전, 가정에서 나름의 학습 지도를 하셨다고 하더라도 학교라는 공간에서의 '실전' 경험과는 조금 다를 수 있습니다. 그래서 학교 수업과 우리 아이의 학교 적응 정도, 아이의 성향 및 담임 선생님과의 공조를 통해서 수정하며 발전시켜야만 합니다. 초등 중학년은 아이나 부모님 모두 학교 생활에 어느 정도 익숙해졌을 때이니 1)부모주도학습을 중심으로 진행하되, 아이에 따라서는 조금씩 2)자기주도학습을 더해 보는 것을 추천합니다. 유독 자기 주장이 강해서 어릴 때부터 본인의 의지대로 무언가를 하고 싶은 마음이 큰 아이라면, 일방적으로 '정해 주는 것'보다는 자율성을 부여하고 책임을 가르치는 것이 올바른 양육 방향성일 테니까요. 하지만 그러지 못했다고 해서 '우리 아이가 너무 늦나?'라고 걱정하실 필요는 없습니다. 이 시기는 모든 아이가 '스스로 학습'을 할 수 있는 단계가 아니기 때문에 1)부모주도학습만 진행하는 것도 충분히 잘하고 계신 거거든요.

초등 고학년이 되면 1)부모주도학습에서 서서히 손을 떼면서 2) 자기주도학습를 중점적으로 훈련시키셔야 합니다. 초등 중학년 때부터 자기주도학습의 습관을 들였던 아이라면, 부모주도학습을 완전히 멈추고 아이의 등 뒤에서 '어떤 도움이 필요할까?'를 궁리하며 응원해 주시는 것으로 충분합니다. 하지만 초등 고학년이 되어 처음으로 자기주도학습을 시작한 아이라면, 자기주도학습의 첫 단계인 '계획 단계'부터 학부모님이 하나씩 주도권을 넘겨주시면서 아이의 선택에 대해 '긍정적인' 피드백을 해주시면 좋습니다. (여기서 '긍정적인' 피드백이란 점이 매우 중요합니다.)

자, 이쯤에서 '그럼 3)학원주도학습은 절대악(惡)인가?' 하고 오해하시는 분이 있는데요, 당연히(?) 아닙니다. '모든 아이'라고 단정하기는 어렵지만 많은 아이에게 일시적으로는 3)이 필요합니다. 1)부모주도학습과 2)자기주도학습의 공백 사이에서 갈피를 못 잡는 경우라면 더욱 그렇죠. 그럼에도 잘 쓰이면 약이 될 학원주도학습이 바람직하지 않은 의미로 쓰이게 된 것은, 부모님이 아이 학습과 관련에서 손을 완전히 떼 버린 상태(무조건 믿고 맡기며, 별도의 신경을 쓰지 않음)에서 아이도 학원에 왔다 갔다 하며 숙제 외에는 개별적인 공부를 전혀 하지 않고, 100% 학원에 의존하는 상황이기 때문입니다. 이럴 경우에는 학원에 대한 의존도가 지나치게 높다 보니, (운 좋게(?) 마침 좋은 학원에 다닌다면 그나마 낫겠지만) 학원이 제대로 된 학습 지도를 못해 주거나 혹은 학원은 좋은 곳이지만 (경제적인 문제, 이사, 고등학교 때 야간자율학습 강제 등으로) 언젠가 다니지 못하는 상황이 된다면 아이는 스스로는 공부를 전혀 할 줄 모르게 됩니다. '에이! 따로 공부할 시간이 없어서 그렇지. 시간이 주어지면 누구나 공부는 할 수 있는 거 아닌가요?'라는 생각이 드시지요? 그런데 놀랍게도 고등학생 아이들조차 스스로 공부하라고 주어진 '자습' 시간에 어떤 공부를 어떻게 해야 할지 모르는 아이들이 태반입니다. 그동안 100% 학원주도학습을 한 아이들에게 공부란 누군가가 떠먹여 주는 것, 그 이상도 그 이하도 아니었으니까요.

제가 가르쳤던 중학생 E는 저를 만나기 전에 '이렇게나 공부를 하는데도 왜 성적이 오르지 않지?'라는 의문을 계속해서 품었던 학생이었습니다. E의 하루, 일주일의 일과를 들어보니 매일 과목별 학원을 번갈아 다니고, 시험 기간에는 친구들과 독서실에서 밤늦게까지 공부했으며, 평일에는 학원과 학교 숙제로 빡빡하게 보내고 주말에도 쉬기는커녕 밀린 공부를 하는 등 정말 열심히 공부(?)하는 학생이었습니다. 그런데 짐작하시는 대로 스스로 공부할 시간은 절대적으로 부족했고 방법도 딱히 모르는 학생이었어요. 학원에서 시키는 대로 주어진 것만 했고, 복습할 시간은 당연히 없어서 '학원 숙제=공부'라고 생각하는 아이였죠. 시험 기간에 친구들과 독서실에 가면 (애들이 다 보는) 내신 대비 문제집, 학원 프린트물, 학교 프린트물에 있는 문제를 푸는 것'만' 했습니다. 이미 배운 것, 본인이 공부한 것을 얼마나 제대로 알고 있는지도 당연히 몰랐고요. 한마디로 자신에게 어떤 부분이 부족한지도 모르는 상태였습니다. 그저 눈앞에 주어진 것을 하나씩 처리(?)할 뿐이고, 그것도 어떤 순서로 해야 할지 몰라서 항상 (나름) 계획했던 것을 끝마치지 못하고 시험을 보다 보니, 당연히 좋은 성적을 받을 수 없었던 것이었죠.

이런 아이들은 학교와 부모님의 도움 못지않게 제대로 된 '학원'의 세심한 지도가 필요합니다. 하지만 그 또한 결국엔 자기주도학습을 하기 위한 '교두보'로만 생각하셔야 한다는 것이 포인트예요. 학원은 어떤 식으로 학습을 해야 하는지, 예를 들어 영어학원이라면 우리 학교 내신 시험 대비를 위해서는 어떤 부분을 어느 정도까지 암기하고, 부교재나 프린트물은 어느 정도 복습해야 하는지 등의 방법을 배우는 곳이어야 하고요. 각 과목의 시험을 앞두고는 언제부터 내신 대비를 시작하고 시험 보기 1~2일 전에는 어떻게 마무리하는 것이 효과적인지와 같은 '공부하는 방법'을 배웠어야 합니다. 그런데 대부분의 아이들은 그저 학원에서 시키는 대로 할 뿐 배워서 그 방법을 내 것으로 만들어야겠다는 생각은 전혀 하지 않는다는 것이 문제죠.

그렇다면 초 5, 6의 자기주도학습은 어떻게 되어야 할까요? 1)부모주도학습을 중심으로 하되 필요하다면 3)학원주도학습의 도움을 받아 2)자기주도학습을 시작하는 단계여야 합니다. 이제 더는 늦출 수 없어요. 중학생이 된 아이들에게 가장 필요한 역량 중 하나는 바로 '자기관리능력'이자 '자기주도학습'이기 때문입니다. 언제까지 부모님이, 담임 선생님이 하나하나 다 챙겨주고 떠먹여 줄 수는 없습니다. 그도 그럴 것이 중학교에 진학하면 초등학교와 다르게 각 과목의 담당 선생님이 모두 다르기 때문에 수업 시간에 나눠주는 프린트물부터 수행평가 일정, 조별 과제, 교과 학습 외 학교 생활과 관련해서 스스로 챙겨야 할 것이 정말 많아집니다. 그걸 놓치지 않고 '해야 할 일'에 끌려 다니지 않으려면 초 5, 6부터 자기주도학습을 시작하는 것은 필수라는 말로도 부족한, '안 하면 큰일나는 것'입니다. 그러니 지금부터는 아이가 조금 못 미더워도 스스로 계획하고 결정하고 실행할 수 있도록 공부 주도권을 넘겨주세요. 거기에 각 과목의 공부 요령을 좀 더 제대로 배우게 하고 싶다면 이 책의 나머지 부분을 충분히 이해하고 아이와 하나씩 실천해 보시기 바랍니다. 3)학원주도학습을 생략하고 2)자기주도학습으로 갈 수 있는 지름길이니까요.

사춘기 아이를 공부시키기 위해 가장 먼저 해야 할 것

요즘 '중 2병'은 사춘기의 또 다른 표현이 아니라고 합니다. 그보다 시기가 훨씬 빨라져서 초 5, 6은 물론이고 사춘기의 '사'가 '4'학년의 '사'라거나 "초등 2학년인데 벌써 사춘기인가 봐요!"라는 걱정 가득한 커뮤니티 글도 종종 보일 정도입니다. 하지만 상대적으로 빠르거나 늦은 아이 일부를 제외하고, 일반적인 나이대인 초 5, 6의 사춘기는 확실히 아이들의 생활과 학습 전반을 마구 흔들어 놓는 중요 변수임이 분명합니다.

부모와 초 5, 6, 즉 사춘기에 들어선 아이와의 갈등의 이면에는 거의 항상 '공부'가 자리 잡고 있습니다. 부모님이 '초 5, 6 시기'가 우리 아이에게 정말 중요한 때라고 생각하면 할수록 '공부를 우선순위로 여기지 않는 아이'가 걱정되는 마음이 겉으로 드러나기 때문이죠. 하지만 부모-자식 간의 관계에서 '공부'가 질책의 수단이 되는 순간부터 서서히 관계에 금이 생기게 됩니다. 앞에서도 언급했듯이 이 시기 아이들의 불안은 나름대로 심각합니다. 그래서 아이는 공부를 하고 있다고 생각하는데도, 부모는 그 행동이 양(기준)에 안 차고 못 미더워서 계속 공부를 핑계로 아이의 행동이나 외모 등에 간섭하며 잔소리를 하는 경우가 많죠. 그럴 때면 아이는 '엄마, 아빠는 나한테 공부 말고는 할 얘기가 그렇게도 없나? 진짜 내 생각에는 관심도 없으면서!'라는 생각이 들 수밖에 없겠죠. 좀더 심각하게 받아들이는 아이는 '내가 공부를 하지 않거나 성적이 좋지 않으면 이제 더 이상 전처럼 나에게 사랑을 주지 않겠지.'라고 생각할 수도 있습니다. 생각만 해도 속상한 일이네요. 물론 부모님도 할 말은 많습니다. 무엇보다 예전에는 그러지 않았던 아이가 '변했다'며 배신감을 느끼는 분이 많으니까요. 백 번 양보해서 공부는 못 해도 되지만 최소한 약속한 것을 잘 지키고 노력하는 모습은 보여야 하는 것이 아니냐고 하실 겁니다. "나 때는 아르바이트를 하면서 전깃불(?) 밑에서 어렵게 공부했는데, 요즘은 공부만 하면 되는데도 그것도 못 하나?"라며 요즘 아이들의 나약함과 근성 없음을 한심하게 생각하실 수도 있겠죠.

그런데 가만히 기억을 떠올려 보세요. 학부모님의 사춘기 시절은 어땠나요? 물론 '나는 별 문제없이 보냈다'고 하시는 분도 주변 친구들이나 형제자매를 떠올려보면 모두 다 그런 상황은 아니었다는 기억이 나실 겁니다. 그런 상황에서 내 아이도 확률상 얼마든지, 사춘기를 호되게 보낼 가능성이 있습니다. 사춘기의 성향까지 부모를 꼭 빼닮는다는 보장은 없으니까요. 사춘기 아이들이 왜 그렇게까지 행동하는지, 왜 그런 모진 말을 쏟아내는지, 왜 공부를 도무지 하려고 하지 않는지, 극단적으로 인생을 망칠(?) 작정인 건지 알 수 없다면 우선 아이와 관계를 생각해 보고 또 대화해 보셔야 합니다. 아이의 감정을 이해하고 아이의 말을 경청할 때, 부모님의 걱정의 말이 정말 걱정으로서 아이에게 닿으니까요. 망가진 관계 속에서는 걱정스러운 말도 비난과 무관심의 또 다른 부분이라고 인식하는 것이 이때의 아이들입니다.

'공부'가 우선이 아닙니다. '관계'가 우선이에요. 그러기 위해서는 마음 속에 '도(道)'를 쌓으실 것이 아니라 아이를 객관적으로 바라봐 주는 것이 훨씬 더 중요합니다. 내 맘에 들지 않게 행동하고, 못하는 것만 보이던 아이도 옆집 아이 보듯이 객관적으로 보면 아이만이 가지고 있는 장점이 많이 보일 것입니다. 아주 작은 것이라도 좋아요. 아이의 장점을 발견하고, 그걸 계기 삼아 사랑과 칭찬의 관계를 이어가면 아이도 부모의 걱정을 걱정 그 자체로 받아들이고, 자신을 위한 '공부'를 시작할 것입니다. 사춘기, 너무 두렵게 생각하지 마세요. 우리 아이가 건강하게 자라고 있다는 증거예요. 그리고 사춘기 아이와의 '관계 열쇠'는 여러분이 쥐고 있다는 것도 꼭 기억하세요. 다 큰 것 같아도 아직은 보듬어야 할 어린아이입니다.

2.

초등 5, 6학년은
학습 과정도 달라집니다

초등 시기를 구분할 때, 편의상 가운데를 뚝 잘라서 4학년을 기점으로 저학년/고학년, 이렇게 반으로 나누기도 하지만 교과과정상의 변화와 지속성의 관점으로 보면, 초등은 저학년/중학년/고학년, 즉 1~2학년군, 3~4학년군, 5~6학년군으로 구분하는 것이 보다 정확합니다.

가장 큰 이유는 1, 3, 5학년을 기점으로 교과 편제가 바뀌고 수업 시간 배정이 달라지기 때문이에요. 실제로 아이들은 3학년에 들어서면 1, 2학년 때 배운 주요 과목인 '국어, 수학'에 새롭게 '영어, 사회, 과학'을 배우기 시작하고요. 5학년 때는 동식물 키우기, 옷과 음식, 발명, 진로, 코딩, 성교육 등의 내용이 담긴 '실과' 과목을 추가로 배우게 됩니다. 주간 수업 시간도 1~2학년은 23시간, 3~4학년은 26시간,

구분		1~2학년	3~4학년	5~6학년
교과(군)	국어	국어 448	408	408
	사회/도덕	수학 256	272	272
	수학		272	272
	과학/실과	바른 생활 128	204	340
	체육	슬기로운 생활 192	204	204
	예술(음악/미술)	즐거운 생활 384	272	272
	영어		136	204
	소계	1,408	1,768	1,972
창의적 체험활동		336	204	204
		안전한 생활 (64)		
학년군별 총 수업 시간 수		1,744	1,972	2,176

5~6학년은 29시간으로, 5학년부터는 일주일에 4일이나 수업이 6교시까지 있어서 아이들의 하교 시간도 덩달아 늦춰지지요.

초등 5학년이 되면 가장 눈에 띄는 것 중 하나가 3~4학년군에 비해서 영어 교과의 시수가 학년 당 68시간에서 102시간으로 주당 1시간씩 늘어난다는 것입니다. 또 각 과목에서 꼭 배워야 하는 성취 기준의 수도 대폭 증가하죠. '성취 기준'이란, 각 학년에서 배워야 할 '학습 목표'라고 생각하시면 됩니다. 사회 과목은 3~4학년군에 비해서 5~6학년군이 달성해야 하는 성취 기준의 개수가 24개에서 48개로 2배나 늘어납니다. 그래서 동일한 수업 시간에 아이들이 중요하게 배워야 할 것이 훨씬 많아진다는 것을 짐작할 수 있죠. 그만큼 수업이 빠르고 또 압축적으로 진행됩니다. 이처럼 초 5, 6 아이들에게는 표면적으로만 보아도 과목 수의 증가, 수업 시수와 성취 기준의 증가 등 엄청난 공부 부담이 생기게 됩니다.

그러면 지금부터 주요 과목 하나씩, 구체적으로 무엇이 어떻게 바뀌는지 살펴보도록 하겠습니다.

국어: 독서에서 벗어나 '국어 공부'를 시작해야 할 때

국어는 학습의 필요성, 그 자체에 대해서도 의견이 분분한 과목입니다. 누군가에게는 공부를 전혀 안 했는데도 성적이 잘 나오는 효자 과목이기도 하고요. 또 누군가에게는 성적이 안 나오는데 방법은 있는지, 있다면 무엇을 어떻게 해야 할지 감조차 잡을 수 없는 과목이기도 합니다. 공부 방법과 관련해서도 책을 많이 읽고 '문법'처럼 외워야 하는 부분만 공부하면 된다고 얘기하시는 분도 있고요. 논술학원부터 독서학원까지 '영어, 수학'과 더불어 '국어' 관련 학원에도 꼭 다녀야 한다고 생각하시는 분도 있죠. 그럼에도 불구하고 국어가 '모국어'다 보니 굳이 공부를 해야 하는지에 대한 의구심을 가진 분이 더 많았습니다. 그런 인식이 반전된 것은 수능에서 국어가 '불국어'로 대입 등락에 결정적 원인이 되기 시작한 이후이고요. 또 매체에서 정말 심각하다고 거론되는 '아이들의 문해력 수준'이 수면 위로 드러나기 시작했을 때부터입니다. 그 덕분에 요즘은 국어 공부의 필요성에 대해서만큼은 공감하는 분이 많이 늘어나고 있습니다.

초등 국어는 의사소통에 해당하는 듣기, 말하기 그리고 문해력과 관련된 읽기와 쓰기를 중심으로 문학과 문법을 자연스럽게 공부할 수 있도록 학년별로 설계되어 있습니다. '국어' 수업 시간에는 대화나 글, 작품 등을 정확하고 비판적으로 이해하고 자신의 생각과 느낌, 경험을 효과적이고 창의적으로 표현하는 활동을 주로 하고요. 문학작품 등을 읽고 써보면서 인간의 다양한 삶을 이해하고 자신을 표현하는 활동도 배우죠.

'국어'라는 과목은 국어 교과에 국한하지 않고 다른 교과의 학습 및 비교과 활동과도 긴밀하게 연계된다는 특징이 있습니다. 다시 말해 국어 비문학 지문의 범위가 '사회, 과학, 수학, 예체능' 등으로 확장된다는 이야기입니다. 그래서 국어를 잘하면 다른 과목의 내용을 좀더 잘 이해하고 이해를 바탕으로 그만큼 잘할 가능성도 높아진다고 하지요. 또 결국에는 한글의 뜻으로 이해해야만 하는 영어 과목의 실력 또한 절대로 국어 실력을 뛰어넘을 수 없다는 말도 충분히 납득이 됩니다. 모든 것을 차치하고 일단 영단어 암기에서부터 한글 어휘력이 부족하면 단어를 제대로 익히고 활용할 수 없기 때문입니다. 문법 용어나 영어 문장의 한글 해석 등 영어를 한글로 이해하는 모든 과정에서 국어 실력은 영어 성적을 좌우하죠. 수학도 마찬가지입니다. 초등 중학년 이후부터는 학부모님의 고민거리 중 하나인 '문장제 문제'가 교과서나 문제집에 많이 등장하기 시작하는데요, 국어 문해력이 뒷받침되지 않으면 절대로 수학 문장제를 정복할 수 없습니다. 간단한 수학 용어부터 문장 구성과 자주 쓰이는 표현 등이 익숙해지지 않으면 당장 두세 줄만 되어도 아이는 그 수학 문제를 절대로 풀고 싶어 하지 않고 또 막연하고 어렵게 느끼기 십상입니다.

5학년부터는 이전과는 달리 듣기, 말하기에서부터 토의와 토론, 발표 등이 강조되며 논리적이고 비판적인 사고를 할 수밖에 없는 상황이 됩니다. 읽기 지문도 문학에서 벗어나 설명문, 논설문 등의 비문학 영역이 교과서에 들어오고, 그에 따라 지문의 길이가 길어지며 등장하는 어휘 수준까지도 급격하게 상승하죠. 또 교과서 속에서 한 작품을 끝낼 때마다 단순히 지문의 내용을 정리하는 것만이 아닌 '논리적인 글쓰기' 문제가 나오기 때문에 잘 말하고 듣고, 읽는 것에서 벗어나 이제는 자신의 주장과 근거를 제시하는 논리적인 글쓰기를 해야만 합니다. 그런데 이런 능력이, 초 5, 6 이전에 아무런 준비가 되지 않은 아이에게 갑자기 생겨날 수 있을까요? 그러길 바란다는 것은 마치 우리 아이가 타고난 국어 천재이길 바라거나 또는 행운을 기대하는 것과 같습니다. 반드시 학교 수업에 적극적으로 참여하든, 엄마표든, 사교육이든 시의적절한 지도가 뒤따라야만 합니다.

5학년 이후 국어 교과서에서 가장 눈에 띄는 부분 중 하나는 '독서 단원'이 있다는 점입니다. '독서 단원'은 그동안 교과서에 문학작품의 일부만 발췌되어 실려 있던 것에서 벗어나 '책 전체'를 읽는 것을 지도합니다. '온 책 읽기'라는 표현으로도 많이 알려져 있는데요, 반 전체가 또는 조별로 같은 책을 읽고 난 후 각자의 독서 경험을 말하고 듣는 활동이 주를 이룹니다. 이 활동은 평소 국어 교과서 수록 도서를 조금이라도 따로 접해 본 아이들에게는 크게 어렵지 않고 동시에 그

동안 줄글로 된 책이 익숙지 않았던 아이에게도 한 학기에 최소 책 한 권을 읽게 하는 독서 경험을 제공해 줍니다.

그럼에도 여전히 많은 학부모님이 이 국어 능력을 어떻게 키워야 할지를 막연하게 생각하고 우왕좌왕하다가 결국 방치합니다. 그 방치의 결과는 불과 몇 년 후에 우리 아이들이 고스란히 떠안게 되고요. 그 방치가 애초에 언어 감각이 있는 아이에게는 큰 문제가 되지 않겠지만 그렇지 않은 아이는 그 모든 학습 부진 문제의 시작이 '국어 능력'이었을 수도 있다는 것을 끝내 모른 채 좌절만 할 가능성이 큽니다.

국어는 고등학생, 수능으로 갈수록 그 범위가 무한 확장됩니다. 글을 읽고 정보를 찾아 이해하고(독해력) 때로는 비판적인 자세로 자신의 의견을 개진하기 위한 논리력을 갖추는 일련의 과정(문해력)은 중 3 때까지 배운 '국어 능력'을 통해 해결할 수 있습니다. 그 이후에는 지문의 종류와 길이, 어휘만 달라지기 때문에 그 부분만 보충하면 되는 것이지요. 그리고 그런 근본적인 '국어 능력'을 갖추기 위한 시작점은 바로 초 5, 6입니다. 국어 교과를 독서를 넘어 '학습'으로 인지해야 하는 바로 그 타이밍이기 때문입니다.

영어: 중등 대비 '문법 학습'과 '추상 어휘' 정복은 필수!

영어만큼 한 교실에 앉아 있는 아이들의 수준이 각양각색인 과목도 드뭅니다. 실제로는 초 3이 되어서야 처음으로 학교에서 영어를 배우지만 갓 돌쟁이 적부터 해온 마더구스, 그림책, 유아교육전과 베이비 페어를 가득 채운 다양한 영어 프로그램 그리고 잠수네를 비롯한 엄마표 영어 스케줄, 대망의 영어 유치원을 넘어 어학원과 방과 후 수업까지 아이들 저마다 경험해 온 영어 학습의 스펙트럼이 너무나 넓고 방대하거든요. 게다가 영어는 수학처럼 명확한 진도가 있는 과목이 아니다 보니 학년별 적정 수준을 제시하는 것도 쉽지 않습니다. 어디까지, 어느 정도의 실력을 쌓으면 (교과서 기준) 초 3 수준, 초 5 수준인지 쉽게 그 기준을 제시하기 어렵기 때문에 영어는 교과 학년보다 '영어 학년'을 살펴보아야 합니다.

영어 학년이 높고, 중고등 영어, 나아가 수능 영어까지 미리 대비해서 영어가 잡히면 다른 과목 공부를 할 여유가 생긴다고 생각하시는 분이 많습니다. 특히 수능 영어가 절대평가가 되면서 '수능 영어 중 3 안에 끝내기'를 목표로 초중등 때 영어에 올인하는 경우도 많죠. 그래서인지 아직 국어 능력도 제대로 개발되지 않은 어릴 때부터 어려운 영단어 암기에 몰두하시는 분도 있어요. 하지만 그걸 정말로 소화할 수 있는 아이는 거의 없습니다. 앞에서도 언급했듯이 국어 능력을 뛰어넘는 영어 능력이 존재하기 어렵기 때문입니다. 국어가 최소, 영어 학년을 뛰어 넘지 못한다면 지금 아이 귀로 들어가는 영어가 반대 귀로 다시 나오거나, 장기 기억으로 저장되지 못하고 눈앞의 영단어 테스트 통과용처럼 단기 기억으로 사라지는 학습에 아이의 시간과 노력 그리고 여러분의 소중한 교육비가 낭비됩니다.

막상 학교에서 배우는 초 3, 4의 영어는 자연스럽게 알파벳 소리와 철자를 식별하고 주변에서 쉽게 접하는 사물의 이름, 인사말 등의 간단한 낱말 및 문장을 이해하는 수준입니다. 이 목표는 듣기, 말하기, 읽기, 쓰기 파트 전반에 걸쳐 동일하고요. 아이들이 초 3, 4를 거치며 영어 교과에서 성취해 내야 하는 목표도 파닉스 일부를 제외하고는 대화문 중심의 '간단한 의사소통'이라서, 읽고 쓰는 것보다 '듣고 말하는 것'에 초점이 맞추어져 있습니다. 즉, 일찍부터 이 단계를 뛰어넘은 아이들은 학교에서 배우는 영어가 너무나 쉽게 느껴지죠. 그래서 제 학년보다 '영어 학년'이 높은 아이들은 초 3, 4 더 이르게는 초 1, 2 때부터 일찍이 '실용 영어'보다는 '입시 영어' 즉, 영어 학습을 시작하게 됩니다. 하지만 너무 일찍부터 학습하는 입시 영어는 지금껏 잘 쌓아온 영어 정서를 한순간에 망가뜨리고 나아가 영어에 대한 거부감이나 부정적인 감정까지 불러올 수 있습니다. 그래서 최소 초 4가 되기 전까지는 명시적 문법 학습은 시작하지 않는 것이 좋습니다. 초 4, 5에 시작해도 전혀 늦지 않습니다. 교과서 수준은 학부모님이 생각하시는 영어 학년 수준보다 훨씬 더 낮으니까요.

초 5, 6학년 영어 교과서에서는 대화의 패턴이나 표현을 말하고 또 적어보게 하는 것부터, 보기 없이 단어 철자를 쓰는 등 초 3, 4 때는 듣고 외워서 했던 여러 가지 활동을, '읽고 이해한 후에 쓰는 것으로, '듣고 말하는 것' 중심의 활동이 '읽기와 쓰기' 중심 활동으로 변화되었습니다. 초 3, 4와는 달리 읽기(reading) 지문이 교과서마다 빠짐없이 등장하는 것이 그 증거이죠. 또 아이들이 가장 어려워하는 문법을 조금씩 문장 속에서 배우기 시작합니다. 이렇듯 초 5, 6이 되어서야 제대로 된 영어 학습의 영역으로 넘어가는데, 그럼에도 초등 영어 교육의 목적은 '의사소통'에 방점을 두고 있기 때문에 교과서에서 문법 용어를 대놓고 표현하지는 않습니다. 문장을 이해하는 규칙으로서의 문법을 체화하는 방식으로만 학습하지요.

이처럼 교과서 수준은 초 5, 6이 된다 해도 여전히 높지 않습니다. 그래서 중학교 영어와의 격차가 상당하여 초등 때 영어 교과서만 공부한 아이들이 중등 영어에 적응을 못 할 가능성이 매우 높죠. 그런 이유로 초 5, 6 시기의 영문법 학습은 무엇보다 중요합니다. 특히 많은 중등 영문법 교재가 '8품사', '시제', '5형식' 등의 낯선 용어로 시작하는데, 초등 때 문장 속에서 보아왔던 규칙이었다 하더라도 그 용어 자체가 익숙하지 않으면 바로 어렵게 느껴지기 때문에 중등 입학 전까지 별도의 초등 영문법 교재로 보충해 주는 것이 좋습니다.

중등 이후의 영어는 '리딩이 거의 전부'라고 할 수 있을 정도로 리딩의 비중이 높습니다. 이 리딩을 완성하는 2가지 요소는 앞서 말한 문법과 '어휘'입니다. 문법은 문장을 정확하게 이해하기 위한 규칙이지만, 실제 시험에서 출제되는 문법의 비중을 생각하면 최우선순위로 꼽기 어려울 수도 있어요. 하지만 각 영어 학년에 해당하는 어휘를 제대로 알지 못한다면 아예 영어 학습 자체를 시작할 수가 없습니다. 앞서서도 언급했듯이 중등 이후의 영어는 리딩이 거의 전부이기 때문이고, 리딩을 위한 1순위는 어휘이기 때문이죠.

물론 5학년이 되기 전에도 아이들은 꾸준히 영단어를 암기해 왔을 겁니다. 하지만 실제 아이가 알고 있는 영단어가 어떤 수준인지 알고 계십니까? 'apple', 즉 '사과' 같은 단어는 잘 외웁니다. 하지만 'fool'이라는 단어의 뜻 중 하나인 '기만하다'의 진짜 의미를 아는 아이는 별로 없습니다. 그저 'fool: 기만하다'라고 암기할 뿐이지요. 상황이 이렇다 보니 초 5부터는 누가 얼마나 정확하게 많은 영단어를 잘 외우고 있는지에 따라서 영어 성적이 어느 정도 결정된다고 봐도 무방합니다. 이 영단어 실력을 쌓기 위해서는 우선 한글 어휘 수준을 높여야 합니다. 특히 눈에 보이는 사물이 아닌 추상적인 의미를 담은 어휘, 즉 '추상 어휘'를 정복하지 못한다면 중등 이후의 영어 성적은 기대하시면 안 됩니다. 초 5, 6은 바로 이 추상 어휘를 하나씩 정복해 가야 할 시기고요. 제가 항상 강조하는 데일리 학습만 기반이 된다면 큰 힘을 들이지 않고도 영어 실력을 키울 수 있습니다.

수학: 연쇄 '도미노 선행' 속 중심 잡기가 중요한 시기

사회가 공부 분량으로 아이들을 힘들게 한다면, 수학은 체감 난도로 아이들을 괴롭히기 시작합니다. 아이들이 수학을 포기하는 대표적인 시기가 초중고 12년을 통틀어 딱 3번이 있는데, 초 5가 그 첫 번째 고비이기 때문입니다. 초 5, 6 아이들이 느끼는 체감 난도는 3, 4학년 수학 대비 최소 3배 이상이니, 아이가 초 5라면 지금 이 시점에서 수학을 얼마나 어렵게 느낄지 어렴풋이나마 짐작이 가실 겁니다.

초등 저학년에서 중학년을 거치는 지금까지는 아이들의 수학 실력의 격차를 가늠하기 어려웠습니다. 교과서에서 배우는 수학은 너무 쉽고, 단원 평가도 줄 세우기식 평가, 즉 평가를 위한 평가가 아니라 내용을 잘 이해했는지 '점검'하려는 '학습을 위한 평가'가 목적이었기 때문에 조금 부족한 아이도 며칠 바짝 준비하면 누구나 좋은 성적을 받을 수 있었죠. 솔직히 이때의 아이들 간 편차는 70점이나 100점이나 거의 차이가 없다고 봐도 될 정도입니다. 그래서 초 1, 2의 수학은 실력과 진도에 초점을 맞출 것이 아니라 '흥미'와 '자신감'에 초점을 맞춰서 교구, 동화책, 체험 등의 학습 도구를 다양하게 활용하는 것이 좋다고 조언하고 있습니다. 수학을 재미있고 할 만한 것으로 느끼도록 하는 것 이상으로는 수학 학습의 목표를 삼지 않아도 되어서 모두에게 행복한 시기이기 때문이죠.

이렇게 초 1, 2를 보내고 초 3이 되면, 신기하게도 아이들보다 학부모님들이 수학 때문에 더 긴장을 하시는 것 같아요. '분수' 때문에 '처음으로 수포자가 등장하는 시기가 바로 초 3!'이라는 말이 이제는 식상할 정도의 '상식'처럼 받아들여지기 때문이 아닌가 싶습니다. 하지만 초 3의 분수 때문에 수학을 포기하는 아이는 별로 없습니다. 왜냐하면 초 3의 분수는 개념 자체를 정확하게 배우는 것이 중요하기는 하지만 요령껏 풀 수 있는 문제도 많아서 아이들이 느끼기에 '어렵다'

고 생각될 만한 부분은 딱히 없기 때문이에요. 지금 이 부분을 읽으시는 학부모님! 자녀의 초 3, 4 분수 학습 과정을 가만히 한번 떠올려 보시면, 아이가 분수가 '너무너무' 어렵다며 힘들어했던 기억은 별로 없으실 겁니다. 물론 그런 아이들도 있었겠지만, 우리가 그럴까 봐 미리(?) 대비한 까닭에 생각보다 어렵지 않게 그 시기를 보내왔습니다. 하지만 이제는 긴장을 좀 하셔야겠습니다.

초 5의 수학은 초 1~4의 그것과는 전혀 다른 차원이기 때문입니다. 그리고 그 다른 차원의 중심에는 아이러니하게도 또 '분수'가 떡 하니 자리 잡고 있습니다. 초 5의 1학기부터, 초 3 때 그냥 넘어갔었던 분수의 '진짜 개념'이 아이들의 발목을 잡기 시작하기 때문이죠. 일례로 초 5의 1학기 수학은 50% 이상이 분수와 직간접적으로 연관된 단원으로 구성되어 있습니다. 특히 초 5의 1학기 '분모가 다른 분수'의 덧셈과 뺄셈 계산을 위해서 미리 배우는 '약수와 배수' 단원은 중 1의 수학과도 관련이 깊고요. 또 다른 단원인 '약분과 통분'을 이때 제대로 익히지 못해서 고등학생인데도 분수의 덧셈과 뺄셈을 하지 못하는 아이가 생각보다 많습니다. 그래서 아이들은 초 5의 시작인 3~4월부터 제대로 된 수학 개념을 이해하고 적용하며 연습하는 데 평소보다 더 많은 시간을 써야만 합니다. 아마도 초 4 수학이 생각보다 어렵지 않았던 아이가 많기 때문에 초5 수학이 상대적으로 더 어렵게 느껴질 수도 있습니다.

지금처럼 '선행 지향' 분위기 속에서는 중간 정도의 실력을 갖춘 초

5 아이들도 선행을 시작해야 할 타이밍이라고 부추기고 있습니다. 연쇄 도미노 현상이죠? 상위권이 선행을 시작하니 최소 중위권이라도 보장받으려면 (하위권으로 떨어지지 않으려면) 울며 겨자 먹기식으로 이 아이들도 선행을 해야만 한다는 논리죠. 그런데 이때, 어차피 중 1과 초 5, 6의 수학이 많이 중복된다고 하니 '초 5, 6을 대충(?)하고 중등을 시작해 볼까?' 하고 생각하는 분들이 있습니다. 그분들은 우리 아이가 뒤처질까 걱정하는 마음이 너무 커서, 아이가 충분히 이해하고 소화할 시간을 기다려 주지 못하는 거예요. 그래서 초 5, 6처럼 어려운 수학 개념이 많아서 시간을 들여 이해하고 적용하며 연습해야 할 때에도 매우 짧은 시간에 압축해서 공부하는 경우가 많습니다. 그래서 초 5, 6 수학을 어려워하는 거의 대부분의 아이들은 다음의 두 가지 선택지 중 하나를 선택할 수밖에 없게 되죠.

1. *문제 푸는 기술을 익혀서 이 위기를 넘긴다*

2. *수학을 포기한다*

어떤 생각이 드시나요? 2번보다는 1번이 훨씬 낫다고 생각하시지요? 하지만 실상은 그렇게 낙관적이지 않습니다. 초 5, 6 수학을 제대로 이해하고 넘어가지 않는다는 것은, 조금 더 어려운 개념인 중 1 과정을 기초 없이 이해해야 한다는 뜻이니까요. 그래서 중 1 수학 공부가 예상보다 훨씬 오래 걸리고 또 힘들어집니다. '기초가 없으면 언젠간 힘들어질 수도 있겠다'가 아니라 당장 아이의 발목을 잡는 겁니다. 그것보다는 오히려 잘 이해하지 못하는 아이를 오랜 시간을 들여 초

5, 6 내용을 천천히 학습하게 하는 것이 훨씬 더 안전하고 빠른 선택이 될 수 있습니다. 그렇게 생각하면 결코 1번이 좋은 선택이라고 할 수 없겠지요? 이처럼 초 5, 6 아이들이 배우는 모든 단원은 중고등 수학의 기초로서 아주 핵심적인 것입니다. 그래서 반드시 제대로 익히고 구멍 없이 중학교에 진학해야 하죠. 빨리 가려다가 바로 눈앞의 더 큰 좌절을 맞닥뜨릴 수도 있으니까요. 학부모님께서 우선순위를 바로 잡아 주시기 바랍니다.

사회: 생각지도 못하게 의외로 많은 '포기자'가 나오는 과목

최근 초 5를 중심으로 '사포자'가 다수 생겨나고 있습니다. 사포자란, 수포자(수학을 포기한 자)처럼 '사회를 포기한 자'라는 뜻인데요. 초등 5, 6학년 사회 교과서의 내용이 많아서 아이들이 이해하기 어려워하고, 또 외워야 할 것도 많아서 생긴 현상입니다. 중고등 때 실제로 외울 것이 많아서 사회를 싫어하던 부모님들도 '초등인데 사회가 어려우면 얼마나 어렵다고 하나? 외울 게 많다고?'라고 생각하실 법합니다만, 지금 당장 아이의 사회 교과서를 펼쳐 보시면 곧 납득이 되실 겁니다. 정말로 그렇거든요.

앞서서 초등 5, 6학년의 사회는 3~4학년군에 비해서 같은 수업 시수에 성취 기준의 수가 무려 2배라고 말씀드렸습니다. 그에 걸맞게 일단 다루는 영역과 범위 자체가 엄청나게 넓어지죠. 초 3, 4까지는

'내 주변의 사회' 중심으로만 배우다가 초 5부터는 지리, 역사, 인권, 법, 정치 등 우리나라 사회 전반으로 범위를 확장하여 배웁니다. 영역이 넓어지니 당연히 배우는 양도 비례해서 늘어나겠죠? 또 한정된 시간에 많은 내용을 배워야 하기 때문에 교과서 표현은 물론이고 수업 자체도 '압축적'으로 진행됩니다. 대표적으로 초 5의 1학기에 지리와 인권, 법에 대해서 배우고, 2학기에는 역사(고조선~6.25전쟁)를 배웁니다. 학부모님들도 경험하셨듯이 고조선부터 6.25전쟁까지의 역사를 한 학기에 배운다? 상상이 가시나요? 물론 아주 세부적인 것까지 자세하게 배우는 것은 중고등 때지만, 그래도 얼마나 많은 양을 압축적으로 배우게 될지 상상해 볼 수 있습니다. 수업 시간에 잠깐 한눈을 팔면 아이들은 지금 어느 시대 공부를 하고 있는지도 잘 모를 정도로 진도가 빠르게 흘러가죠. 또 많은 역사적 사실을 축약해 놓다 보니 문장 하나하나가 정말 중요해서 전부를 암기해야 할 것 같으니 걱정도 될 거고요. 게다가 아이들이 흥미로워하는 생활사보다는 (우리가 국사를 배웠던 것처럼) 정치사 중심으로 교과서 내용이 쓰여지다 보니 등장하는 낱말 자체도 어렵고, 인과적인 부분을 잘 이해하지 못하면 외워야 할 것이 너무나도 많습니다. 초등 5학년 2학기의 사회는 정말이지 아이들을 바로 질려버리게 만드는, 사포자 생성의 일등 공신이죠.

역사는 사실 '이야기'이기 때문에 얼마든지 흥미롭게 접근할 수 있는 과목입니다. 하지만 현실은 그렇지가 못해 안타까울 뿐이죠. 물론 사회와 과학 모두 초중고를 거치면서 좀더 자세하게 '다시' 학습할 기회가 옵니다. 다시 말해 지금 어느 하나를 잘 이해하거나 기억하지 못한다고 해서 이후의 학습에 지대한 영향을 끼치는 과목은 아니라는 것입니다. 하지만 이때 흥미를 못 느끼는 것을 넘어 '질려버린다'면 중고등 사회 과목을 공부하는 데 엄청난 장애물이 된다는 것은 분명히 짚고 넘어가야 합니다. 국어도, 영어도 중고등 교과서, 수능까지도 사회 지문을 다루는 경우가 많기 때문에 사회 교과에 대한 배경지식이 많으면 많을수록 점점 더 아이 학습에 유리하게 되지요. 일찍이 초등 때부터 사회가 질리고 싫은 과목이 되면 배경지식을 쌓기는커녕 다른 과목의 지문으로 나온 것조차도 읽고 싶지 않게 되는 것은 큰 문제입니다.

그러니 적어도 초 5부터는 사회 과목 공부에 국영수 못지않은 비중으로 학습 지도를 해주세요. 역사는 그래도 많은 분이 '한국사 시험' 같은 것을 준비하게 하는 등 노력을 하는데, '경제, 정치, 법' 같은 영역의 준비는 전무하다시피 합니다. 저희도 확실히 유튜브 〈교집합 스튜디오〉에서 각 영역 전문가를 모시고 인터뷰를 하다 보면, '경제, 정치, 법'과 관련된 영상에 대한 관심이 상대적으로 적다는 것을 실감하고 있거든요. 그러니 사회 문제집을 풀고 용어, 내용을 달달 암기하는 방식이 아니라 각 사회 영역의 내용과 친해질 수 있는 방법을 찾아주시면 좋을 것 같습니다. 사회는 말 그대로 우리 주변에서 경험할 수 있는 모든 것이 소재인 과목이잖아요. 경제는 용돈부터 물건의 구매 및 소비 등 모든 것과 관련이 있고, 정치는 현실 정치 내용이 조금 어렵지만, 선거철 같은 때 아이와 흥미로운 이야기를 나눌 충분한 소재가 됩니다. 초등의 사회 과목은 디테일한 내용보다는 전체적인 흐름으로서 중고등 때 다시 배울 사회 과목의 '맛보기'를 하는 정도를 학습의 목표로 삼아 첫째도 둘째도 흥미 중심의 학습 지도가 최선의 방책입니다.

과학: 이젠 흥미로운 관찰과 실험만으로는 부족해지는 시기

초등 과학은 기본적으로 자연 현상을 관찰하거나 실험하고 실습하는 부분이 많아서 아이들이 쉽게 흥미를 갖는 과목입니다. 하지만 고학년이 되면 어려운 과학 이론이나 법칙을 이해하는 데 어려움을 느끼기도 하고 용어 암기와 문제집 풀이 같은 방식의 '학습'을 시작하면서 빠르게 흥미를 잃어버리는 과목이기도 하죠. 초중고 과학은 앞서 '사회' 교과에서도 언급했듯이, 초-중-고 과정에서 배우는 내용이 동일합니다. 물론 학년이 높아짐에 따라 단계가 높아지고 내용의 깊이도 심화되지만요. 그래서 초등 시기의 과학 교과의 내용을 완벽하게 이해하지 못했다 하더라도 중-고등학교를 거치며 얼마든지 만회할 기회가 있습니다. 그래서 초등 과학의 목표 또한 '흥미'에 두어도 괜찮다는 것이 다수의 과학 교육 전문가의 의견이죠. 다만, 개정 교육과정에서 설계된 초등 과학 교과의 핵심이 '탐구 역량 강화'이기 때문에 이 부분을 중심으로 흥미를 갖게 하는 것이 좋습니다.

초등 과학 교과서 탐구 관련 단원

학년	1학기	2학기
3학년	1. 과학자는 어떻게 탐구할까요?	1. 재미있는 나의 탐구
	관찰, 측정, 예상, 분류, 추리, 의사소통	탐구 문제 정하기 ⇨ 탐구 계획 세우기 ⇨ 탐구 실행하기 ⇨ 탐구 결과 발표하기 ⇨ 새로운 탐구 하기
4학년	1. 과학자처럼 탐구해 볼까요?	
	관찰, 측정, 예상, 분류, 추리, 의사소통	.
5학년	1. 과학자는 어떻게 탐구할까요?	1. 재미있는 나의 탐구
	탐구 문제 정하기 ⇨ 실험 계획 세우기 ⇨ 실험하기 ⇨ 실험 결과 정리, 해석하기 ⇨ 결론 도출하기	탐구 문제 정하기 ⇨ 탐구 계획 세우기 ⇨ 탐구 실행하기 ⇨ 탐구 결과 발표하기 ⇨ 새로운 탐구 하기
6학년	1. 과학자처럼 탐구해 볼까요?	
	탐구 문제 정하기 ⇨ 가설 설정하기 ⇨ 실험 계획 세우기 ⇨ 실험하기 ⇨ 실험 결과 변환, 해석하기 ⇨ 결론 도출하기	

'탐구 단원'은 각 학기 교과서의 가장 첫 단원에 배치되어 있고, 아이들은 이 단원을 통해서 관찰, 측정, 예상, 분류, 추리, 의사소통 등의 탐구 방법을 구체적으로 배웁니다. 또한 학년이 올라가면서 탐구의 '단계'도 세분화하여 배우기 시작하지요.

초 5부터는 '과학자의 탐구 단계'라고 해서 '문제 인식과 가설 설정, 변인 통제, 자료 변환 및 해석, 결론 도출'이라는 과정까지 학습하게 됩니다. 또 초 3과 초 5의 2학기에는 이론적으로 배운 탐구 방법을 적용하여 실제로 '나만의 탐구 과제' 실행하게 되어 있죠. '나만의 탐구 과제'는 일상생활에서 스스로 탐구할 주제를 정하고 그 주제를 탐구할 계획을 세우며, 계획대로 실행한 후에 그 결과를 '탐구 결과 보고서'로 작성해서 발표까지 하는 과정을 포함하고 있습니다. 아이들 각자가 평소 궁금했던 주제를 선정하여 관찰이나 실험을 통해 밝혀낸다는 것이 어떤 아이에게는 굉장히 흥미로운 수업과 과제일 수 있겠지만 생각보다 많은 아이들이 그 과정을 너무 어렵다고 생각하죠. 또 관찰과 실험 자체를 즐거워할 뿐 스스로 체계적인 실험 방법을 실행하지도, 보고서를 잘 쓰지도 못할뿐더러 남들 앞에서 발표하는 것도 어려워하는 아이가 많습니다. 이 탐구 단원은 초 3 교과서부터 시작되지만 학년이 높아질수록 그 내용이 추상적이고 어려워지기 때문에 미리 준비가 필요하고요. 또한 교과서의 내용도 과학 용어(어휘), 표와 그래프의 해석이 점점 더 중요해지기 때문에 늦어도 초 4 겨울방학부터 미리 준비하지 않으면 수업의 내용을 깊이 있게 이해하기 어렵습니다.

초등 5, 6학년에 반드시 키워야 할 역량 8

공부하는 아이를 만드는 '공부 안정성'

한때 '우리 아이 공부의 신(?) 만들기'라는 주제가 책은 물론이고 영상이나 강의로도 좋은 반응을 얻었던 사례를 보면 '공부의 신'까지는 아니어도 '공부하게 만들기'는 그만큼 학부모님에게 중요하지만 그 어떤 것보다도 어려운 미션임이 분명합니다. '공부는 스스로 하는 것'이지, '공부하게 만드는 것'이 아님에도 말이죠.

사실 공부하게 만든다는 것의 본질은 떠먹여 주듯이 "넌 공부만 해, 나머진 엄마, 아빠가 다 할게."라고 말하는 것이 아니라 '공부하는 마음이 들도록 하는 것'입니다. 한마디로 '공부 마음'을 북돋는 일이지요. 잘 아시다시피 학습은 심리적 평온과 일상의 안정이 바탕이 되어야만 원활하게 이뤄질 수 있습니다. 제 주변의 공부 잘했던 친구들 그리고 제자들을 보아도 눈에 띄는 공통점 중 하나가 바로 이 '안정성'이었거든요. 만약 공부를 할 때마다 왜 공부해야 하는지를 생각하고 결심을 해야만 겨우 공부를 시작할 수 있을 만큼 여러 고민과 스트레스의 감정이 머릿속을 지배하는 아이라면 절대로 공부를 잘할 수가 없습니다. 그리고 이 심리적·일상적 안정은 집안 분위기 그리고 부모와의 원만한 관계에서 시작되지요. 그런데 의외로 많은 학부모님이 이 사실을 간과하고 있습니다. 그래서 아이가 예민한 초 5, 6 시기(사춘기)부터 (공부가 중요한 시기와 맞물리기 때문에) 더 강하게 공부할 것을 독촉하는 경우가 많아요. 그리고 그런 행동은 결국에는 공부도, 아이와의 관계도 망치는 최악의 상황을 만들기 쉽습니다.

초 5, 6이 되면서 '자기 생각'을 하기 시작하는 아이들에게 가장 큰 화두는 '공부는 왜 해야 할까'일 것입니다. 어릴 때야 쉽고 재미있는 학습 도구들로 놀이처럼 배우는 공부에서 재미를 느끼기 쉬웠고, 그중 무엇이든 곧잘 하는 아이는 칭찬을 받았으며, 이렇게 시작된 매일의 작은 습관이 학습을 이어갈 수 있게 해주었습니다. 하지만 학년이 올라갈수록 전 과목의 난도가 높아지고 원래 '놀이'였던 것이 누군가에게는 어려운 '학습'이 되기 시작하면서 예전만큼 재미를 느끼거나 칭찬을 받는 게 어려워진 아이가 많아졌습니다.

사춘기 아이들에게는 다른 어느 때보다도 더 '존중에 대한 욕구'가 있습니다. 자신의 이야기에 귀를 기울여주며, 자신이 해낸 것에 관심을 가지고 바라봐 주기를 바라는 마음이죠. 그래서 부모의 기대만큼 성과를 내지 못할 것이라는 생각이 들면 실망하는 부모님의 모습을 보기보다는 외면하는 방법을 선택하곤 합니다. 그것이 더 쉽고 편하거든요. 아이들도 '공부를 잘하는 것'이 부모님과 선생님 그리고 친구들 사이에서 어떤 위치를 차지하는지 너무나 잘 알고 있습니다. 그리고 놀랍게도 공부에 관심이 없다고 생각했던 아이들도 공부를 잘하고 싶어 한다는 사실을 우리는 잘 알지 못했습니다. 다만 능력이 거기에 미치지 못하거나 말만 하고 행동은 하지 못하거나 안 할 뿐이었던 아이를 그냥 '공부하기 싫어하는, 의지가 없는 아이'로만 치부해 왔죠. 그래서 아이가 조금은 힘들더라도 공부를 해야겠다는 생각을 하게 만들고, 나아가 '나도 조금은 할 수 있구나!'라는 생각을 할 수 있도록 도움을 주는 것이 초 5, 6 시기에 부모님이 하셔야 할 가장 중요하고 또 첫째가 되는 미션입니다. 단, 초 5, 6에 이미 사춘기가 와버려서 부모와의 소통이 전혀 되지 않는 아이라면 학습을 대상으로 한 지시적인 접근보다는 아이와의 대화의 물꼬를 트는 것이 우선입니다. "공부하기 싫어? 그럼, 쉬운 문제집을 풀어." "그럼 문제집 풀지 말고 이 책을 봐." 이런 식의 대화는 금물입니다. 그럴 때는 한 발 후퇴해서 안정적인 집안 분위기와 부모와의 원만한 관계를 유지하는 것부터 시작하셔야 합니다.

부모와의 사이가 안좋은 아이들은 대인 관계도 흔들리고 그 때문에 당연히 공부에도 집중하기 어렵습니다. 또한 공부하기 싫은 마음을 부모 때문에 하기 싫다(예: "엄마가 자꾸 잔소리하니까 내가 공부하기가 싫은 거야!")며 핑계를 대기도 하고요. 제가 지도했던 고등학생 중에 초등 고학년 때부터 빚어온 부모와의 갈등을 해결하지 못한 채 자라서, '공부와 부모'를 '나를 괴롭게 하는 두 가지'라며 비난하고 원망하던 아이가 있었습니다. 겉으로는 착해 보이는 아이라 마음속에 그런 적개심을 가지고 있을 거라고는 저 역시도 생각하지 못했죠. 그 아이의 부모님은 아이의 미래를 위해 악역을 자처해, 억지로라도 공부하게 하는 것이 목적이셨을 겁니다. 자식을 생각하는 마음은 어느 부모나 같은데, 설마 아이를 망치고 싶어서 그렇게 행동하셨을까요? 하지만 결국엔 부모님의 뜻대로 좋은 대학에 가더라도 한 번 무너진 관계가 회복되는 데는 상당히 오랜 시간이 걸립니다. 아니, 어쩌면 회복하지 못할지도 모르고요. 요즘 같은 세상에 대학 입학이 인생의 목표도 아니고, 오히려 평생 가져 가야 할 부모-자식 간의 좋은 관계가 눈앞의 결과 때문에 산산이 부서지는 꼴입니다.

만약 이 대목을 읽기 전에, '나도 아이를 위해서라면 미운 엄마가 되어서라도 공부를 하게 만들겠다! 결국 잘되면 나에게 고마워할 것이다'라고 평소 생각한 분이 있으시다면 절대 옳은 선택이 아니라는 말씀을 드리고 싶습니다. 어릴 때부터 정서적으로 불안감과 불만과 증오를 키운 아이가 사회적으로 성공한다 한들, 과연 인생을 행복하게 살 수 있을까요? 답은 이미 알고 계실 거라고 생각합니다.

모든 과목의 공부를 쉽게 만드는 '문해력'

문해력은 모든 과목의 공부를 쉽게 만드는 가장 중요한 학습 역량입니다. 문해력이 높은 만큼 학습 이해도도 그만큼 높아지기 때문이지요. 그래서 문해력 없이는 어떤 과목도 그 내용을 잘 이해할 수 없습니다. 만약 지금 학부모님의 자녀가 특정 과목 공부에 어려움을 겪고 있는데도 그 이유를 모르겠다면 우선 '문해력 결핍'을 의심해 보세요. 기초가 부실하면 성장이 더딜 수밖에 없습니다. 국어뿐만 아니라 영어, 수학, 사회, 과학 등 모든 과목을 두루두루 잘하는 아이로 성장하길 원한다면 모든 교과목의 기초인 '문해력'을 가장 우선적으로 키워 주셔야 합니다.

국어뿐만 아니라 가장 중요한 교과목인 영어와 수학에 필요한 문해력, 즉 영어 문해력과 수학 문해력은 모두 다릅니다. 그래서 각 과목의 특성에 맞춰서 따로 길러줘야만 하죠. 국어 문해력이 키워진다고 해서 저절로 영어와 수학 실력도 향상되는 것은 아니기 때문입니다. 영어는 영어대로 다른 학습 방식과 어휘(용어) 체계가 있고, 수학은 수학대로 또 다른 학습 방식과 개념(용어) 체계가 있기 때문입니다. 그래서 각 과목에 맞는 방식으로 문해력을 길러줘야만 하죠.

문해력은 책만 무작정 읽는다고 저절로 개발되지 않습니다. 무엇보다 '올바른 독서 방법'이 전제되어야 하지요. 이와 더불어 문해력을 위한 다른 '효과적인' 방법도 꾸준히 실천되어야 합니다. 독서는 분명 문해력을 얻기 위한 가장 직접적인 방법입니다만 그저 단순히 (깊이 있는) 독서를 하기만 하면 진짜 문해력이 키워질까요? 최근 출간된 다수의 '문해력' 관련 책은 문해력 향상의 해법으로 '읽기 교육'에 상당한 비중을 두고 있습니다. 하지만 저는 그 효과에 대해 조금 의문이 듭니다. 문해력은 단지 책을 많이 읽는 것, 즉 읽기 교육만으로는 향상되지 않는다고 생각하기 때문입니다. 그러니 이 시점에서 우리는 문해력의 진짜 의미를 다시 한번 생각해 봐야 합니다.

문해력(文解力)을 문자 그대로를 풀어보면 '글을 해석하는 능력'입니다. 《표준국어대사전》에는 "글을 읽고 이해하는 능력"으로 정의되어 있고, 영어로는 리터러시(Literacy: 글을 읽고 쓸 줄 아는 능력)'라고도 하죠. 최근에는 한자 낱말의 의미, 국어사전의 사전적 의미처럼 표면적인 의미보다 영어 표현인 리터러시의 개념으로 그 의미가 확장되어서 '다른 사람의 생각을 정확히 이해하고 그것에 대한 자기 생각을 표현함으로써 상호 간에 효과적으로 의사소통할 수 있는 능력'으로 이해되고 있습니다. 문해력을 한마디로 정리하면 '읽기 능력, 이해 능력, 의사소통 능력'을 모두 포괄하는 어휘입니다.

어떤 글을 읽고 단순히 '아! 이런 뜻이구나!'라고 이해하는 수준을 넘어서 다양한 장르의 텍스트, 즉 책, 신문, 광고지, 계약서, 미디어 등을 해석하고 그 안에 담긴 어휘의 뜻과 문맥을 깊이 이해함으로써 자신만의 의미 있는 사고로 확장할 수 있는 능력이죠. 또 이러한 과정에서 형성된 본인만의 생각을 말이나 글로 표현하는 능력까지를 문해력으로 보아야 합니다.

이런 문해력을 현실적으로 가장 크게 키울 수 있는 시기가 바로 초 5, 6입니다. 스토리 중심의 문학 책을 벗어나 비문학 독서를 시작해야 되는 시기이자, 전 과목에 걸쳐 그 이전과는 다른 수준의 '어휘'와 '지 문 길이'를 교과서에서부터 만나는 시기이니까요. 문해력 향상은 교 과 수업과 동떨어져서 진행되면 안 되거든요. 어떤 학습이든 배운 것 을 바로 활용하고 그 과정에서 아이가 성취감을 느낄 수 있는 것이 지속성 측면에서도 가장 좋은 공부법입니다.

공부 효율을 최고로 끌어올릴 수 있는 '집중력'

초등 5, 6학년, 본격적으로 사춘기에 접어드는 아이들의 집중력이 분산되는 것은 어찌 보면 당연한 '성장통'의 증상입니다. 지금까지 부 모님의 그늘 아래서 생활도, 학습도 해왔다면 이제 자신의 생각이 꿈 틀대면서 '왜 공부를 해야 하는지'부터 고민하게 될 테니까요. 또한 이 시기는 이전에 비해 추상적인 사고와 개념을 이해하고 분석하는 능력이 발달합니다. 그래서 철학과 윤리 등 다양한 생각과 관념 등이 머릿속에 혼재되어 정신이 산만해지는 것이 자연스러운 현상이지요. 물론 이성에 대한 관심과 외모, 아이돌, 친구 사이의 관계 등 그 밖의 여러 가지에 정신을 빼앗기는 때도 이 시기입니다. 게다가 호르몬의 변화로 변덕스러운 감정까지 느끼니, 당연히 공부에 집중하기가 어렵 습니다. 하지만 이 또한 모든 아이가 겪는 자연스러운 변화이기 때문에 부모로서 그 자체를 인정해 주고, 그 대신 아이를 어떻게 바라봐야 할지, 또 어떻게 대해야 할지를 고민하셔야 합니다. '한때 그러다 말 겠지.'라는 마음으로 그냥 지나치기에는 아이들의 이 시기가 인생에 있어서도, 부모-자식 간의 관계에 있어서도, 또 학습에 있어서도 정말 중요한 시기니까요.

학습에서의 집중력은 '공부 효율'과 관련이 깊습니다. 예를 들어, 하루 종일 붙들고 있어야 할 공부나 과제를 집중해서 2시간여 만에 끝낼 수 있다면 이는 최고의 상황이니까요. 그런 면에서 예전보다 할 것이 많고, 시간이 절대적으로 부족한 초 5, 6 아이에게 이 '집중력 키우기'는 필수입니다.

많은 사람들은 집중력을 '타고나는 것'이라고 생각합니다. 그래서 집중력이 좋지 못한 아이를 두고 '산만하다'고 생각해서 아이만 탓하는 경우가 많죠. 반대로 생각하시는 분도 있습니다. '나이가 들고 공부할 마음이 생기면 저절로 집중하게 되겠지.'라며 집중력은 자연히 생겨난다고요. 여러분은 어떻게 생각하시나요? 정말 집중력은 타고나기만 하는 것일까요?

집중력이 어떻게 생겨나고 또 개발되는지에 대해서는 전문가마다 의견이 다릅니다. 하지만 분명한 것은 '집중'과 '몰입'이 때로는 '필요하기 때문에', 때로는 '의지로', '하고자 하는 마음'으로 노력하고 훈련한다면 누구나 개발할 수 있다는 점입니다. 집중력이 다소 부족하다고 생각되는 아이에게는 지금부터라도 집중력 훈련을 시키는 것이 반드시 필요합니다. 초등 때는 그 중요성이 크게 체감되지 않지만 중고등학생이 되면 이 집중력이 성적과 직결되는 가장 중요한 학습 역량이라는 것을 아이 스스로가 깨닫게 되거든요. 하지만 그때 바로잡기란 심리적으로나 시간적으로 쉽지 않기 때문에, 초등 때부터 꾸준한 훈련이 되어야만 합니다. 집중도 훈련이고 습관이니까요. 우선 아이 집중력의 한계를 측정하셔서 그 사실을 인정하는 것부터 시작하세요. 지금은 기대에 못 미쳐도 괜찮습니다. 개발될 수 있다는 믿음만 있다면 꾸준한 연습으로 어느 순간 깜짝 놀랄 만한 집중력을 보이는 순간이 올 테니까요.

진짜 공부를 하고 진짜 인생을 살기 위한 '자기주도력'

학부모님들 중에는 초 5가 자기주도학습을 시작하기에 최적의 타이밍이라는 제 이야기에 걱정을 표하는 분이 있습니다. 자기주도학습은 중고생들이나 할 수 있는 것이 아니냐며 반문하시는 경우도 있고요. 물론 아이마다 개인차가 있는 것은 사실입니다. 하지만 이 초등 5학년은 자기주도학습의 완전한 성공 시기라기보다는 적어도 '넘겨 주기 시작해야 하는 마지노선'이라는 의미가 더 강합니다. 초 5, 6 시기는 보편적으로 아이들의 사춘기가 시작되는 시점입니다. 이 시기를 놓치면 아직 혼자 공부할 수 있는 능력이 없는 아이가 부모님의 간섭도 거부하면서 결국에는 '자기주도학습'보다 쉬운 '학원주도학습'을 선택하게 되지요. 앞서서 학원주도학습이 필요한 아이와 타이밍이 있다고도 말씀을 드렸지만, 그 기간은 어디까지나 학원에서 '공부하는 법'을 배울 수 있고, 또 배운 것을 내 것으로 만드는 연습을 할 수 있거나 할 준비가 된 아이에게만 의미가 있습니다.

자기주도학습 과정에서 '스스로 하는 공부'가 '진짜 공부'입니다. 그래서 특목 자사고나 대학 입시에서도 '진짜 공부'를 하는 학생을 선발하고 싶어 하죠. 과학고를 비롯한 고입 전형의 이름이 '자기주도학습 전형'인 것을 보아도 그 취지를 알 수 있습니다. 자기주도력을 갖춘 아이들이 '인지 조절 능력(메타인지)과 내재된 학습 동기, 적극적인 행동과 참여'와 같은 특징을 지녔다고 보기 때문이에요. 입시를 준비하는 과정에서 학생이 스스로 하지 못하는 부분이 있다면 누군가(사교육)의 도움이 필요할 수는 있습니다만 적어도 그 도움이 필요하다는 자의적인 판단과 실행의 주도권 및 통제권은 학생에게 있어야 합니다. 그래야 기숙 생활을 하는 과학고는 물론이고 전공과 흥미에 따라 본인의 수업 시간표를 구성해야 하는 고교학점제에서 우리 아이들(현 초 5, 6 아이들이 고교에 입학하면 고교학점제를 따르게 됩니다)과 대학생도 각 시기를 의미 있게 보낼 수 있을 테니까요. 또한 아이들이 살아갈 가까운 미래에는 지금보다 더 빠르고 많은 변화에 노출될 텐데요, 그런 사회에서 '자기주도적인 삶'을 살기 위해서라도 반드시 시행착오를 포함한 연습이 필요합니다. 최근 대학 학과 사무실 게시판에 "자기의 일은 자기가 하자"라는 표어가 붙어 화제가 된 바가 있습니다. 자식이 대학 학과 사무실과 관련된 작은 일도 스스로 하지 못해서 결혼 이후까지 자식의 일에 왈가왈부하는 헬리콥터부모가 많다고 하죠? 그런 부모의 자식은 정말 자신의 인생을 살고 있는 것인지 의문이 듭니다. 그런 의미에서 우리 아이가 앞으로 빛날, 자신의 삶을 살기 위해서라도 자기주도 연습은 초 5부터 반드시 시작되어야 합니다.

모든 학습 과정에서 필수인 '암기력' '이해력'

남다른 기억력만 있어도 공부는 물론이고 일상생활에서도 편리한 일이 참 많습니다. 그런데 우리 부모의 기억력은 어찌 된 일인지 날이 갈수록 떨어지는 것 같은데 아이는 내가 기억도 못 하는 일을 척척 기억하는 경우가 많죠? 어른과 아이의 기억력이 어떻게 다르기에 그런 것일까요?

인간의 기억력이 가장 좋은 시기는 전두엽이 왕성하게 발달하여 뇌 기능이 절정을 이루는 청소년기로 알려져 있습니다. 하지만 어떤 상황에 놓여 있든 모두의 전두엽 발달이 원활하게 이뤄지것은 아니기 때문에 청소년 시기에 뛰어난 기억력을 통해 좋은 학습 성과를 내고 싶다면, 기억력을 높이는 법이나 암기를 잘하는 방법을 익히거나 초등 때부터 단순하고 반복적인 학습보다는 오감을 자극하고 능동적이며 다양한 경험을 쌓아서 끊임없이 뇌를 자극하는 것이 중요합니다.

동서고금을 막론하고 암기하지 않는 학문은 없습니다. 영단어, 역사 등은 '암기'하는 것이 거의 유일한 공부 방법이라는 말에 많은 사람이 동의하지만 (영단어도, 역사도 사실, 100% 암기는 아니지요) 수학도 암기하는 과목이라는 말에는 놀라시는 분이 있을 겁니다. 수학은 암기가 아닌 '이해를 해야 하는 과목'이 아니냐고 생각하는 사람이 많으니까요. 왜 그럴까요?

사람들에게는 '암기'하는 공부 방법에 대한 나쁜 인식이 있습니다. 심지어 수학 같은 경우는 '암기를 하면 큰일이 난다'고 생각하시는 분도 있지요. 하지만 '이해'한 것을 올바로 '적용'하며 '체화'(내 것으로 만드는 과정)하기까지는 '암기' 과정이 반드시 필요합니다. 아마도 많은 사람이 우려하는 암기는, 뒤돌아서면 잊어버릴, 이해와 맥락에 대한 고려가 전혀 없는 한마디로 '달달 외우는 것'일 테지요. 하지만 진정한 의미의 '암기'는 모든 학습 과정에서 필수입니다. 아이들 중에는 "선생님이 푸는 걸 보니 다 이해되었다. 해답지를 보니 어떻게 푸는지 알겠다."라고 말해 놓고 정작 본인이 풀 때는 전혀 풀지 못하는 경우가 많은 것은 이해는 했지만 풀이 과정에서 필요한 암기는 되지 않았기 때문입니다.

보통 수학에서의 암기를 '공식' 또는 '풀이 과정 자체'에만 맞춰 생각하는 경향이 있습니다. 하지만 공식만 안다고 해서 문제를 풀 수는 없고, 항상 외운 문제만 시험에 출제되지는 않으므로 그렇게만 암기한 내용은 실제 시험 현장에서 써먹기가 어렵습니다. 수학에서 필요한 암기는 이 문제에는 A 개념과 B 공식을 어떤 순서에 맞춰서 활용해야 하는지, '내가 전에 풀어봤던 문제를 지금 이 문제 풀이에 어떻게 응용할지'를 떠올릴 수 있는 '순서와 논리'를 암기하는 것이기 때문입니다. 그렇기 때문에 암기 없이 그냥 이해만 했다면 누군가의 풀이(사람 또는 해답지)를 보면 고개를 끄덕일 수 있지만 본인 스스로 문제를 풀기는 어려웠을 겁니다. 간혹 순서와 논리를 따로 암기하지 않았는데도 수학 문제를 잘 풀어내는 아이가 있다면 그 아이는 이해와 동시에 자연스러운 암기를 했을 것입니다. 아이들의 '알고 있다'와 '할 수 있다'를 분명하게 구분해야 하는 이유입니다.

이처럼 아이들의 학습에서 이해와 암기는 동전의 양면처럼 함께 가야 합니다. 무작위로 나열된 1000자리 숫자와 같이 의미 없는 것의 암기가 아니라면, 암기를 위해서 이해가 전제되어야 쉽게 잊어버리지 않습니다. 이해는 했지만 자연스러운 암기와 체득이 되지 않는다면 의도적으로라도 암기해야 공부의 목적을 제대로 달성할 수 있기 때문이죠. 그리고 이때 각자가 가진 인지적 성향에 따라서 암기 방법을 달리할 필요도 있습니다. 그래서 우리 아이들의 학습에서 가장 중요한 역량 중 하나인 메타인지가 기억력 훈련과도 긴밀하게 연관되어 있습니다. 자신에 대해서 잘 아는 만큼 기억력 훈련도 훨씬 효과적일 테니까요.

초등 때 반드시 키워놓아야 할 그릇 '체력'

'초등 때 미처 신경 쓰지 않았다가 고 3이 되어서야 후회하는 것'은 과연 무엇일까요? 초등 때 신경 쓰는 것이 한두 개가 아니긴 한데, 국영수와 같은 과목은 아닐 것 같고, '독서? 예체능?'이라고 생각했다면 일단 방향성은 잘 잡으셨습니다. 조금만 더 가볼까요? '고 3'이 힌트입니다. 네, 딱 하나 떠오르시죠? 바로 '체력'입니다.

'나이가 30-40대면 몰라도 10대 아이들에게 체력이 문제인가요?'라고 생각하는 분이 있으실 텐데요. 안타깝게도 그렇습니다. 제가 오랫동안 고3 아이들을 지도하다 보니, 공부 욕심이 있는 아이나 뒤늦게 목표를 세우고 열심히 해보려는 아이나 결국 마지막에 그 아이의 최종 결과를 좌지우지하는 것은 체력이더라고요.

"공부는 엉덩이 힘으로 한다." 너무 식상한 말이라고 생각하시지요? 요즘은 워낙 교육 콘텐츠가 좋아지고 에듀테크 기술이 발전해서 효율적으로 공부할 수 있는 방법이 많을 텐데, 여전히 그렇냐고 하시겠지만, 여전히 공부는 엉덩이 힘으로 하는 것이 맞습니다. '콘텐츠가 좋아지고, 기술이 발전하고'는 엉덩이 힘을 발휘하는 때가 아닌 엉덩이 힘을 발휘하기 '전'의 효율을 돕는 것이니까요. 엉덩이 힘을 발휘할 때란, '공부 시작부터 끝까지가 아닌가요?'라고 생각하지만, 그것 또한 아닙니다. 왜 그런지 설명해 드릴게요.

우리는 꽤나 자주 '학(學)'과 '습(習)'을 혼동합니다. 무언가를 배우는 것, 즉 듣고 보고 읽는 것(input, 인풋)과 배운 것을 익히는 것 즉, 풀고 말하고 쓰는 것(output, 아웃풋)은 엄연히 다른 것인데도 말이지요. 그런 측면에서 요즘 아이들의 인풋 도구는 예전에 비해서 확실히 더 유용하고 더 많으며 더 쉬워졌습니다. 코로나19 대유행으로 인해 가장 빠르고 다양하게 변화한 산업 중 하나가 에듀테크라고 생각될 정도로요. 하지만 그 덕분(?)에 아웃풋을 낼 수 있는 시간은 상대적으로 많이 줄어들었습니다.

솔직히 초등은 인풋을 많이 늘려야 하는 시기인 것은 맞습니다. 배운 것이 많아야 응용도 하고 사고력도 펼칠 수가 있으니까요. 다독을 통해 다방면의 배경지식을 쌓은 아이가 학습에도 도움을 받는 것과 같은 이치이죠. 그러나 인풋만으로 이루어진 공부는 '가짜 공부'입니다. 아무리 좋은 강사의 수업을 듣고, 좋은 프로그램을 쓰고, 좋은 학원에 다녀도 자신의 것으로 소화하지 못한다면 '학습'했다고 할 수 없기 때문입니다. 들은 내용을 되새기고 자신의 것으로 체화하여 아웃풋을 할 수 있어야 진짜 공부입니다. 그런데 그 진짜 공부를 할 시간이 점점 줄어든다는 것이 요즘 아이들의 문제이자 학부모님의 고민이죠.

초등 5, 6학년이 되면 시간의 압박이 아이들에게 더욱 가해집니다. 일단 특별한 과외 활동을 하지 않는 아이라고 하더라도 수업 시간부터 길어지죠. 일주일에 하루만 6교시였던 시간표가 주 4회로 늘어나고, 중학교에 진학하면 수업도 5분 늘어난 45분! 매일 기본 시간표가 6교시에, 7교시까지 수업하는 날도 있습니다. 거기에 더해 방과 후에는 기존에 해오던 사교육, 독서 활동, 예체능에다가 반드시 해야 할 개인 공부까지 할 것이 너무나도 많습니다. 고학년이라서 그중에서 선택과 집중을 한다고 해도, 일단 주요 과목 학습에 들여야 하는 '절대 시간'이 늘어나야 하는 것이 현실인 상황에서 과연 아이들의 체력이 얼마나 버틸 수 있을까요?

일단, 한참 성장하는 아이들이라 문제가 없을 거라고 생각할 수 있지만 집중을 못 하고, 무기력이 심화되는 데에는 체력적인 원인이 상당히 큽니다. 특히나 시간이 없는 아이일수록 끼니를 제대로 챙기지 못하거나 패스트푸드 등을 섭취해 영양 불균형이 더해지는 경우가 많아서 악순환이 반복되지요. 체력은 타고나는 것이 아닙니다. 못 믿으시겠다고요? TV 프로그램이나 유튜브, 인스타그램만 보아도 마르고 때론 아픈 몸을 가졌던 사람이 꾸준한 운동으로 자신의 몸을 변화시켜 '운동 전도사'가 된 이야기를 심심치 않게 볼 수 있습니다. 나이나 성별도 다양하죠. 학습에도 기초적인 '공부력'이 필요한 것처럼 체력의 증진에도 기초 체력이 반드시 필요합니다. 초등 때는 그 체력의 그릇을 키워 놓아야 할 때이고 중고등 시기에는 이 그릇에 가득 채워진 체력을 소모하며 버티는 때인데도, 미처 체력이라는 그릇이 만들어지지 않은 초등 아이들이 너무 일찍부터 체력을 소진해 버립니다. 그렇기 때문에 초등 때 적절한 운동과 휴식, 수면과 식생활까지, 전반적인 체력의 그릇을 키우기 위한 바른 지도가 필요한 것이지요.

체력의 그릇을 만들기 위해서는 기본적으로 근육이 필요합니다. 또 근육을 만들기 위해서는 자신의 신체적인 한계를 넘어서는 운동과 습관이 필요하고요. 운동할 때 '정말 더는 못 하겠다'는 생각이 들 때마다 딱 하나씩만 더 하면서 꾸준히 노력해야만 근육이 생기는 것처럼, 아이들도 어떤 운동이든지 꾸준하게 노력하면 기본적인 체력의 그릇을 만들 수 있습니다. 게다가 이렇게 체력을 만든 아이들은 '공부 체력' 만들기라는 목적을 달성함과 동시에 노력과 인내의 순기능을 배웁니다. 또 공부에서 가장 중요한 성취를 '운동'을 통해서 얻었지요. 이 경험은 앞으로 공부하면서 느끼게 될 '하기 싫다, 힘들다'와 같은 상황에서도, 끝나고 나면 얻게 될 열매를 생각하며 견딜 수 있는 힘이 될 것입니다. 체력을 만들려고 노력했더니 더 큰 깨달음도 얻을 수 있게 되었네요.

여러 번 언급했지만 초 5, 6은 아이들에게 급격한 변화가 찾아오는 시기입니다. 2차 성징이 나타나는 등의 신체적인 변화는 물론이고 그런 변화 때문에 정신적으로도 예민해지기 쉽죠. 그러다 보니 생체 리듬의 변화로 아침잠이 부쩍 많아지기도 하고, 수많은 상념이 머릿속을 지배하기도 하며, 관계에 몰입하느라 친구들과 SNS로 대화하느라 밤늦게까지 잠들지 않는 아이들도 속출합니다. 당연히 부모님과 부딪히는 일도 잦아지죠. 사춘기는 밤에 안 자려는 아이와 일찍 재우려는 부모 사이의 '수면을 둘러싼 전쟁' 시기이기도 하지요. 그러나 질 높은 수면은 성장기 아이들에게 그 무엇과도 바꿀 수 없는 소중한 영양분이니 아이와의 전쟁에서 어떻게든 반드시 이기셔야 합니다.

한 발 더 앞서나갈 수 있는 추천 역량 2가지

초 5, 6부터 갖추어야 할 역량은 앞서 언급한 것 외에도 참 다양합니다. 물론 역량도 많을수록 좋겠지만 아이들마다 능력치가 다르고 또 모든 것을 다 갖춘 '엄친아'는 잘 잡아줘 봐야 0.1%에 불과하니 우선순위로 소개해 드리는 편이 나을 것 같았습니다. 앞선 공부 안정성, 문해력, 집중력, 자기주도력, 암기력과 이해력, 체력은 필수 요소이고요. 지금부터 소개하는 것은 갖춘다면 다른 아이들보다 한 걸음 더 앞서갈 수 있는 것입니다. 아이가 이미 지니고 있는 역량이라면 더 개발해 보기를 권하고요. 부족하다면 잘 기억하고 계셨다가 아이에게 시간적으로나 심리적으로 여유가 생겼을 때 하나씩 정복해 나가는 리스트에 적어 두면 좋을 것 같습니다.

진로 역량

공부의 목적으로 '꿈 찾기'를 강조하는 경우가 많습니다. 그만큼 가장 강력한 공부 동기이죠. 하지만 고작 초등 5, 6학년 아이가 벌써부터 꿈을 찾는 것이 과연 가능한 일일까요? 나아가 중학교 1학년 시기를 자유학기제로 운영하는 것이 과연 효용성이 있는 일일까요? 지금 고개를 가로저으시는 분이 많이 보이네요. 네, 사실 쉽지는 않습니다. 그만큼 이 '꿈 찾기'의 진짜 취지에 대해서 많은 분이 오해하고 계신 것이 현실입니다.

초 5, 6 ~ 중 1인 아이들이 찾아야 할 꿈은 '직업' 그 딱 하나가 아니라 '세상'입니다. 세상에는 정말 많은 직업이 있습니다. 초등학생을 대상으로 한 장래 희망 설문조사 결과인 〈2022 초중등 진로교육 현황 조사 결과 발표〉(2022. 12. 19., 교육부)에 따르면 1~5위가 운동선수, 교사, 크리에이터, 의사, 경찰이었다고 합니다. 2위인 크리에이터가 나름 '신직업'으로서 순위에 있는 것을 제외하고는 우리 부모 세대도 어릴 때 지망했을 법한 전통적인 직업들입니다. 세상이 많이 변했지만 아이들의 꿈, 직업은 크게 변하지 않았다는 것을 알 수 있죠. 그만큼 아는 직업의 개수가 한정적이고 동시에 아이들의 꿈도 오롯이 자신만의 것이 아닌 부모님의 꿈이 일부는 반영되었다고 봐도 무방한 결과입니다.

정부에서 발간한 보고서인 〈2022 국내외 직업 비교 분석을 통한 신직업 연구〉(2023. 5. 19., 한국고용정보원)를 보면 '보건복지 관련 분야'에서만도 '빈집 코디네이터', '케어팜 운영자', '모바일 건강 관리 코치', '감정노동 상담사' 등 어떤 일을 하는지 짐작이 가능하지만, '그런 직업이 있어?'라는 생각이 드는 직업이 있습니다. 지금도 그런데 우리 아이들이 사회인으로서 본격적인 역할을 할 10~20년 후에는 우리가 짐작도 하지 못한, 세부적이고 전문적인 직업이 더 많이 생길 것입니다. 초 5, 6은 '되고 싶은 특정한 직업을 찾아 공부 목표를 설계'하는 때가 아니라 사회와 사람들에 대해 관심을 가지고 가능한 한 다양한 경험을 하면서 스스로를 알아가며 장차 어떤 직업에 흥미가 있고 또 나만의 역량을 잘 발휘할 수 있는지를 찾는 과정을 배우는 때입니다.

그리고 본인이 어떤 일을 하고 싶은지를 깨달았을 때(사실 이것이 가장 중요하죠), 도전할 수 있는 자신감을 키우는 시기이죠. 이 자신감은 꿈을 이루기 위해 노력하던 중에 자칫 좌절이 있더라도 이겨낼 수 있는 '회복탄력성'과 무엇이든 배울 자신이 있는 능력인 '학습력', 자신의 가치를 믿는 '자기효능감'이 밑바탕이 됩니다. 지금은 그저 나중에 아이가 어떤 직업이든 원하면 노력해 볼 수 있도록, 가장 기본 역량부터 키우는 것에만 주목해 주세요.

인터넷강의 적응력

코로나19 팬데믹으로 인해 교육계에 일어난 가장 큰 지각 변동 중 하나는 온라인 수업의 활성화일 것입니다. 팬데믹 이전의 온라인 수업은, 일부 학원에서 보조 도구로 활용하거나 사교육 방법 중의 하나로 인터넷강의(이하, 인강)를 선택한 일부 학생, 수능을 대비하기 위해 EBS를 보아야만 하는 고등학생을 제외하고는 대면 수업인 오프라인 학원에 비해 선호되던 수업 방식이 아니었습니다. 하지만 다들 아시는 것처럼, 팬데믹 시기에는 공교육에서까지 온라인 수업을 할 수밖에 없는 환경이었죠. 그리고 이 인강 적응 여부가 아이들 간의 학력 차이와 관련 있음이 드러났습니다. 그동안 학교에서든 학원에서든 '잘하고 있겠거니'라고 생각하셨던 많은 학부모님이 아이들의 실제 수업 상황을 눈으로 지켜보면서 큰 충격을 받으셨고요.

그 덕분에 우리 아이가 그동안 제대로 공부하지 않았음을 이제라도

'발견'하신 분이 많았고, 보조 수단에 불과하다고 생각했던 인강이 생각보다 효과적인 수업 방식임을 깨달은 분도 많았습니다. 그래서 엔데믹인 지금, 온라인 교육, 인강 시장이 예전보다 크게 성장했습니다. 수많은 교육 기관과 교사, 교육 전문가가 앞다투어 온라인 교육 콘텐츠를 제공하면서 경쟁이 치열해지고, 그 덕분에 콘텐츠의 질도 크게 상승했죠. 무엇보다 시간과 장소의 유연성, 다양한 주제와 단계를 포괄하는 다양성, 저렴한 비용이 매력적이라서 엔데믹인 요즘은 인강을 선호하는 학생과 학부모님이 꾸준히 늘어나고 있습니다. 그리고 앞으로 인강 수업은 학교에서도 오히려 더 중요해질 예정인데요, 바로 고교학점제 때문입니다.

지금 초 5, 6 아이들이 고등학교에 진학하면 '2022 개정 교육과정'과 새로운 대입 제도를 겪게 됩니다. 고교학점제는 진로 적성에 맞는 다양한 선택 수업을 수강하게 되는 것이 가장 큰 특징이에요. 하지만 일개 학교에서 선택 가능한 모든 과목을 다 개설할 수가 없기 때문에 필연적으로 인터넷 수업에 많이 의존할 수밖에 없게 됩니다. 학교 간 연계, 지역 연계를 통해서도 모든 수업 수요를 흡수하는 것은 현실적으로 힘들기 때문이죠. 그래서 자기주도적인 인강 수강 능력이 크게 중요해졌습니다. 옆에서 다 챙겨주는 습관이 든 아이라면 학습 과정 자체를 따라가기 어렵고 또 나중에 큰 불이익을 당할 수 있으니까요. 지금부터라도 자립적인 인강 공부 습관을 만들어 주시기 바랍니다.

고등학생이 되면 절대로 지금처럼 옆에서 인강 공부까지 일일이 챙겨 줄 수 없으니까요.

초등 5, 6학년 학부모가 해야 할 가장 중요한 것

우리 집에는 옆집 아이가 살고 있습니다

제가 만난 상위 1% 학생의 부모님들께 "어떻게 아이가 그렇게 공부를 잘했나요?"라고 질문을 드리면, "저는 그냥 뒤에서 응원만 했어요. 나머진 애가 알아서…."라는, 부럽지만 우리 집의 현실이 될 수 없어서 속상할 수 있는 대답을 하는 분이 있었습니다. 반대로 "학원 뺑뺑이 돌리고 막판엔 과외도 했어요! 솔직히 돈으로 대학 보냈습니다."라는, 솔직하면서 '역시!'라는 생각이 절로 드는, 기대보다 더 시원한 대답을 하는 분도 계셨죠. 이처럼 상위 1% 아이들도 그들 각각의 역량, 성향, 상황이 모두 다르기 때문에 공부를 잘하게 된 공통된 이유를 찾기란 쉽지 않습니다. 그럼에도 각각의 대답을 관통하는 하나의 메시지는 분명히 있었는데요. 바로 '우리 아이를 객관적으로 봤다'는 사실이었습니다.

지금은 '수재'인, 한때는 영재 소리를 들었던 F의 부모님은 주변의 반응에 부화뇌동하며 소위 '빡센 영재 로드맵'에 아이를 안착시키고 싶지 않았다고 합니다. 보는 사람에 따라 기준이 다를 수 있겠지만 아무리 생각해 봐도 내 아이는, '영재' 정도는 아니고, 그저 새로운 것을 배우길 참 좋아하는 아이라서 남들이 보기에 영재처럼 보였을 것이라고 생각했기 때문이라고 해요. 그 결과 F는 어릴 때부터 궁금한 것, 하고 싶은 것을 마음껏 하고 자라면서 공부 동기도 스스로 찾고 그 동기 덕분에 공부도 열심히 했다고 합니다. 결과도 F가 간절히 원하고 목표했던 대로 이루었고요. 즉, 과정과 결과, 모두 성공한 셈입니다. 그런데 만일 F의 부모님이 욕심대로 (수재였던 F를) 영재 교육을 받도록 밀어부쳤다면 아마도 정반대의 결과가 나왔을 거랍니다. 아이의 완벽주의 성격상 분명히 중간에 지쳤을 가능성이 높고 또 번아웃이 와서 지금보다 훨씬 못한 결과를 받았을 것 같다고 말씀하시더군요. 틀어진 부모-자식 간의 사이는 더 큰 재앙이었을 것 같다는 말씀과 함께 말이지요.

G의 학부모님은 초중고 과정을 밟고 올라오는 동안 G가 봤던 시험 하나하나의 결과에 일희일비하지 않았던 것이 주된 이유일 것 같다고 하셨습니다. 물론 아이가 잘하면 좋았고, 결과가 좋지 않으면 아이보다 더 속상했지만, 그 감정을 밖으로 드러내서 아이의 '감정'을 건

드리는 일은 가능하면 하지 않으려고 노력하셨대요. 그분은 충분히 노력했을 때는 좋은 성적을 받았고, 노력과 준비가 부족했을 때는 기대보다 못한 성적을 받는 것이 당연하다고 생각하셨기 때문에 부모인 본인은 아이가 부족함을 채워갈 수 있도록 도와주는 역할에만 충실했다고 하셨어요. 당사자인 G가 더 속상하지 않았겠냐면서요. 다행히 아이도 부모님 덕분에 자기 자신을 객관적으로 보는 메타인지가 발달해서 결국에는 좋은 결과를 얻었다고 하셨습니다.

하지만 이분들처럼 우리 아이를 객관적으로 보는 것은 생각보다 굉장히 어렵습니다. 당연히 '내 아이'이기 때문에 팔은 안으로 굽어서 '주관적인 필터'로 볼 수밖에 없기 때문이죠. 그럼에도 객관적으로 볼 수 있어야만 우리 아이의 장점, 단점, 키워야 할 점, 보완할 점이 한눈에 보입니다. 만약 그게 잘 안될 때에는 '우리 집에 옆집 아이가 살고 있다'고 매일 되뇌는 방법을 쓰세요. 그렇게 생각한다고 해도, 당연히 내 아이니 예쁩니다. 하지만 적어도 옆집 아이를 보듯이 객관적으로 보려는 마음도 동시에 생길 테니 스스로 세뇌해 보려고 노력해 보시기 바랍니다.

내 아이는 누가 제일 잘 알까요? 물론 얼마나 아이와 같은 시간을 보내는지, 얼마나 아이와 소통하는지, 아이와 학부모님이 각각 어떤 성향인지에 따라서 답변은 매우 다릅니다. 하지만 아이를 지속적으로 관찰하는 부모님들이 높은 확률로 아이를 가장 잘 알 겁니다. 그래서 저도 아이에게 '맞는' 뭔가를 찾을 사람은 부모인 여러분뿐이라는 말씀을 여러 번 드리는 것이지요. 하지만 내가 우리 아이를 제일 잘 안다는 생각 때문에 다른 사람의 조언을 흘려 듣거나 무시해서는 절대로 안 됩니다. 그 조언에는 듣기 좋은 이야기도 있겠지만 간혹 듣기에 거북한 이야기가 있을 수도 있어요. 그럴 때 주관적인 '귀'로 들으시면 결국 마지막에 손해 보는 것은 우리 아이입니다. "우리 애가 그럴 리가 없는데요."라고 반응하는 사람에게 솔직한 조언을 해주는 사람은 없습니다. 그랬다가는 싸우자는 얘기가 되기 때문이죠. 여러분은 내 아이를 30~40%만 안다고 생각하세요. 그래야 다른 사람의 이야기에 귀를 기울일 수 있습니다. 아무리 객관적으로 본다고 해도 결국엔 좋게 해석하고 싶은 것이 부모의 마음이잖아요. 아이가 무엇이 부족하다, 아이에게 이런 모습이 있다는 등 내가 못 보는 아이의 아쉬운 모습을 절대로 부정하지 않으셔야 합니다. 이런 정보가 모이고 모여서 여러분이 우리 아이를 좀더 객관적으로 볼 수 있게 되는 거니까요.

흔들리지 않는 교육관이 아이 성공을 이끕니다

시중에는 정말 많은 교육 정보가 있습니다. 하지만 학부모님 스스로가 뚜렷한 주관을 가지고 전략적인 사고를 하지 못한다면 정보를 얻는 루트의 개수가 많으면 많을수록 혼란스러울 겁니다. 특히 초 5,

6처럼 중요한 시기를 앞두고 있을 때에는 더욱더 정확한 판단을 내리는 데 방해가 되죠. 우선은 앞에서 설명드린 대로 우리 아이를 (다른 사람들의 조언을 더해) 제대로 파악하세요. 그리고 그 위에 교육 정보를 쌓으면, 필요 없는 것은 자연스럽게 걸러집니다.

공부법 강연을 다니다 보면 "선생님! 선생님이 말씀하신 ××공부법을 저희 아이에게 써봤는데, 잘 안되던데요?"라고 피드백을 요구하는 분을 가끔 만납니다. 그럴 때 전, "네, 제가 말씀드렸다시피 모든 아이에게 맞는 공부법이라는 것은 없어요. 아이가 혹시 ○○ 성향인가요? 그렇다면 ××보다는 △△공부법을 사용하시는 게 맞아요. 그리고 또…."라고 조언해 드려요. 이처럼 아이의 상황과 성향이 모두 다른 상태에서 무조건 옳은 공부법이라는 것은 존재하지 않습니다. 다만, 그 공부법이 무조건 틀린 것이 아니라 그 공부법에서 말하는 '핵심'을 이해하고 우리 아이에게 맞도록 변형하는 과정이 필요하다는 것이지요.

예를 들어 "백지 테스트가 개념 학습 방법으로 아주 좋다!"라는 말은 공부를 마친 후, 그것을 밖으로 끄집어 낼 수 있는지(아웃풋 공부법)를 꼭 확인해 봐야 하며, 이를 용이하게 하는 도구가 필요하다는 것이 핵심입니다. 이 공부법을 아이의 특성에 맞게 변형하려면 어떻게 해야 할까요? 예를 들어, 쓰는 것이 편한 아이는 백지에 쓰도록 지도하고, 쓰는 것보다 말로 하는 것을 더 좋아하는 아이라면 말로 설명하게 하는 것처럼 융통성이 필요하죠. 글쓰기가 죽기보다 싫은 아이에게 무조건 '백지 테스트는 써야만 한다'고 강요하면 아이의 학습에 전혀 도움이 되지 않을뿐더러 부모님이 A4용지를 드는 순간, 아이의 공부하고 싶은 마음은 저만치로 달아날 겁니다. 학부모님이 이런 판단을 하실 수 있으려면, 학습법의 본질을 꿰뚫는 혜안을 갖고 우리 아이의 특성을 정확하게 파악한 상태여야겠죠?

아이의 학습과 관련해서 학부모님의 불안 정도를 바로 알 수 있는 척도는, 아이가 다니는 '학원의 개수'입니다. 불안한 만큼 그냥 둘 수가 없으니 전문가에게 맡겨야겠다고 생각하게 되죠. 그런데 아이가 다니는 학원의 개수에 비례해서 정말 아이의 실력이 쌓이던가요? 상상만 해보아도 우리는 쉽게 "아니요."라고 단언할 수 있습니다. 누구도 이득보는 사람이 없는(학원은 이득을 보네요) 그 불안함의 결과를 이겨내시고, 아이에게 해줄 것을 못해 주면 안 된다는 마음, 부족함이 없이 해주고 싶다는 마음보다는 아이에게 필요한 것을 해주려는 마음을 가지셔야 합니다. 또한 한 번 '이렇게 지도하겠다!'라고, 즉 학습 로드맵의 방향과 노선을 정했다면 일관성을 유지하는 것도 매우 중요합니다. 같은 방향으로 가면서 방법을 업그레이드하는 것은 매우 좋습니다. 오히려 권장되지요. 하지만 새로운 이야기를 들을 때마다 "이번엔 이 방법이다!"라고 하고선, "다음엔 이 방법이다!" 이러면서 왔다 갔다 하면 아이의 학습 안정성이 흔들립니다. 무엇이든 적어도 한 달은 지속해야 효과를 볼 수 있습니다. 부모님이 새로운 것을 시킬 때마다 '아, 이번에도 어디서 뭔가를 배워왔구나.'라는 생각을 한다는 아이들의 웃지 못할 이야기가, 우리 집의 이야기가 아닌지 되돌아보시기 바랍니다.

대학 가는 법이 복잡하고 어려워집니다

현실 교육 안에서 아이들의 궁극적인 학습 목표는 '진로와 진학'입니다. 진학(입시)의 목표가 곧 진로니까 결국에는 '학습 → 입시 → 진로'라는 공식이 성립되는 셈이지요. 따라서 우선적으로 학습의 방향성은 입시와 긴밀하게 연결되어야 합니다. 지금은 예전과 다르게 내신 1등급이 무조건 좋은 대학 입학을 보장하는 시대가 아닙니다. 수시에서는 비교과 및 세특(세부능력 및 특기사항)에 기재될만한 것들에 대한 준비가 필요하고요. 내신 1등급이 반드시 수능 1등급을 의미하는 것은 아니라서 내신 1점대 아이가 정시에서 반드시 유리하다고만 할 수도 없습니다. 일례로 비교과 영역에 대한 준비 없이 그저 내신 1등급을 위해 내달린 아이가 '학생부종합전형'이나 수능 '정시전형'의 문턱에서 좌절한 경우는 생각보다 흔한 이야기입니다. 입시 컨설턴트라는 직업이 생소한 직업이 아닐 정도로, 지금의 입시 제도는 시험 한 방으로 줄 세우기를 하던 예전의 대입과는 차원이 다르고 생각보다 훨씬 더 복잡합니다.

게다가 초 5, 6은 고교학점제 전면 시행 후, 이를 반영하여 2028학년도부터 도입되는 새로운 입시 제도에 따라 대학에 진학하기 때문에 정보가 없으신 학부모님들은 더욱더 혼란스러우실 수 있습니다. 광복 이후 유지해 오다가 조금씩 개정되던 교육과정이 '고교학점제' 라는 완전히 새로운 교육과정으로 탈바꿈하기 때문인데요. 이 고교학점제는 아이들 각자 자신의 진로와 적성에 따라 과목을 선택하여 이수하는 과정으로서 수업 형태와 평가뿐만 아니라 입시 제도에도 엄청난 영향을 줄 것으로 예상됩니다. 특히 고교학점제의 핵심은 '진로와 적성에 맞춘 선택 과목 이수'이기 때문에 앞서 언급했던 '학습 → 입시 → 진로'라는 공식이 '학습 → 진로 → 입시'로 전환된다고도 할 수 있습니다. 100% 완벽하게 진로를 결정해야 입시를 치를 수 있다는 것은 아니지만, 고교학점제 단계에서부터 자신의 진로에 맞는 선택 과목 이수와 입시를 함께 준비한다면, 누구보다 대입에서 유리한 상황이 될 것입니다. 그래서 학부모님들은 우리 아이와 관련된 입시 정보를 최대한 많이 알아야 할 뿐만 아니라 입시에 반영될 (대략적인) 진로 찾기라는 미션도 추가되었습니다. 그러자면 우리 아이의 진로 찾기를 위해서 앞서 언급했던 '우리 아이를 제대로 이해하기' 과정이 필수겠지요. 결국 내 아이에 대한 메타인지가 현실 교육 안에서의 성공도 좌우하게 되는 것입니다.

지금 아이가 초등 5, 6학년이라 입시가 먼 이야기처럼 느껴지는 분이 계실 텐데요, 5~6년 후면 다가올 가까운 미래의 일입니다. 아니, 고등학교 입학해서 선택 과목을 정할 때를 기준으로 하면 불과 3~4년밖에 남지 않았습니다. 아이가 초등학교에 입학했던 시기를 떠올려 보세요. 금세 5, 6학년이 되지 않았나요? 그 정도의 시간만, 아니 오히려 더 치열하게 보내면 더 빨리 흘러서 눈앞에 펼쳐질 근미래의 일입니다. 그래서 초 5, 6의 학부모로서 지금 당장 알아야 할 입시와 관련된 정보도 이 책에 모았습니다. 지피지기면 백전백승이라고 했지요? 먼저 우리 아이를 알고, 아이와 함께 진로를 찾고, 최종 목표인 입시를 이해하면 주변의 온갖 '카더라'에 흔들리지 않고 아이의 뒤를 든든하게 뒷받침해 줄 코치로서 부모님의 역할에 충실할 수 있습니다. 부모님의 역할에 따라 내 아이가 겪을 시행착오가 늘 수도, 줄 수로 있다는 것을 꼭 기억해 주세요.

초등 5, 6학년 학부모가 해야 할 가장 중요한 일은 이것입니다

아이가 초 5, 6이라면 아이 못지않게 부모님도 바빠야 할 시기입니다. 예전처럼 아이를 옆에 앉혀 놓고 일일이 학습 분량을 체크하고, 푼 문제를 채점해 주고, 모르는 것은 가르쳐 주는 것이 아니라 아이를 위한 '공부'를 하셔야 하는 시기이기 때문입니다.

지금까지 초 5, 6이 얼마나 중요한 시기인지에 대해 자세히 설명해 드렸습니다. 이 시기를 잘못 보냈다가는 잘하던 아이도 망가질 수 있고, 그동안 공부에 두각을 나타내지 못했던 아이라도 잘만 준비하면 중등부터 꽃길을 걸을 수 있는 소중한 준비의 기간이라고 했습니다. 그리고 그런 시기에 학부모님과 아이들이 겪는 심리적 불안은 너무도 당연하고 자연스러운 것이니 안심하셔도 된다고도 말씀드렸죠. 또한 초 5, 6학년에 주요 과목이 어떻게 달라지는지와 여러분이 하셔야 할 일에 대해서도 대략적으로 살펴보았습니다.

지금부터는 20일 동안 매일 한 챕터씩 초 5, 6인 우리 아이에게 필요한 모든 것을 함께 배워나갈 것입니다. 그중에는 '고교학점제' '입시 용어'처럼 처음 배우는 것이 있을 수 있고요. '국영수 공부법'처럼 조금은 알고 있던 정보도 있을 수 있습니다. 하지만 초 5, 6 아이의 학부모님에게 지금 당장 필요하다고 생각되는 주제 20개를 정말 고심해서 뽑았으니까요. 이를 통해서 우리 아이를 점검하고, 이 시기에 꼭 갖추어야 할 역량을 개발시켜 주는 방법, 각 과목 공부법, 각종 교육 정보를 하나씩 신입생의 마음으로 배우셔서 학습 코치이자 입시 코치, 멘털 코치로서 학부모의 역할에 대해 치열하게 고민해 보셨으면 합니다.

20일 프로젝트에서 무엇보다 중요한 것은 이 모든 과정이 '우리 아이 중심'으로 진행되어야 한다는 것입니다. 여기서 얻는 지식과 정보를 아는 것에만 그치지 말고 한 걸음 더 나아가 우리 아이에게 어떻게 적용할 수 있을지도 함께 고민해 보시기 바랍니다. 그래서 매 챕터의 마지막에 해당 챕터의 내용을 어떻게 우리 아이에게 적용할지 계획을 적는 공간을 만들었습니다. 꼭 실행해 보시고, 실행하는 과정에서 우리 아이가 그리고 여러분도 덩달아 성장하는 기쁨을 맛보시기를 기원합니다.

준비되셨나요? 그럼, 지금부터 바로 시작하겠습니다!

2장

초등 5, 6학년
공부력의 기초 체력
키우기

DAY 1.

공부를 하게
만드는 힘

우리 아이가 공부하는 과정을 즐겼거나 혹은 공부를 마치고 기뻐했던 모습을 기억하시나요? 딱히 떠오르지 않는다면, 공부의 범주를 '놀이 학습'까지 확장해 보면 어떤가요? 하나쯤은 있으시죠? 그때 아이는 왜 공부가 즐거웠을까요? 공부 자체가 재미있었던 걸까요?

그랬다면 좋았겠지만… 사실은 처음의 조그마한 흥미가 아이의 '자발적인 참여'를 이끌었기 때문일 겁니다. 본인의 의지로 '하고 싶어서' 했으니 과정도 즐겼고 끝마친 후에도 기뻤던 것이죠.

이처럼 '자발성'이란, 남에게 영향을 받지 않고 자기 내부의 원인에 의해서 생각과 행동이 이루어지는 것입니다. 내부의 원인은 흥미, 재미, 호기심, 인정 욕구 등 개인마다 차이가 있지만 결과적으로는 그중 하나가 사람의 마음을 움직인 것이지요. 그리고 이 자발성은 초 5, 6

인 아이뿐만 아니라 중고교생과 어른까지 무언가를 지속하게 하는 가장 강력한 힘입니다.

초 5, 6이나 됐는데도 매사에 '호기심'이 많은 아이가 있습니다. 물론 타고난 것도 있지만 지금까지 그 모습을 간직하고 있다는 것은 (대부분 영유아기~초등 저학년이면 멈추는 경우가 많죠) 아마도 아이를 인정하고 충분히 뒷받침해 준 부모님의 영향이 크지 않을까 싶습니다. 아이는 그동안 호기심을 해소하기 위해 책을 비롯해 지식이 담긴 매체와 공부, 넓은 측면의 탐구를 지속해 왔을 겁니다. 물론 이 탐구는 현실 공부와는 조금 다를 수 있지만 탐구 과정에서 유독 관심 가는 분야가 생긴다면, 그 꿈을 향한 공부도 자발적으로 하게 되겠지요. 굉장히 이상적인 상황이지만 이런 선순환이 없을 정도입니다.

'인정 욕구'의 경우는 이렇습니다. 타고나기를 또는 형제간의 관계성 때문에 유독 칭찬에 목마르고, 인정받고 싶어하는 아이들이 있습니다. 예컨대 가운데 끼어서 상대적인 관심을 덜 받는 둘째들이 어릴 때부터 제 밥그릇을 잘 챙기는 야무진 아이로 성장하는 경우가 많죠. (아니, 애초에 남이 자신을 인정해 주고 칭찬해 주는데 좋아하지 않을 아이가 있을까요? 어찌 보면 인간의 당연한 욕구 중 하나인 걸요.) 하지만 어릴 때에는 조그마한 일에도 칭찬받기가 쉬워도 학령기 이후에는 칭찬과 '공부 결과' 간에 큰 연관성이 생기면서 칭찬받지 못하는 아이들이 나타납니다. 공부 외에도 칭찬할 것이 많이 있지만 대한민국 현실에서 좋은 성적을 받은 아이에게 폭풍 칭찬을 하지 않는 부모는 사실상 없다고 봐야 하니까요. 그래서 역량이 되는 아이는 이 칭찬의 상황이 지속되게 하고 싶어서 더 열심히 공부하고 이 욕구가 대입까지 쭉 이어지기도 합니다. 만약 우리 아이가 유독 인정 욕구가 강한 아이라면 이 점을 이용(?)하여 공부 동기가 계속해서 유지되게 할 수 있겠지요.

하지만 이 두 가지 이상적인 것이 쭉 이어진다는 보장은 없겠죠? 더 자극적인 흥미를 쫓는 경우도 있을 것이고, 호기심이 어느 순간 멈출 수도 있을 거예요. 인정 욕구는 여전하지만 노력해도 안 되는 아이들은 욕구의 크기만큼 더 크게 좌절하기도 할 겁니다. 그래서 자발성을 자극해 공부할 마음이 생기게 하려면 '의욕'과 '회복력', '효능감'을 같이 키워 주셔야 합니다. 이 3가지는 서로 긴밀하게 연결되어 있기 때문인데요. 그렇다면 어떻게 우리 아이의 의욕, 회복력, 효능감을 키울 수 있을까요?

공부 의욕을 꺾는 말 vs. 북돋는 말

'의욕'이란 무엇을 하고자 하는 적극적인 마음을 뜻합니다. 그리고 우리의 바람은 아이들의 '공부 의욕'을 키우는 것이고요. 앞서서 인정 욕구를 가진 아이에게는 '칭찬'이 큰 자극이 된다고 말씀드렸지요. 좋아서 무언가를 열심히 한 아이, 심지어 뿌리 깊은 인정 욕구를 가진 아이도 칭찬을 잘못하면 공부 의욕이 커지기는커녕 오히려 엄청나게 떨어질 수 있습니다. 칭찬의 원칙과 일관성이 그래서 중요합니다. 우선 절대 하지 말아야 하는, 공부 의욕을 꺾는 말부터 살펴보겠습니다.

첫째, '성적'에 대해서만 칭찬을 받는 아이는 배우고자 하는 의욕을 쉽게 잃어버립니다. 타고난 천재(?)가 아닌 이상, 노력 없이 좋은 성적을 받을 수는 없습니다. 그런데 열심히 한 과정에 대해서는 별다른 이야기도 없이 결과만 칭찬받는 상황이 지속된다면, 아이는 이런 생각을 하게 됩니다. '중요한 건 점수밖에 없구나.' '내가 얼마나 노력했는지는 관심도 없네.' '어떻게든 좋은 점수만 받으면 되는 거구나.' 그 결과, 아이도 점점 더 '점수'에만 집착하게 되죠.

이런 이야기를 하다 보면 자연스럽게 떠오르는 고교 동창 H가 있습니다. 저희 학교는 지역에서 제일가는 명문고였고, 그 친구는 그곳에서도 전교 등수 안에 드는 '정말 잘하는 친구'였습니다. 평소에도 엄청나게 노력하는 아이라 주변에서도 H 하면, "진짜 대단한 친구!"라며 엄지 척을 할 정도였지요. 저희 학교는 잘하는 아이들이 많은 학교였기 때문에 1, 2점으로 전교 등수가 크게 벌어지는 곳이었습니다. 중요한 과목 시험이 있던 당일, 컨디션이 별로 좋지 않았던 H가 생각보다 시험을 잘 치지 못했던 모양이에요. 가채점을 하다가 갑자기 벌떡 일어나서는 마시고 있던 박O스 병을 깨더니 손목을 그으려고 하더라고요. 깜짝 놀란 옆의 친구가 저지하지 않았다면 아마 그날 교실에 있던 반 친구 모두가 충격에 빠질 수도 있었던 일촉즉발의 순간이었습니다. 선생님도 오시고 아이들도 다 같이 달려들어 그 친구를 말리는 바람에 최악의 상황은 오지 않았지만, H는 그날 시험이 끝난 후 양호실에 있다가 부모님이 오셔서 집으로 갔습니다. 나중에 들은 이야기지만 '성적'에 유달리 집착하시는 부모님 때문에 그동안 극도의 스트레스를 받았던 모양이에요. 그런 얘기는 도통 하지 않은 친구라서 모두들 그 얘기를 듣고 깜짝 놀라고, 또 안타까워했었죠. 결국 H는 그 시험 전체를 망치고 고 2 때 자퇴했습니다. 이후에 모 대학에서 H를 보았다는 목격담이 동창들 사이에 돌았는데, 그곳은 우리 모두의 기대보다 훨씬 못한 곳이었습니다. 결과적으로 H는 그때의 좌절감과 깨진 멘털을 회복하지 못했던 것 같습니다. 결과에 대한 맹목적인 집착이 H를 망가뜨렸다고 생각하니 지금까지도 참 마음이 아프네요.

둘째, '타고난 능력', 즉 머리 좋음에 대한 칭찬도 하지 말아 주세요. "우리 OO(이)는 머리가 좋아서…"라는 칭찬은 처음 들었을 때는 그 자체만으로도 좋습니다. 하지만 그 덕에(?) 별다른 노력을 하지 않아도 좋은 성적을 내는 초등 저학년 시기가 지나고 더 이상 머리빨이 통하지 않는 때가 되면, '내가 정말 머리가 좋았던 것은 아니었구나.'라는 생각과 함께 공부 의욕을 빠르게 잃어버리는 경우가 많습니다. 게다가 지금까지 머리만 믿고 공부를 제대로 하지도, 노력을 해보지도 않았기 때문에 이제라도 정신 차리고 공부를 하려고 해도 어떻게 해야 하는지를 모르는 이중고를 겪게 되죠.

그럼 반대로 어떤 말이 아이의 공부 의욕을 북돋는 말일까요? 간단합니다. 무조건 결과와 상관없이 아이가 그 결과를 받기 위해 했던 과정 자체를 관심있게 봐주세요. 그 과정에서 어떤 노력이 정말 대단했다든지, 어떤 방식이 좋았다든지처럼 지켜보지 않으면 알 수 없는 구체적인 부분을 칭찬해 주시기 바랍니다. 만일 부모님이 알려주지 않았는데 스스로 터득하거나 배워서 하는 공부 방법이 있다면 그것에 대해 물어보는 것도 좋아요. 부모님이 관심을 갖는다는 것 자체가 아이에게는 큰 자극이 되거든요. 그러면 아이는 점점 더 재미있고 다양한 공부 방법을 찾고 공부 의욕도 샘솟게 됩니다.

공부 의욕을 불어넣어 주는 3가지 팁

공부 의욕을 자극하는 질문에도 좋은 질문과 나쁜 질문이 있습니다. "왜 잘 못하니?" "그렇게 하면 어떻게 하니?" 이처럼 추궁하는 질문은 일단 절대 하지 말아야 할 대표적인 나쁜 질문이에요. 반면 "만약 ○○한다면, 어떨까?"라는 식으로 제안하는 의미를 담은 질문은 좋은 질문입니다. 이런 질문이 계기가 되어, 아이에게는 그 제안에서 시작한 새로운 생각과 그것을 뛰어넘는 더 좋은 방법을 찾아내려는 의욕이 생기기 때문입니다. 또 "어떻게 하면 좋을까?", "네 생각은 어떠니?"와 같이 아이의 의견을 묻는 질문 형태도 좋습니다. 정답은 하나가 아니고 다양하게 있을 수 있다는 것을 아이 스스로 인식하고 더 좋은 생각을 할 여지를 주는 질문이죠.

초등 5, 6학년의 시기는 아이와 부모가 다양한 대화를 나눌 수 있는 가장 좋은 때입니다. 그 이전은 아이가 너무 어려서 공감대를 형성하기 어려울 수 있고요. 중학생 이상이 되면 자주 대화를 나눌 만한 현실적인 시간이 부족하기 때문입니다. 특히 아이 공부 의욕과 관련해서 '아이의 관심 분야'에 대한 부모님의 생각, 부모님의 어린 시절 일화 등을 섞어서 자주 대화를 나눠보세요. 꼭 특정 분야의 이야기가 아니더라도 다양한 분야의 소소한 이야기를 나누다 보면 아이의 생각이 확장되는 결과를 만들 수 있습니다.

아이의 관심 분야에 대한 '의욕'을 더 증폭하고 싶으시다면, 관련 분야의 전문가와의 콘택트 지점을 알아봐 주시는 것도 좋은 방법입니다. 요즘은 SNS를 통해 예전 같아서는 직접 닿을 수 없다고 생각했던 사람과도 소통할 수 있습니다. 예를 들어 아이가 건축에 관심이 많다면, 유명 건축가, 건축과 교수님 등에게 진심이 담긴 메일이나 DM 등을 보낼 수도 있어요. 평소에도 많은 연락을 받는 분들이니 반드시 답장이 온다는 보장은 없지만, (이 점을 아이에게 먼저 알려주세요. 큰 기대에는 큰 실망이 따릅니다.) 진심을 담아 연락한다면 짧게라도 답변을 받을 가능성이 커집니다. 이보다 '공부 의욕'을 자극할 더 좋은 방법이 있을까요? 또 상황이 그렇게 되지 못한다고 해도 그 롤모델의 책이나 영상 등을 자주 접하게 하는 것만으로도 아이의 공부 의욕에 큰 도움이 됩니다.

마음 근육인 '회복탄력성'을 단련시키는 3가지 방법

원숭이도 나무에서 떨어질 때가 있듯이 아무리 공부를 잘하는 아이라도 항상 좋은 성적만을 받을 수는 없습니다. 털고 일어나서 이번 실패를 교훈 삼아 심기일전하면 오히려 더 좋은 경험이 될 수 있죠. 하지만 멘털이 약한 아이일수록 또는 실패를 경험해 본 적이 없는 아이일수록 작은 실패에도 크게 주저앉습니다. 그래서 작은 성공 못지않게 작은 실패도 굉장히 중요합니다. 특히 숫자로 표현되는 점수가 적힌 성적표를 받는, 즉 좀더 명시적인 실패를 경험하게 될 중학생이 되기 전에 작은 실패를 통한 '회복탄력성'을 꼭 키워 주셔야 합니다.

'회복탄력성'이란, '제자리로 돌아오려는 힘'인 회복력과 '아래 부분을 찍고 높은 곳으로 튀어 오르려는 힘'인 탄력을 합친 말로서 힘든 일이 있어도 포기하지 않고 고난을 극복하려는 힘을 의미합니다. 사실 인생에는 계속 좋은 일만 있는 게 아니잖아요. 대부분 좋은 일과 나쁜 일이 뒤섞여 있죠. 나쁜 일을 겪을 때마다 이 회복탄력성을 발휘할 수만 있다면 어떤 방식으로든 계속해서 발전적인 삶을 영위할 수 있습니다.

회복탄력성은 평소에 마음 근육을 단단히 단련함으로써 만들 수 있습니다. 우선 아이 스스로 본인을 긍정하는 것에서 출발해야 하는데요, 그러기 위해서는 매일 아이와 같이 생활하는 부모님의 역할이 큽니다. "우리 OO(이)는 XX을 정말 잘하는구나!"라는 말을 자주 해주세요. XX가 아주 사소해도 괜찮습니다. 단, 구체적일수록 좋아요. 그래서 아이 스스로도 더 잘하고 싶고 남들에게도 "저는 XX를 잘해요!"라고 자신 있게 말할 수 있으면 된 것입니다. 만약 우리 아이가 사소하게라도 잘하는 것이 없다면, '남을 잘 배려한다', '착하다', '엄마를 잘 도와준다'처럼 자신을 긍정하는 어떤 것이어도 괜찮습니다.

그다음으로는 아이가 '가지고 있는 것'을 자주 일깨워 주세요. 특히 가족과 관련된 것이면 더 좋아요. '나는 내 말을 잘 들어주는 부모님이 있어', '나는 나만 보면 무조건 달려드는 OO(애완견, 애완묘 등)이/가 있어서 행복해'처럼 말이죠. 이 든든한 뒷받침은 아이가 힘든 일을 겪었을 때, 자신을 공감해 주고, 응원해 주고, 격려해 주는 존재가 있다는 것을 확신하게 해서 잠시 잠깐 낙담하더라도 곧바로 회복할 수 있는 힘이 됩니다.

마지막으로, 좋아하는 것을 가지고 있는 아이는 회복탄력성이 좋습니다. 좋아하는 것은 떠올리기만 해도 긍정적인 감정으로 인한 도파민이 분비되기 때문이에요. 그 덕분에 힘들고 어려운 일도 극복하고자 하는 의지를 불태울 수 있게 됩니다. 그러니 아이가 평소에 (부모님의 마음에 안 드는) 게임을 좋아한다고 해도, 웹툰이나 유튜브를 너무 좋아한다고 해도 무엇이든 하나쯤, 생각만 해도 행복한 것(또는 순간)

을 가진 아이로 만들어 주시면 좋겠습니다.

자기효능감을 만드는 3가지 원칙

공부를 좋아하는 사람은 거의 없습니다. 있다고 해도 '공부= 내가 잘하는 것'이라는 생각에서 비롯되었을 가능성이 크죠. 사람은 누구나 잘하는 것은 더 잘하고 싶어하고, 못하는 것은 하기 싫어하기 때문입니다. 아이들의 공부도 그렇습니다.

잘하는 아이도 처음부터 모든 것을 다 잘하지는 않았습니다. 시작은 각자가 가진 강점에서 비롯되었을 거예요. 예를 들면, 한 아이가 타고난 언어적 감각으로 연습을 많이 하지 않았는데도 원리를 이해하여 (쉬운) 받아쓰기 100점을 받았다고 해보겠습니다. 아이의 예기치 못한 선전에 어른들은 '정말 잘한다'고 칭찬했을 거고요. 칭찬을 받은 아이는 '와! 나 받아쓰기 잘하는구나!'라며 더 잘하기 위해서 노력하기 시작했을 겁니다. 그 결과 계속 좋은 모습을 보이며 '받아쓰기만큼은 자신 있는 아이'가 되었죠. 또 다른 아이는 수 감각을 약간 타고나서 어릴 때 남보다 수학을 잘한다는 칭찬을 종종 들어왔습니다. 그리고 초중고 수학 단계를 하나씩 넘어가면서 크고 작은 성취와 칭찬을 받았어요. 물론 중간에 어려운 과정을 넘어설 땐 다른 아이들처럼 좌절도 하고, 한때는 수학이 (어려워서, 잘 못하니까) 싫었던 적도 있지만, 그래도 꾸준하게 수학 공부를 합니다. 아이가 이렇게 꾸준하게 할 수 있었던 이유는 단 하나예요. 바로 어릴 때의 '쉽고 재미있었던 기억' 그리고 그 아래 숨은 '나는 수학을 잘한다, 노력하면 더 잘할 수 있을 것이다'라는 자기 믿음 때문입니다. 이것이 바로 '자기효능감'인데요, 이 자기효능감을 이어갈 수 있도록 학부모님이 우리 아이들에게 꼭 해주셔야 할 것이 있습니다.

첫째는 목표를 잘게 쪼개 주는 것이고요, 둘째는 바로 포기하지 않도록 하는 것, 마지막 셋째는 아이들의 롤모델이 되어 주시는 것입니다. 특히 아이들이 '잘할 수 있다'고 느낄 만한 것은 작은 목표일수록 좋습니다. 그래야 아이의 생각보다 쉽게 달성할 수 있거든요.

예를 들어 영단어 암기를 할 때, 하루에 한 개씩 외우는 연습을 하는 겁니다. 요즘 소위 빡센 학원에서 내는 숙제처럼 하루 100개 단어 외우기는 '암기력'이 약한 아이는 절대로 못 할 과업입니다. 하지만 하루 1개씩 꾸준히, 완벽하게 외우는 것은 어떤 아이도 가능하죠. 그러고 나서 이렇게 칭찬해 주시는 거예요.

"우와! 우리 ○○(이)는 단어를 정말로 '정확하게' 외우는구나! 꾸준히만 하면 일주일에 7개, 한 달이면 30개나 완벽하게 외우겠는 걸!"

그리고 일주일, 한달이 지났을 때 다시 이렇게 칭찬해 주세요.

"○○(이)는 정말 성실하구나! 성실한 건 무엇과도 바꿀 수 없는 정

말 소중한 능력이야. 네가 잘하고 싶은 것도 영단어 외우듯이 꾸준히 만 하면 다 잘할 수 있겠다!"

만약 중간에 하루이틀 꾀를 부리거나 피치 못 할 사정으로 영단어 암기가 중단된다면 그래도 괜찮다고, 살다 보면 누구나 어느 정도의 사정이 있는 거라고 위로하며, 그 대신 내일부터는 다시 1개씩 외우기를 지속하자고 격려해 주세요. 아이에 따라서는 "오늘은 못 했으니 내일은 2개 외우자."라고 했을 때, "네, 해볼게요!" 하고 의욕을 보이는 아이도 있지만 그렇지 않은 아이도 있으니까요.

그리고 아이만 이런 미션에 도전하게 하지 마시고, 학부모님도 같이 참여하시면 훈련 효과가 배가 됩니다. 아이들의 태도와 가치관 그리고 습관은 알게 모르게 부모님의 영향을 많이 받습니다. '꾸준히 하는 것'을 아이의 효능감으로 만들고 훈련하기 위해서는 아이에게 '엄마도, 아빠도 꾸준히 하는구나. 나는 엄마, 아빠의 자식이니까 나도할 수 있어!'라는 무의식적인 생각을 심어줄 필요가 있거든요. 이렇게 자기효능감이 쌓이면 성공한 결과에만 집착하는 것이 아니라 과정도 소중히 여길 줄 알게 됩니다. 열심히 공부했는데 성적이 예상보다 좋지 않았다면 왜 그랬는지 원인을 파악하고, 다음에는 그 부분을 보완해서 좋은 성적을 받도록 노력해야겠다는 생각을 스스로 하게 되는 것이죠.

세상에는 영원한 성공과 실패가 없다는 것을 알려 주세요. 실패에서 배우는 것이 있다면 결국에는 더 큰 성장을 할 수도 있다는 것을 요. 그것을 배운 아이는 실패하더라도 '방법만 찾으면 나는 할 수 있다'는 확실한 자기효능감을 가진 아이가 될 것입니다. 그리고 부모로부터 충분한 사랑과 지지를 받은 아이는 실패하더라도 자신의 능력을 믿고 도전할 수 있게 됩니다.

오늘 배운 내용을 적용해 볼까요?

Q1) 우리 아이의 공부 의욕을 북돋는 말은 어떤 말일까요? 배운 내용을 바탕으로 '나의 말'로 바꿔 보세요. (우리 아이 이름을 넣어 실감 나게 연습 하시면 더 좋습니다.)

Q2) 우리 아이에게 공부 의욕을 불어넣기 위해 나는 어떤 질문과 대화를 계획하고 있나요?

Q3) 우리 아이의 회복탄력성을 도와줄 우리 아이가 '잘하는 것,' '가지고 있는 것', '좋아하는 것'은 무엇인가요?

Q4) 우리 아이의 효능감을 만들기 위해 해야 할 3가지를 기억하고 계시나요? 한번 적어볼까요?

DAY 2.

집중력 강화
훈련법

어릴 때 아이가 다소 산만해도, '학년이 올라가면 괜찮아지겠지.'라고 생각했던 분들도 초등 5, 6학년까지 그 산만함이 유지되면 참 걱정이 많으실 겁니다. 산만함은 공부해야 할 때 집중력을 흐트러뜨리는 가장 강력한 주범이기 때문이에요. 그런데 이렇게 생각해 보는 것은 어떨까요?

산만한 아이 = 다른 것에도 관심이 많은 아이

즉, 집중할 줄 모르는 것이 아니라 '한 가지에 집중하기에는 너무나 많은 것에 관심이 있는 아이'라고 말입니다. 다방면에 관심이 많은 아이는 공부할 시간이 주어지면 이것저것 들춰 보느라 무엇부터 해야 할지 쉽게 결정하지 못합니다. 그럴 땐 해야 할 일을 쫙 펼쳐 놓고 아이와 함께 작은 화이트 보드에 써가며 우선순위를 정해 보세요.

집중해서 할 우선순위 정하기

'우선순위 정하기'는 다음과 같이 '중요도'와 '긴급도'를 기준으로 하나씩 번호를 붙이는 방식으로 진행합니다. (만약에 '우리 아이는 급한 것이 없다' 또는 '우리 아이는 좋아하는 것만 하려는 아이다!'라고 생각하시는 분은 '선호도'와 '중요도'를 기준으로 삼아 작성하셔도 됩니다.) 이렇게 작성한 우선순위 표를 아이 방에 붙여 놓으시고, 1번부터 순서대로 실행하면서 이미 완료한 것은 지우는 겁니다. (지워지지 않는 고정 미션도 있을 텐데, 그런 미션은 완료할 때 옆에다 조그맣게 동그라미 표시만 해주세요.) 그러고 나서 매일 밤 잠들기 전이나 매주 일요일 밤 잠들기 전 등으로 알맞은 시기를 정해서 각 칸에 들어가야 할 내용을 새롭게 변경해 보는 거죠. (표 안의 미션을 하나씩 완료하다 보면, 빈칸이 생기니까요.) 이렇게 할 일을 한데 적어 놓고 우선순위에 따라 분류한 후 체계적으로 하나씩 처리하는 연습을 하다 보면 조금 산만하던 우리 아이도 공부 하나하나에 대한 집중력을 키울 수 있을 뿐만 아니라 공부 계획을 체계적으로 세우는 것도 배우게 됩니다.

집중을 망치는 눈앞의 자극 요소 정리하기

산만한 아이가 집중하지 못하는 또 다른 이유는 집중하기에는 눈앞에 너무 많은 자극 요소가 있기 때문입니다. 그래서 보통 공부를 시작하기 전에 아이에게 '책상부터 깨끗이 치우고 하라'고 지도하시죠? 그런데 공부하기 직전에는 절대 아이에게 책상을 직접 치우게 하시면 안 됩니다. '네? 초 5, 6인데 아이 책상까지 제가 치워줘야 하나요?'라고 생각하시죠? 하지만 학부모님이 치워 주셔야 합니다. 다음의 2가지 이유 때문이에요.

첫째는 집중력이 떨어지는 아이에게 정리부터 하라고 하면 정리하는 동안 많은 에너지를 소모하여 결국엔 공부할 에너지까지 모두 써버리기 때문입니다. 그러니 해야 할 일을 시작한다고 하면 곧바로 집중할 수 있도록 평소에 정리 정돈을 시키시든지 여의치 않으면 공부

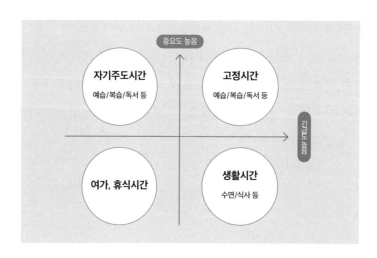

직전에 학부모님이 직접 치워 주시기 바랍니다.

둘째는 눈앞에서는 치웠지만 어디다 치웠는지를 기억하는, 쓸데없는 기억력 때문입니다. 집중력을 흔드는 무언가가 눈앞에 보이지 않는다고, 온전히 그것으로부터 자유로워질 수 있을까요? 그러니 숨긴 물건이 어디에 있는지, 짐작도 하지 못하도록 학부모님이 직접 치우시거나 그럴 상황이 아니어서 아이에게 치우도록 해야 한다면, 숨긴 공간에는 얼씬도 하지 못하도록 단호하게 훈육하셔야 합니다.

도둑맞은 집중력, 그 범인은 바로 스마트폰!

초등 고학년이라면 거의 다 소지하고 있는 스마트폰이 아이들의 공부를 방해하는 가장 큰 원인입니다. "집에 오면 무조건 휴대폰 전원을 끈다." "공부할 때는 상자에 넣어 놓는다." 이런 규칙을 만들어도 사실 중독 수준의 아이를 제어하는 것은 생각처럼 쉽지 않습니다. 게다가 요즘은 또래 친구들과의 소통을 SNS로 하다 보니까 분위기상 우리 아이만 못 하게 할 수도 없는 노릇이죠. 또 '무조건 금지한다'는 식으로 아이의 마음을 억누르는 것도 결과적으로는 그리 좋은 훈육 방식이 아닙니다. 요즘처럼 스마트 매체를 자유자재로 활용하는 능력이 중요한 시대에 과한 금지는 오히려 아이의 능력 개발 기회를 빼앗는 셈이 될 수도 있고요.

그럼에도 적당한 '기준'이라는 것은 중요하기 때문에 이 기회에 조

금은 단호하게 스마트폰 사용을 최소화하는 연습을 시도해 보시면 좋겠습니다

우선 집에 있는 모든 순간에 스마트폰을 쓰지 못하게 하는 규칙은 현실성이 없습니다. 다만, '하루 1시간'부터 모든 가족이 휴대폰을 쓰지 않기로 약속하는 것은 생각보다 쉽습니다. 예를 들어 온 가족이 모이기 쉬운, 저녁 식사 후 8~9시에는 그 누구도 어떠한 이유로도 스마트폰, TV, 컴퓨터를 사용하지 않기로 규칙을 정할 수 있겠죠. 그리고 이 1시간 동안 집중해서 할 수 있는 것을 같이 또는 따로 찾아보세요. 집중해서 해야 하는 5000피스짜리 퍼즐 맞추기도 좋고요. 아이는 숙제를 하고 부모님은 책을 보셔도 좋습니다. 단, 절대 대화는 하지 마세요. 이 시간 우리 집은 도서관 또는 독서실이 되는 겁니다. 이렇게 일주일만 해보면 가족 모두 쉽게 익숙해집니다. 집중해서 하는 일의 효율성과 성취감을 느낄 수 있는 것은 물론이고 조용한 '시간의 여유'를 느낄 수도 있지요. 그리고 무엇보다 전자기기를 사용하지 않는 그 1시간 동안 급한 일은 아무것도 일어나지 않는다는 당연한 결과를 몸소 체험하게 됩니다. 그러면 이 1시간은 2시간도, 3시간도 될 수 있습니다.

집중력은 이렇게 훈련하는 겁니다. 딱 하나 주의해야 할 것이 있어요. 이 모든 규칙을 만들 때 가장 중요한 것은 '아이만 지키는 규칙'이 아니라 온 가족이 모두 동참하는 규칙임을 모두 납득해야 한다는 점입니다. 아이에게는 하지 말라고 금지하면서 아이가 보는 앞에서 휴

대폰을 사용하는 것이 가장 피해야 할 행동이라는 것을 꼭 기억하시기 바랍니다.

집중력에 도움이 되는 공부 계획 세우기의 원칙

'공부 계획'을 세우는 것은 시간 낭비를 하지 않고 공부 목표를 달성하기 위해서지만 그보다 더 중요한 이유가 있습니다. 바로 '집중력 연습을 하기 위해서'인데요, 아이의 공부 역량을 반영한 시간 단위 공부 계획은 아이의 집중력 향상을 위한 좋은 훈련법입니다.

예를 들어 평균적으로 단어 15개를 완벽히 외우는 데 30분이 걸리는 아이(조금은 여유로운 기준)가 있다고 해 봅시다. 이 아이에게 효과적인 집중 암기 계획은 '역량'과 '시간 단위'를 기준으로 '하루 15개, 30분 암기'처럼 세워야 합니다. 다만, 이 계획이 성공하려면 아이와의 한 가지 약속이 필요한데요. 그것은 바로, '매일 정해진 시간에 정해진 분량을 해낸 아이에게는 무엇을 해도 허용되는 확실한 '자유 시간'을 보상해 준다'는 것입니다. 공부량에 비해서 공부 시간을 좀 여유 있게 잡았기 때문에 학부모님이 약속한 대로 아이에게 자유 시간을 준다는 것에 대한 믿음을 보여준다면, 매일매일 목표 달성과 함께 아이의 집중력이 향상되는 것을 보실 수 있습니다. 빨리만 (대충이 아니라) 해낸다면 공식적으로 쉴 수 있고, 무엇을 해도 엄마에게 잔소리를 듣지 않는 거죠! 이 달콤한 보상을 경험해 본 아이라면 다음 날 공부하기 싫은 마음이 들어도 '오늘도 빨리 정해진 분량을 하고 또 놀아야 지!'라고 생각하게 될 테니까요.

집중력을 강화하는 인풋, 아웃풋 공부법

공부할 때 '아웃풋을 늘리는 행동'을 하면 '집중력 향상' 효과를 얻 을 수 있습니다. '아웃풋'이란 뇌 속으로 들어온 정보를 뇌 안에서 처 리하여 밖으로 출력하는 것을 의미해요. '인풋'은 반대로 뇌 안으로 정보를 입력하는 과정을 뜻하죠. 흔히 읽고 듣는 활동은 인풋에, 말하 고 쓰는 활동은 아웃풋에 해당합니다. 일반적인 '공부'는 대부분 인풋 활동에 치중되어 있지만 아웃풋을 늘려야 하는 중요한 이유가 있어 요. '아웃풋'을 만들기 위해서는 자신이 알고 있는 것을 밖으로 끄집 어 내야 하기 때문입니다. 즉 스스로 무엇을 알고 무엇을 모르는지를 정확하게 알아야만 하고 그러려면 인풋 활동을 하는 동안 고도의 집 중력이 쓰일 수밖에 없기 때문이죠.

수업을 듣고 책을 보는 등 읽거나 보거나 듣는 것은 그 행위에 집중 하지 않아도 할 수 있지만 쓰거나 행동하는 것은 자신이 주체가 되지 않으면 절대 할 수 없는 일입니다. 지금의 아이들에게 권장되는 공부 법은 아니지만 우리 세대만 해도 영단어 암기를 위해서 손으로 쓰며 외우는 '깜지' 작성을 많이 했었잖아요? 그때 쓰면서 중얼거리면 집중 과 암기에 더 도움이 됐던 기억, 대부분의 학부모님에게 있을 겁니다.

깜지를 쓰는 행위 그 자체가 바로 아웃풋 활동이었기 때문입니다.

아웃풋 활동, 즉 다른 누군가에게 내가 아는 내용을 설명하고, 질문을 받아 대답하며, 아는 내용을 나열하여 쓰려면 '어떻게 말해야 상대방이 이해할 수 있을까, 이렇게 설명해서 못 알아들으면 다음에는 어떻게 설명해 주어야 할까, 어떤 개념을 연결하여 답안을 작성해야 할까, 문장을 어떻게 구성해서 써야 할까' 등을 고민해야 합니다. 그러려면 애초에 읽고 듣는 인풋 활동 시에 더욱 집중을 할 수밖에 없습니다. 잘 알아야 잘 대답하고 쓸 수도 있으니까요. 다시 말해 아웃풋을 늘리는 학습은 사실 인풋 과정에서의 집중도를 최대로 끌어올리는 방법인 것이죠. 그러니 가능하면 모든 과목(집중을 잘 못하는 과목부터)에 아웃풋을 늘리는 연습을 시켜 주시기 바랍니다. 배운 내용을 백지 테스트로 시험 보듯이 써내거나 이해되지 않는 부분은 직접 책이나 자료 등을 찾아보며 익히고 다른 사람에게 설명해 보는 등 적극적인 아웃풋 활동을 지도해 주시면 됩니다.

오늘 배운 내용을 적용해 볼까요?

Q1) 우리 아이가 오늘 하루 해야 할 일의 우선순위를 정해 보세요.
기준은 '중요도/긴급도', '중요도/선호도' 중 아이 상황에 맞게
선택하시면 됩니다.

Q2) 우리 집만의 스마트폰 사용 규칙을 적어 보세요. 만약 뚜렷한 것이
없다면 이 기회에 온 가족이 모여 규칙을 정해보셔도 좋아요.

Q3) 집중력에 도움이 되는 공부 계획은 무엇을 기준으로 작성한다고
했나요? 현재 우리 아이의 공부 계획 기준과 비교하여 두 기준의
장단점을 생각해 보세요.

Q4) 우리 아이는 지금 어떤 아웃풋 공부를 하고 있나요? 만약 하고
있지 않다면 앞으로 어떤 방법을 적용하면 좋을지 계획해 보세요.

DAY 3.

암기력을 증폭시키는 방법

아이들이 배우는 교과목을 단순하게 구분할 때 그 기준을 '암기' 과목인가 아닌가로 두는 경우가 있습니다. 이것은 예를 들어, 시험이 2주 후일 때, 어떤 과목부터 어떻게 공부해야 효율적이고 효과적일지를 판단할 때의 기준이 되기도 하죠. 중등 이상 아이들을 대상으로 '시험 잘 보는 법'을 특강할 때면 아이들의 기억력에 따라 효과의 차이는 있지만 기본적으로 이해를 바탕으로 한 '활용'이 중요한 과목은 '평소 학습'이 가장 중요하다는 것을 매번 느낍니다. 하지만 상대적으로 외울 내용이 많은 과목, 그중에서도 외워야 할 것이 용어나 숫자처럼 맥락을 통해서 암기하기는 어려운 경우(예: 화학 주기율표나 세계사 연도 등)에는 시험 일자에 임박해서 외우고 또 시험지를 받는 순간까지 중얼거리다가 시험지를 받으면 시험지 맨 위에 적어 두라는, 일종의 전략까지 다양하게 알려주어야 할 정도로 단기 기억이 중요할 때도 있습니다. 영어 단어 암기법으로는 어원을 따져가며 암기하는 방법이 있기는 하지만 사실 단어와 의미 사이에 큰 상관관계가 없는 경우가 많습니다. 그래서 요령이 없는 아이는 영단어 암기가 정말 잘 안되는 사례도 많아서 그런 아이들을 위한 영단어 암기, 기억과 관련된 여러 가지 방법과 요령도 많이 개발되어 있죠.

수업 관련 암기력 훈련법, 복습 × 예습

수업이 끝나고 다음 수업까지 또는 시험 당일까지 오늘 배운 내용을 잊지 않기 위해서는 어떻게 해야 할까요? 아마도 대부분은 '복습'을 해야 한다고 말할 겁니다. 누군가는 시간이 지날수록 잊는 것이 기하급수적으로 늘어난다는 '에빙하우스의 망각곡선' 이론을 근거로 수업을 마치자마자 5~10분간은 배운 내용을 다시 한번 읽으면서 복습해야 한다고 강조하지요. 또 누군가는 한 번 배운 내용, 단기 기억을 장기 기억으로 가져 가기 위해서 반복적으로 듣고 읽는 '반복 복습'이 중요하다고 강조합니다. 네! 저도 두 의견에 100% 동의합니다. 그런데 이 시점에서 우리는 학습 내용을 더 잘 기억하기 위한 방법으로 '예습'이 활용될 수 있을지에 대해서는 생각해 보지 않았습니다. 여러분은 어떻게 생각하시나요? 예습이 기억력 보존에 도움이 될까요? 결론부터 말씀드리면, 네, 그렇습니다.

우리는 원래 예습도 복습 못지않게 중요하다는 것을 알고는 있습니다. 하지만 어찌된 일인지 한국에서는 이 '예습'이 '선행'으로 둔갑하여 선행 수업은 학원이나 인터넷강의로 듣고 학교 수업 시간에는 딴짓(?)을 하는 것이 일상이 되었죠. 정말 중요한 예습의 효과는 망각한 채 말입니다. 예습은 '선행: 깊이 있는 사전 학습'의 의미가 아니라 앞으로 공부할 내용을 잘 받아들이기 위해 '뇌를 활성화하는 과정'입니다. 기존에 알고 있던 지식을 불러내서 오늘 학습할 내용을 추측해 보고 실제 수업 내용을 그 추측 내용과 비교하는 등 능동적인 학습을 하기 위해 사전에 필요한 활동이죠. 이 활동의 장점은 심리학 용어로 '점화 효과(priming effect)' 이론으로 설명할 수 있어요.

점화 효과가 나타나는 이유는 기존에 알고 있었던 (장기 기억에 남아 있는) 연관 정보가 이 점화 현상으로 일어나면서 새로운 내용이라도 유사 정보로 인지하여 더 빨리, 더 쉽게 받아들이기 때문입니다. 그래서 수업 집중력도 더 높아지고 또 수업을 마친 후에는 기존 지식과 오늘 새롭게 배운 지식, 이 두 가지 지식을 함께 장기 기억으로 가져갈 수 있게 된다는 것이죠. 마치 운동하기 전 일부러 웜업(warm up, 본격적인 운동이나 경기를 하기 전에 몸을 풀기 위해 하는 가벼운 운동)이나 스트레칭을 해서 운동 효과를 더 극대화하는 것과 같은 이치입니다. 만일 기존에 배웠던 내용에 이어서 (연관된 내용으로) 오늘 수업을 진행한다면, 오늘 배울 내용을 미리 보는 것도 좋지만 지난 시간에 어떤 내용을 배웠는지 수업 시작 전 적어도 5분 정도는 꼭 훑어보아야 합니다.

하지만 완전히 처음 배우는 내용이라면 교과서의 목차 또는 단원 목표라도 읽으면서 오늘 수업이 어떤 식으로 진행될지를 나름대로 상상해 보아도 괜찮아요. 우리가 영화를 보기 전에 미리 시놉시스를 읽고, 책을 고르기 전에 목차를 읽는 것도 이런 점화 효과와 관련된 활동이라고 볼 수 있죠. 우리는 이런 활동을 통해서 영화나 책이 어떤 내용인지 궁금해지면 그 내용에 더 몰입함과 동시에 더 오래 기억할 수 있게 됩니다. 아이들이 수업에 임하는 자세에도 이를 활용하면 동일한 효과를 볼 수 있을 것이고요.

기억력을 극대화하는 메모 쓰기의 원칙

더 잘 기억하기 위해서 '메모하는 습관'을 들이는 것도 아주 좋은 방법입니다. 우리 아이들이 수업을 듣거나 책을 읽을 때의 인풋은 우선적으로 단기 기억과 작업 기억에 저장되는데, 이 두 단계의 기억을 장기 기억으로 옮겨야 앞으로의 학습에 그것을 활용할 수 있습니다. 아이가 메모를 하면 인풋이 된 내용을 정리 요약하기 때문에 기억하기가 더 쉬워집니다. 메모가 금방 잊히는 단기 기억이나 적은 작업 기억 용량을 더 확장되게 해주는 것이죠. 또한 이렇게 메모해 놓은 것을 복습에 활용하면 두 가지 기억을 장기 기억으로 보내는 데에도 큰 도움이 됩니다. 예습으로 만들어진 점화 효과로 지난 시간에 배운 내용과 오늘 배울 내용을 대략적으로 알 수 있었으니 본 수업 시간에는 핵심을 간추려 더 효과적인 메모를 할 수도 있어요.

핵심만 적는 메모는 이렇게 합니다. 메모용 노트를 마련해도 좋고, 또는 포스트잇처럼 교과서나 참고서에 옮겨 붙일 수 있는 형태도 좋습니다. 노트를 활용한다면 가운데에 세로 줄을 2개 그어서 노트를 3구역으로 나눈 후, 제일 왼쪽에는 예습하면서 기록할 만한 것을 아주 간단하게 적어 둡니다. 가운데 칸에는 실제 수업을 들으면서 내용을 요약해서 적고요. 그리고 수업이 끝난 후엔 두 칸에 적힌 내용을 비교하면서 복습합니다. 방과 후와 주말에 이렇게 복습한 내용을 바탕으로 3번째 칸에 스스로 테스트를 해 봅니다. 이처럼 예습-수업-복습(테스트)이 노트 한 권으로 정리되는 습관만 들인다면 시험 기간에 이 노트가 아이의 비법 노트가 될 수 있습니다. 교과서나 참고서가 따로 필요 없을 정도의 가치를 지니게 되니까요.

물론 미리부터 훈련하고 익숙해지면 누구나 할 수 있는 방법이지만 아이들 중에는 이렇게 '적는' 공부가 영 어색하고 잘 안되는 아이가 있습니다. 그럴 경우에는 수업 전에 눈으로 보고 입으로 중얼거리는 예습을 하고, 수업 내용을 포스트잇에 적어둔 후, 교과서에 붙여 놓고 방과 후에 그 포스트잇을 보면서 복습하게 하세요. 그다음에는 자신의 언어로 누군가에게 설명하는 방식으로 대체해도 좋습니다. 설명할 대상이 없다면 연기하듯이 혼자서 또는 인형을 상대로 연습해도 괜찮아요.

복습하면서 잘 기억나지 않는 부분은 다시 교과서 내용을 찾아보거나 또는 질문을 통해 해결하는 습관을 들이는 것이 가장 좋습니다. 하지만 이때 주의할 것은 인풋만 지속되는 학습은 시간만 누적될 뿐 아이에게 실질적인 도움이 되지 않는다는 것입니다. 아웃풋이 있는 학습이야말로 집중력과 기억력을 극대화 할 수 있다는 점을 꼭 기억해 주세요.

가장 효과적인 기억력 훈련, 백지 테스트

여러 학자의 연구 내용을 보면 동일한 내용을 반복 학습하는 것보다 한 번이라도 인출(아웃풋)하는 경험이 장기 기억에 더 도움이 된다고 합니다. 그중에서도 '시험'이라는 인출 방식이 가장 효과적이라는 의견이 많아요. 일반적으로 시험을 공부의 결과로 생각하는 분이 많지만 모든 시험이 그렇지는 않습니다. 제가 말씀드리는 시험은 자신의 상태를 스스로 진단하는 용도로 플래시 카드나 백지 테스트 같은 도구를 활용하는 것이 거든요. 시험은 장기 기억뿐만 아니라 메타인지를 형성해 주는 효과가 있습니다. 내가 어떤 내용을 아는지/모르는지를 시험 결과로 확인할 수 있고 이를 활용해 효과적인 학습 전략을 세울 수 있기 때문이죠.

아이들이 보는 교과서나 문제집에는 맨 앞 페이지에 "오늘은 어떤 내용을 배우게 될지 친구와 대화해 볼까요?"라는 식의 도입형 문제가 있습니다. 이런 문제도 시험 효과의 도구로 활용하기에 적합해요. 일상에서의 시험이 스트레스와 긴장을 유발하는 '진짜 시험(성적을 매기고 결과로 진학 여부가 결정되는)'에 좀더 편안하게 응할 수 있도록 도와주니 적극 활용해 보시면 좋습니다.

일상 시험은 다양한 형식으로 진행할 수 있습니다. 좀 전에 언급한 교과서나 문제집의 구석구석에 있는 문제를 활용해도 좋고요. 제가 강력하게 추천하는 백지 테스트도 아주 효과적인 시험 도구입니다. 많은 연구에서 시험 효과를 극대화하는 방법으로, 선다형 객관식 시험보다 서술형 시험을, 오픈북 시험보다 클로즈북(일반적으로 책을 보지 않고 보는 시험) 형식을 추천하는데, 백지 테스트는 이 두 가지 조건을 모두 만족하는 가장 좋은 일상 시험입니다.

백지 테스트는 매일, 주말마다, 단원이 끝날 때, 학기가 끝날 때 등 학습을 마무리하는 시점에서 진행하면 됩니다. 제가 추천하는 방식은 단원을 마무리할 때, 목차를 나열한 후 세부 내용을 채워보는 방식이에요. 만일 채우지 못한 부분이 있다면 오픈북 형태로 그 부분을 찾아서 붉은 색 펜으로 채워 넣습니다. 이런 방법을 사용하는 이유는 부족한 부분을 직접 찾아서 채워 넣는 과정이 잊었던 기억을 다시 상기하는 데 효과적일 뿐 아니라 유색 펜으로 자신이 알고 있는 것과 모르고 있는 것을 구분할 수 있기 때문입니다. 하지만 여기에서 그치지 말고 다음 날 그 백지를 다시 꼼꼼하게 읽고, 또 그다음 날 2차 백지 테스트를 실시합니다. 이때는 기억의 정도에 따라 처음처럼 목차를 먼저 적어 놓고 내용을 채우는 방식이어도 좋고, 아예 주제만 쓰여 있는 백지 상태에서 시작해도 좋습니다. 어떤 방식이든 거의 100% 1차 테스트보다는 더 많은 것을 기억해 낼 테니까요.

분산 학습법을 적용한 가장 효율적인 암기 방법

이제 장기 기억을 극대화하는 가장 대표적인 학습법인 '복습'을 좀 더 깊게 다뤄보겠습니다. 분산 학습법의 근거로 쓰이는 에빙하우스의 망각곡선은 '단기 기억을 잘 유지해 장기 기억으로 가져갈 방법이 무엇인가'가 아니라 사실 '얼마나 잘 잊어버리는지를 파악해야 잊지 않을 수 있다'는 사실을 깨닫게 하는 연구 결과입니다. 하지만 이 망각곡선에 대해서는 약간의 오해가 있어요. '처음에는 배운 것을 빨리 잊어버리지만, 시간이 지나면 그 속도가 느려진다'는 시사점은 같지만 에빙하우스가 이 실험을 할 때 사용했던 실험 도구는 사실 별 의미 없는 학습 교재였다는 점입니다. 우리 아이들이 학습할 때는 그와는 달리 '이해'를 바탕으로 암기하기 때문에 상황이 많이 다르죠. 그래서 우리의 실제 학습 상황에 맞춘 융통성 있는 해석이 필요합니다.

에빙하우스의 망각곡선에 따르면 '암기를 한 지 20분이 지나면 41.8%가 망각되고, 1시간이 지나면 55.8%를 잊지만' 사실 아이들의 일상 학습 내용은 이보다는 손실량이 더 적습니다. 아이들이 입력한 지식은 이해한 내용이니까요. 그래서 우리가 기억해야 할 것은 '20분 안에 복습해야 한다, 1시간 안에는 무슨 일이 있어도 복습해야 반 이상 잊어버리지 않는다'가 아니라 '1차 복습 후에는 시간 간격을 점차 늘리면서 2차, 3차 복습을 해야 장기 기억을 유지할 수 있다'는 사실입니다. 학습이 끝나면 바로 이어서 복습, 복습, 복습, 이런 식으로 반복 학습을 해야 기억에 도움이 되는 것으로 알려졌지만 사실은 간격을 두고 복습하는 것이 가장 효과적이라는 뜻이지요.

단기 기억력이 좋은 아이들은 수업이 끝나고 20분이 지나도 수업 내용을 잘 기억해 내기 때문에, 자신은 따로 복습하지 않아도 그 내용을 오래 기억할 것이라는 착각에 빠지기 쉽습니다. 하지만 당연히 그런 아이도 일정한 시간이 흐른 후에 반복 복습을 하지 않으면 보통의 아이처럼 그 내용을 많이 기억하지 못합니다. 반대로 단기 기억력이 좋지 않은 아이라도 간격을 두고 복습하면 두 번째 기억을 떠올릴 때(개인차가 있기는 하지만)는 살짝 어려움을 겪을 수 있지만 그 이후에는 오히려 더 잘 기억하게 될 수도 있죠.

기억은 물 흐르듯이 순탄하게 지나간 단기 기억은 잘 저장하지 않습니다. 오히려 특이한 상황, 어려움, 좋고 싫음의 감정 등 약간의 굴곡 있는 상황이 더 효과적이죠. 여러 시행착오를 겪으며 끙끙대고 어렵게 공부하면 더 잊어버리지 않는다, 오히려 잊어버리기가 어렵다는 사실이 그 증거입니다. 뇌를 더 자극해서 뇌가 더 활성화되기 때문입니다. 오늘부터는 모든 과목의 복습에 분산 학습 이론을 적용해 주세요. 앞서 소개한 백지 테스트를 하는 사이사이에 활용해서도 좋고요. 영단어 복습, 수학 오답 풀이에도 추천합니다.

여기서는 올바른 시간 간격을 두고 복습하기 딱 좋은 암기력 훈련
도구인 '라이트너 학습법'을 소개하려고 합니다. 방법을 익히고 영단
어, 한국사, 과목별 주요 용어 암기에 활용해 보세요. 암기가 훨씬 쉬
워질 겁니다.

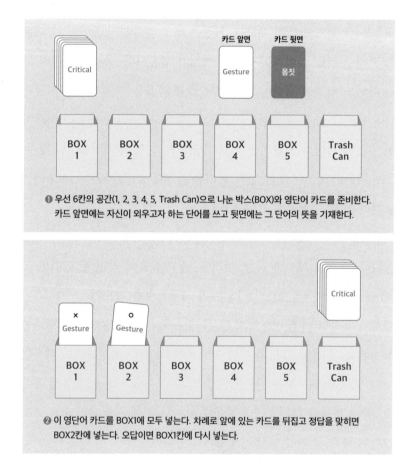

❶ 우선 6칸의 공간(1, 2, 3, 4, 5, Trash Can)으로 나눈 박스(BOX)와 영단어 카드를 준비한다.
카드 앞면에는 자신이 외우고자 하는 단어를 쓰고 뒷면에는 그 단어의 뜻을 기재한다.

❷ 이 영단어 카드를 BOX1에 모두 넣는다. 차례로 앞에 있는 카드를 뒤집고 정답을 맞히면
BOX2칸에 넣는다. 오답이면 BOX1칸에 다시 넣는다.

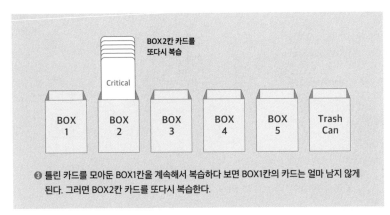

❸ 틀린 카드를 모아둔 BOX1칸을 계속해서 복습하다 보면 BOX1칸의 카드는 얼마 남지 않게 된다. 그러면 BOX2칸 카드를 또다시 복습한다.

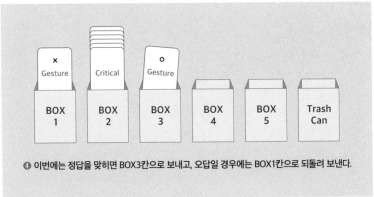

❹ 이번에는 정답을 맞히면 BOX3칸으로 보내고, 오답일 경우에는 BOX1칸으로 되돌려 보낸다.

❺ 어느덧 BOX3칸에도 카드가 차게 되면 BOX3칸의 카드를 복습한다. 이번에도 맞히면 BOX4칸에 넣고, 오답이면 다시 BOX1칸에 넣는다.

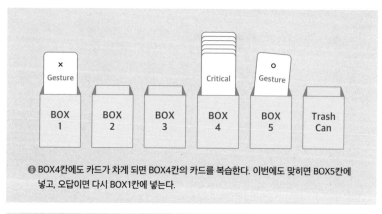

❻ BOX4칸에도 카드가 차게 되면 BOX4칸의 카드를 복습한다. 이번에도 맞히면 BOX5칸에 넣고, 오답이면 다시 BOX1칸에 넣는다.

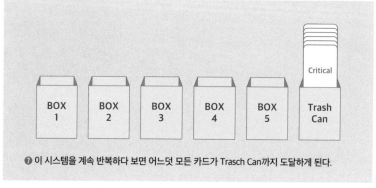

❼ 이 시스템을 계속 반복하다 보면 어느덧 모든 카드가 Trasch Can까지 도달하게 된다.

위 카드와 상자를 직접 만들 수 있는 인쇄 파일(권태형의 영단어 공부 키트) 및 제작 활용 안내 영상은 다음 QR코드를 스캔해 주세요.

오늘 배운 내용을 적용해 볼까요?

Q1) 암기력 훈련에 효과적인 올바른 예습 방법을 확인하셨나요?
우리 아이에게 적용할 때 어떤 과목부터 어떻게 훈련시키는 것이
좋을지 계획을 적어보세요. (가장 부족한 과목부터 훈련하는 것을 추천합니다.)

Q2) 기억력을 극대화하는 메모 쓰기의 원칙을 보고, 우리 아이 성향에
맞는 현실적인 메모 쓰기 훈련을 계획해 보세요.

Q3) 가장 효과적인 기억력 훈련 방법인 백지테스트를 우리 아이에게
적용하려면 어떻게 해야 할까요?

Q4) 암기력 훈련 도구인 '라이트너 학습법'의 방법을 이해하셨나요?
지금 바로 앞 페이지의 QR코드를 통해서 인쇄 파일을 내려받고
제작 및 활용 안내 영상을 확인해 주세요.

DAY 4.

중고등 문해력의 핵심, 요약력

질문을 하나 해보겠습니다. '이것'은 직접적으로 주제 파악 능력, 기억력, 시간 절약, 글의 개요 파악, 중요한 학습 내용 선별 등 소위 '공부 잘하는 조건'과 아주 직접적으로 연관된 능력으로서 초등 5, 6학년 때에 집중적으로 키워야 하는 것입니다. 이것은 무엇일까요? 정답은 바로! '요약하는 능력'입니다. 정답을 맞히셨나요?

'요약력'이란 어떤 말을 듣거나 글을 읽었을 때 중요도에 따라서 필요한 것과 필요하지 않은 것을 구분하고 핵심에만 집중하는 능력이에요. 요약력이 좋은 아이는 우선, 중요한 학습 내용을 선별하여 공부할 수 있기 때문에 공부 효율이 높아져 자연히 전 과목 성적이 좋습니다. 또한 수능과 같은 독해 위주의 시험에도 엄청나게 유리하죠. 특히 전체 과목 중 지문의 길이가 다른 과목에 비해 유독 긴 국어, 영어 과목에서 시간을 줄이고, 정답률을 높일 수 있습니다. 이 두 과목의 주요 문제이자 오답률이 가장 높은 문제 유형이 바로 이 요약력을 바탕으로 쉽게 해결할 수 있기 때문입니다. 대개 그런 문제는 '주제 찾기, 빈칸 유형, 흐름 배열, 일치, 불일치' 같은 것인데요, 전체적인 흐름을 이해해서 요약할 수 있는 능력이 있다면 전적으로 유리합니다.

저희가 쓴 《초등 국영수 문해력》(북북북, 2022) 책에서는 전 과목 실력의 가장 기초라고 할 수 있는 '문해력'을 키우기 위해서 아이 수준에 맞는 책을 잘 골라 읽어야 하고, 책, 교과서, 시험 등에 등장하는 글을 읽은 후 문제를 잘 풀기 위해서라도 어휘 학습을 체계적으로 해야 한다고 강조하고 그 구체적인 실천 방법을 설명했습니다. 그런데도 불구하고 문해력이 늘지 않는다면, 또는 아이가 각 과목 학원을 쉬지 않고 다니면서 공부를 꾸준히 하는데도 딱히 실력이 잘 늘지 않는다면, 이 요약력을 얼마나 갖추고 있는지 확인해 보셔야 합니다.

모든 교과목을 통틀어 초등 저학년과 고학년 그리고 중등의 가장 큰 차이 하나를 꼽으라면 단연 글밥의 많음/적음입니다. 국어도 영어도 사회, 과학도 다 마찬가지이죠. 이 글밥이 많아지면서, 전에는 곧잘 읽고 풀고 했던 아이들이 학년이 올라감에 따라 읽는 것 자체부터 어려워하기 시작합니다. 한 호흡에 내용이 파악되지 않기 때문이죠. 글이 길어지고 또 담고 있는 정보와 내용이 많아지면 그것을 그대로 다 기억하는 것은 사실상 불가능합니다. 바로 이때부터 본격적으로 요약력이 중요해집니다. 대개 초등 5, 6학년 시기이죠. 그런데 이 요약력을 기르는 것에 우리 어른들이 신경을 많이 써주지 않았습니다. 대부분이 알아서 생기는 능력이라고 생각하고 '때가 되면 늘겠지.'라고 안일하게 생각하기 때문입니다.

모든 공부의 시작이자 모든 것인 요약력을 기르는 방법

요약력은 모든 공부의 시작이자 모든 것이라고 할 수 있습니다. 일단 주제부터 빠르게 파악하는 능력이 바로 이 '요약'에서부터 시작되기 때문이고, 또 요약을 잘하는 정도에 비례해서 기억력도 함께 올라가기 때문입니다. 왜냐하면 중요한 것, 덜 중요한 것, 안 중요한 것이 요약하는 과정에서 구분되고 걸러지며, 그 결과로 남은 것만 기억하면 되기 때문에 긴 글이나 내용을 읽고도 핵심 내용을 오래 기억할 수 있게 되는 것이죠. 이처럼 긴 글이나 책을 읽을 때는 물론이고 심지어 인터넷 검색을 할 때에도 이 요약력이 우리의 시간을 절약해 줍니다. 쉽게 말해서 요약력은 글의 핵심만 추출하는 기술이기 때문에 이 능력이 없는 아이는 긴 지문으로 출제되는 수능과 같은 중요한 시험을 잘 치를 수 없습니다. 그렇다면 이렇게 중요한 요약력은 언제 또 어떻게 길러줄 수 있을까요?

우선 시작 시기는 아이에게 '책을 읽어주기 시작할 때'입니다. 모든 이야기에는 시간의 순서 또는 사건의 기승전결이 있기 때문에 그 스토리를 단순 나열하는 것이 아니라 큰 줄거리를 엮어서 말해 보는 것으로 요약 연습을 시작할 수 있기 때문입니다. 또 요약하는 연습과 습관을 만들어 주는 가장 핵심은 바로 '질문'입니다. 핵심 내용만 골라서 질문하면서 아이로 하여금 자연스럽게 요약할 수 있도록 유도하는 거죠. 즉, 아이가 이야기를 듣거나 읽었다면 좋은 요약을 유도하는 6하원칙에 기반해서 질문해 주세요. '누가, 언제, 어디서, 무엇을, 어떻게, 왜'를 해당 내용에 맞춰서 물어보는 거죠. 비문학 정보를 전달하는 글인 경우에는 그 내용이 어떤 질문에 대한 대답인지를 찾는 연습을 하면 됩니다. 예를 들어 초등 6학년의 2학기 사회 교과서에 등장하는 '유엔(UN, 국제 연합)'과 관련된 글을 보면 '탄생 배경, 하는 일', 이렇게 딱 2개의 질문에 대한 답변인 것을 알 수 있습니다. 이 질문에 대한 직접적인 대답이 곧 '유엔' 설명 글의 요약이 되겠지요. 이렇게요.

"2차 세계대전 직후에 세계 평화를 위해 설립되었고, 평화유지 및 국제협력 활동 등을 하는 국제기구이며, 세계보건기구(WHO), 국제노동기구(ILO), 국제연합아동기금(UNICEF) 등을 만들어 활동하고 있다."

또한 주장하는 글인 경우에는 주장과 근거를 구분하는 연습만 해도 요약뿐만 아니라 글의 주제도 어렵지 않게 파악할 수 있습니다. 이런 글은 무엇이 주장인지 또 무엇이 근거인지만 질문해 주셔도 아이의 읽기에 큰 도움이 됩니다. 이처럼 글의 종류를 불문하고, 수십 페이지에 해당되는 내용이라도 결국엔 몇 문장으로 간단히 요약할 수 있습니다.

이런 요약력을 기르기 위해서 처음에는 부모님이나 선생님의 질문과 지도가 필요하지만 연습을 꾸준히 해온 아이라면 초 5, 6 시기에는 스스로 질문과 답을 할 수 있게 됩니다. 질문에 답하기 위해서 요약하는 글 읽기가 습관이 되는 것이죠. 따라서 부모님의 역할은 각 글의 요약을 쉽게 할 수 있도록 각 글에 알맞은 질문을 해주시는 것만으로 충분합니다. 그런 질문을 자주 받는 아이 입장에서는 그 질문이 읽기 가이드와 같은 역할을 해주기 때문에 요약하여 읽는 습관이 저절로 만들어질 것입니다.

청소년들의 심각하게 낮은 문해력 수준 못지않게 어른들의 문해력도 사실 처참한 수준입니다. 조금이라도 긴 글은 요약하지를 못하니, 읽는다고 해도 내용 파악이 전혀 안 됩니다. 요약력, 이 능력 하나만이라도 초등 때부터 꾸준히 습관을 들여 주시면 아이의 문해력과 더불어 공부 실력은 좀더 빨리 성장할 것입니다. 책뿐만 아니라 영상도 좋은 소재가 될 수 있습니다. 영화나 유튜브 영상, 테드 영상 중에서 아이가 관심을 가질 만한 주제를 골라서 같이 보고, 요약하는 연습을 해보는 것도 추천합니다.

전 과목 교과서로 요약력을 연습하는 방법

교과서를 활용한 문해력 학습이 더 효과를 보는 방법은 각 단원이 끝난 후, 그 내용을 한 문단 정도로 요약해서 최대한 간단하게 정리하는 연습을 시켜보는 것입니다. 긴 글을 읽고 요약할 수 있으려면 어휘와 문맥을 이해하는 데 어려움이 없고, 여러 문장 사이에서 가장 핵심이 되는 문장이 무엇인지를 파악할 수 있다는 증거이니까요. 그러므로 당연히 처음에는 잘되지는 않을 겁니다. 하지만 국어, 사회, 과학, 수학 등 한글로 된 긴 글의 각 문단을 요약할 수 있어야 영어로 된 긴 글에서도 핵심 주제를 파악할 수 있습니다.

모든 교과서는 문해력을 높일 수 있는 다양한 방법과 힌트를 제공해 주는 가이드북입니다. 국어 교과서를 통해서는 문학, 비문학, 실용문 등 다양한 종류의 글을 이해하는 방법을 교과서에 수록된 발췌 지문을 통해 단계적으로 배울 수 있고요. 사회, 과학, 수학 교과서는 비문학 파트의 지문이라고 이해하면 문해력 교재로서 손색이 없습니다. 문해력은 다양한 주제의 글을 읽고 각 글의 주제에 맞는 해석 방법을 터득하는 과정에서 눈에 띄게 성장합니다. 그러므로 오늘부터 당장 교과서 읽기와 요약하기를 실천해 보세요.

수학 문장제 문제를 해결하는 현실적인 방법

수학의 '문장제 문제'는 국어, 영어로 치면 '긴 지문'이라고 할 수 있습니다. 수학 문제를 식으로 '변환'하는 것은 마치 국어 지문에서 핵심 문장을 뽑아내 요약하는 행위와 비슷하죠. 저학년 때부터 문장제 문제가 싫다고, 어렵다고 외면하던 아이들도 초 5, 6이 되면 더는 미룰 수 없는 상태가 됩니다. 중학교 1학기 수학의 대부분 단원의 마지막마다 문장제 문제를 집중적으로 다뤄야 하는 '활용' 파트가 있기 때문이죠.

문장제 문제는 크게 '해석' 부분과 '쓰기' 부분으로 나눌 수 있습니다. (엄밀하게 따지면 '문장제 문제'는 문제를 해석하는 문제이고, '서술형 문제'가 답안을 쓰는 문제이지만 보통 혼합된 형태가 많기 때문에 여기서도 함께 다뤄보겠습니다.) 지문의 핵심을 파악하듯이 수학 문장에서도 해석을 위해 문장을 이루는 단어에 주목해야 하는데요, 수학 문장은 대개 '일상 어휘와 표현', '수학적 어휘와 표현'으로 구성되어 있습니다. 그리고 어떤 것이 부족한지에 따라 솔루션이 달라지죠.

'일상 어휘와 표현'이 부족하다는 것은 수학 문제 속에 '사나흘' 또는 '8월과 9월 두 달 동안 매일 해야 하는 일의 양'과 같은 표현이 들어 있을 때 이를 잘 모르는 경우입니다. 사나흘은 3~4일, 8월은 31일, 9월은 30일이라는 것을 알아야만 문제를 해석할 수 있을 텐데 평소에 쓰는 표현이 전혀 아니라거나 독서량이 부족하면 이런 문제가 쉽게 생깁니다. 이 문제를 개선하기 위해서 의도적으로 불편한 대화를 지속하기는 어려우니 가능한 만큼 실용문이나 현실을 반영한 소설류를 많이 읽게 하시면 도움이 됩니다.

'수학적 어휘와 표현'이 부족하다는 것은 문제 속에 등장하는 수학 어휘, 예를 들어 '약분', '대칭의 중심', '초과', '비교하는 양' '기준량' 등의 의미를 모른다는 것이고요. '표현을 잘 알지 못한다'는 것은 다음과 같이 비와 비율을 표현하는 다양한 방법을 알지 못해 각 문장을 수학식으로 변환할 수 없음을 의미합니다.

$$[\text{비}]\ 4{:}7,\ [\text{비율}]\ \frac{4}{7}$$

→ 4대 7, 4와 7의 비, 4의 7에 대한 비, 7에 대한 4의 비

이런 문제가 있는 아이는 일단 처음부터 문제를 풀라고 하지 마세요. (어차피 못 풉니다) 수학 교과서에 등장하는 모르는 어휘를 동그라미 쳐서 표시하고 교과서, 참고서, 수학 사전 등을 활용하여 충분히 익힐 수 있도록 지도해 주시기 바랍니다. 또한 문제를 풀 때에도 이 방법을 적용하여 '표시 → 익히기'를 통해 점점 모르는 수학적 어휘와 표현의 개수를 줄여가야만 합니다. 이때 단어장처럼 조그마한 노트를 하나 마련해서 사전처럼 가나다순으로 몰랐던 어휘와 표현을 기록하는 것도 좋아요. 한 번 봤다고 완벽하게 알기 어려울뿐더러 한 번 몰랐던 것은 계속해서 문제 풀이를 방해할 가능성이 높기 때문에 시간이 날 때마다 이 노트를 펼쳐보며 익혀야만 동일한 문제를 반복적으로 겪지 않습니다.

초 5, 6부터 문장제 문제의 답안, 즉 서술형 쓰기를 연습하지 않으면 당장 중 1 수학 수행평가에서부터 난감해집니다. 어릴 때부터 수학 문제를 풀 때 연습장에 또박또박 쓰는 연습을 해왔던 아이라면 수

학 답안지를 참고하여 일목요연하게 쓰는 연습만 하면 큰 문제가 없습니다. 하지만 대부분의 아이들은 초등 저학년 때는 암산, 중학년 이후로도 교과서나 문제집 구석에 알아보지도 못하는 글씨로 끄적이며 풀던 게 다였기 때문에 수학 답안 쓰기가 점수화가 되는 수행평가에서는 맥을 놓게 됩니다.

이런 아이들을 훈련하기 위한 첫 단계는 문제 옆에다 풀지 '않는' 연습을 하는 것입니다. 처음에는 노트든, 연습장이든 큰 상관이 없습니다. 일단은 풀고 있는 문제집이 아닌 다른 곳에다 푼다는 것이 중요해요. 두 번째 단계는 교과서, 문제집에 등장하는 서술형 문제만큼은 답안지를 참고하는 겁니다. 모든 문제를 다 그렇게 풀 필요는 없습니다. 처음에는 본인의 힘으로 서술형 답안을 써보게 해주세요. 채점할 때 답안지를 읽어보고 자신의 풀이와 다르다면, 또는 자신의 풀이가 부족하다면 따라 쓰는 연습을 해보는 것이 도움이 됩니다. 그리고 난 후에는 답안지를 보지 않고도 비슷하게 쓸 줄 알아야 하겠죠. 단, 따라 쓴 직후에 바로 써보는 것은 암기해서 쓰는 것이기 때문에 2~3일 후에 다시 써보는 것이 좋습니다.

문장제 답안 쓰기의 요령이 부족한 아이는 시중에 나와 있는 문장제, 서술형 문제집을 활용해도 괜찮습니다. 다만 주의할 것은 그런 문제집을 활용하는 기간을 미리 한정해 놓고 시작해야 해요. 이 문제집들도 유형화되어 있어서 연산 문제집처럼 학년을 따라 계속 공부하다 보면 아이가 스스로 써보는 연습을 하기 어려워지기 때문입니다.

처음 적용할 때는 아예 서술형 답안을 쓰지 못하는 아이들에게 추천합니다. 어느 정도 익숙해져서 그 문제집이 없어도 일반 교과 문제집 속 문장제, 서술형 문제 답안을 잘 쓸 수 있게 되면 그때부터는 사용하지 않아도 돼요. 어떤 유익한 도구든, 지나치면 스스로 할 수 있는 힘을 잃게 하니 세심한 주의가 필요합니다.

그 외에 문해력 향상을 위한 자세한 방법은 《초등 국영수 문해력》(북북북, 2022)을 참고하시면 좋습니다.

오늘 배운 내용을 적용해 볼까요?

Q1) 아이와 쉽게 요약력 연습을 할 수 있는 짧은 글 하나를 준비해서 읽고 난 후 요약력을 높이는 질문을 3개만 만들어 보세요.

Q2) 요약력 연습을 가장 먼저 시작할 과목 교과서는 무엇인가요? 아이와 함께 의논해서 결정해 보세요.

Q3) 아이가 최근 가장 어려워했던 수학 문장제 문제를 가져와 아이와 함께 분석해 보세요. 문제 속 '일상 어휘와 표현', '수학적 어휘와 표현' 중 아이는 무엇을 모르고 있었나요?

Q4) 수학 서술형 답안 쓰기 연습은 어떻게 해야 할까요? 훈련 계획을 적어 보세요.

Tip!
《초등 국영수 문해력》(북북북, 2022)을 참고하여 문해력 지도 계획을 세워 보기를 추천합니다.

3장

초등 5, 6학년
학습 코칭의
첫 단추 채우기

DAY 5.

우리 아이는 지금
어떤 수준인가요?

DAY 1부터 DAY 4까지는 초등 5, 6학년 아이들이 지금부터라도 갖추기 시작해야 할, 기본적이고 장기적인 관점에서의 기초 체력, '역량'에 대해서 알려드렸습니다. 오늘부터는 지금 바로 적용할 수 있는 '코칭 방법'을 하나씩 알려드릴 예정이에요.

초 5, 6 아이를 다음 단계로 성장시키기 위해 가장 먼저 해야 할 것은 우리 아이의 '수준'을 정확하게 파악하는 것입니다. 이 단계가 선행되어야만 잘하는 부분은 더 잘하도록 독려하고 부족한 부분은 보완할 수 있는 효과적인 '공부 계획'을 세울 수 있기 때문이에요.

과목별 레벨을 판단할 수 있는 가장 쉬운 방법은 시험입니다. 시험의 공신력에 따라서 절대적인 수준을 파악할 수 있고, 그렇지 않더라도 상대적인 수준을 가늠할 수 있으니까요. 하지만 초등 때는 중간·기말 고사와 같은 공식적인 시험이 없고 아주 쉬운 수준의 단원 평가 중심으로만 시험을 보고 있습니다. 물론 선생님에 따라서 초등 고학년 아이들에게는 다소 어려운 문제를 단원 평가 문항으로 출제하는 경우도 있습니다. 하지만 기본적으로 초등의 시험은 아이들을 수준에 따라 줄 세우기 하거나 수준별 수업을 하려는 목적이 아니기 때문에 흔한 경우는 아닙니다. 초등 성적표가 '매우 잘함, 잘함, 보통, 노력 요함' 정도로 표시되듯이 (다소) 쉬운 학교 수업을 잘 따라오고 있는지, 기초학력 수준을 판단하려는 목적이 더 크기 때문입니다.

학원 테스트를 수준 파악에 활용할 수 있을까?

이런 상황에서 학부모님이 선택할 수 있는 시험은 '학원 레벨 테스트' 정도일 것입니다. 그러나 학원 테스트가 완벽한 시험인 것은 아닙니다. 일부 학원은 학원 상담 시에 보는 '반 편성 레벨 테스트'를 일부러 어렵게 출제해서 일부러 '빨리 우리 학원에 들어와서 제대로 된 실력을 쌓아야지. 이대로 두면 큰일 난다'는 듯한 인상을 학부모에게 심어줍니다. 평소 아이의 수준을 비교적 잘 파악하고 있는 분은 그런 시험 결과 하나에 흔들리지 않지만 그저 집에서 문제집 몇 권 정도만 풀어왔던 아이의 부모님은 불안함이 싹터서 학원에 등록할 가능성이 커지기 때문이죠. 그러나 그런 의도가 숨겨진 시험이라 해도 아이가 학원에 등록하면 비슷한 수준의 아이들과 함께 가르쳐야 학원 입장에서도 좋기 때문에 아이가 속한 반의 수준을 통해 어느 정도는 상대적 위치 파악은 가능합니다.

사실 학원에 등록할 의도로 테스트를 보는 것이 아니라면 무료로 레벨 테스트를 보러 학원 상담을 가는 것은 쉽지 않습니다. 솔직히 상담과 테스트에 시간과 인원을 써야 하는 학원 입장에서는 그 부분을 악용하는 일부 학부모 때문에 유료로 테스트를 실시하고 학원 등록 시에 환불하는 정책을 쓰기도 하거든요. 물론 유료라도 객관적인 테스트를 받아보고 싶으신 분이라면 거주 지역의 괜찮은 학원에서 주기적인 테스트를 받는 것은 나쁘지 않은 방법입니다. 다만 학원끼리 공유하는 블랙리스트(등록할 생각이 없이 테스트만 보는 사람들의 목록)에 이름을 올릴 각오가 어느 정도는 되어야 하겠지요.

각종 출판사에서 제공하는 과목별 테스트 사이트 추천

학원 테스트도 마음 놓고 볼 수 없는 분이 선택할 수 있는 방법은 지금 풀고 있는 문제집의 수준과 그 정답률, 우리 아이의 소화 여부 정도로 간접적으로 판단하는 것입니다. 그러자면 우리 아이가 풀고 있는 문제집이 어느 정도 수준인지를 판단할 수 있어야겠지요? 일단 친절하게도 초등 문제집은 출판사별로 각 출판사에서 출간하는 문제집 라인업과 함께 수준을 정리하여 표로 제공하는 경우가 많습니다.

〈NE능률 영어 교재 가이드〉

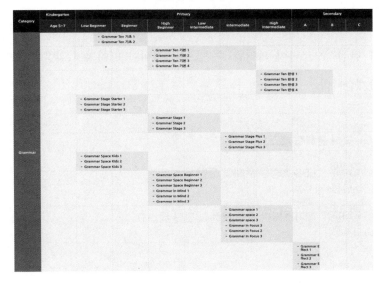

〈비상교육 수학 교재 가이드〉

또 무료로 제공하는 테스트지 등을 통해서 테스트 결과를 분석해 주고 각 아이 수준에 맞는 자사 문제집을 추천해 주기도 하죠.

이 외에 국어(문해력), 영어, 수학 수준을 온라인으로 손쉽게 파악할 수 있는 무료 사이트들도 있는데요. 평가 결과를 통해 우리 아이 수준을 간접적으로나마 파악할 수 있으니 적절한 타이밍에 활용하시면 좋겠습니다.

▶ 국어 문해력 테스트

 EBS 초중등 문해력 진단 테스트

 메가스터디 초등 문해력 진단 테스트

▶ 영어 레벨 테스트

 EBS 영어 레벨 테스트

 NE능률 영어 레벨 테스트

 시원스쿨 초등영어 무료 레벨 진단

▶ 수학 성취도 평가

 천재교육 온라인 성취도 평가

 전국 해법수학 학력 평가 (+결과 분석 보고서 참고)

MathBus 초등 온라인 평가

 초등 수학 무료 진단테스트

이때, 국어와 영어 교재는 워낙 영역이 많고 진도가 다양하기 때문에 특정 학년용 교재보다는 영역별 국어 학년, 영어 학년을 살펴보는 것이 좋고요. 수학은 앞선 두 과목에 비해서 학년별 진도 수준이 명확하기 때문에 다음 페이지의 자료를 참고하시면 지금 우리 아이 수준을 간접적으로 판단하실 수 있습니다.

초등학교 단계별 수학 문제집

출판사	1단계	2단계	3단계	4단계	경시대비
EBS	만점왕 초등 수학		만점왕 수학 플러스		
동아 출판사	백점 초등 수학 큐브수학 개념 초등 수학	큐브수학 개념응용 초등 수학	큐브수학 실력 초등 수학	큐브수학 심화 초등 수학	
디딤돌	디딤돌 초등수학 원리 디딤돌 초등수학 기본	디딤돌 초등수학 응용 디딤돌 초등수학 기본+응용 디딤돌 초등수학 문제 유형 디딤돌 초등수학 기본+유형	최상위 수학S	최상위 수학	초등수학 3% 올림피아드

에듀왕	원리왕 개념+연산	왕수학 기본편	포인트 왕수학 실력편	점프왕 수학 최상위	응용왕수학, 올림피아드 왕수학
비상	교과서 개념잡기 완자공부력	개념+유형 라이트	교과서 유형잡기 개념+유형 파워	개념+유형 최상위탑	
신사고		개념쎈 라이트쎈 우공비	쎈	최상위 쎈	
천재교육	개념클릭 해법수학	개념 해결의 법칙	유형 해결의 법칙 우등생 초등 수학	응용 해결의 법칙 최고수준 수학	최강 TOT

여러 자료를 통해서 시중 문제집의 수준이 어느 정도인지를 파악했다면 이제부터는 우리 아이 수준에 맞는 문제집을 고를 차례입니다. 문제집의 적정 수준은 문제 10개를 풀었을 때 자기 힘으로 7개, 즉, 70%의 정답률을 보일 때예요. (모르는 문제 비율) 30%가 너무 적지 않냐고 말씀하시는 분도 있는데, 정답률이 50% 이하로 낮아지면 아이의 학습 의욕은 2~3배 이상 떨어집니다. 동그라미! 즉 열심히 푼 문제가 맞았을 때 느끼는 성취감을 가차 없이 없애 버리거든요. 나름 노력해도 풀리지 않고, 그나마 푼 문제도 틀린다면 공부할 의욕이 생길까요? 과연 도전하고 싶은 마음이 들까요? 30%도 충분히 높은 숫자입니다. 문제집 한 권당 30%의 모르는 문제를 내 것으로만 만든다면

충분히 잘하고 있는 거예요. 이렇게 고른 문제집에서 정답률이 100%에 가까워지면 이 수준을 벗어났다는 증거가 되는 거니까요. 그러면 다음 학기 과정을 학습할 때 한 단계 높은 수준의 문제집으로 시작해 봐도 괜찮습니다. 또한 각 문제집의 단원 뒤에 있는 '단원 종합 평가' 류의 이름을 가진 테스트 페이지를 진짜 시험을 보듯이 긴장감 있게 풀어보는 것도 평소 시험 효과를 누려보고, 간접적으로 아이 수준을 파악할 수 있는 또 하나의 방법입니다.

중고교생이 되면, 각 학교 홈페이지에서 제공하고 있는 기출 시험지를 비롯하여 족보닷컴*, 기출비**, 황인영 영어카페***에서 내신 대비 시험지를 내려받을 수 있습니다. 미리 회원 가입을 해서 시간 날 때마다 어떤 자료가 있는지 천천히 살펴보세요. 앞으로는 정보가 더 중요하게 될 테니까요.

오늘 배운 내용을 적용해 볼까요?

Q1) 오늘 배운 과목별 진단 테스트 방법을 떠올려 보고, 아는 대로 모두 적어 보세요.

Q2) 과목별 테스트 계획 및 순서를 정해 보세요. 필요하다면 테스트 주기를 정해두는 것도 좋은 방법입니다.

Q3) 지금 아이가 풀고 있는 주요 과목 문제집의 출판사 홈페이지를 방문해 보세요. 사이트 곳곳을 살펴보며 내려받을 것은 내려받고, 필요한 것(예: 맘 커뮤니티)들은 미리 가입/즐겨찾기 해 두세요. 언젠가는 써먹을 때가 있을 겁니다.

DAY 6.

아이 성향을 무시한 공부법은 효과가 없습니다

"얘는 도대체 누굴 닮아서 저러는 거야?"

생각해 보면 꽤나 자주 하는 말이죠? 혹시 오늘도 하셨나요? 이 말은 대부분 아이가 부정적인 행동이나 언행을 했을 때 튀어나오는 말입니다. 누군가에게 배워서, 누군가의 자극 때문에 생긴 상황일 수도 있지만 많은 경우에 이런 아이의 행동을 결정하는 중요한 요인은 바로 '성격'입니다. 부모 자식 간이라고 성격을 그대로 닮는다는 보장이 없으니 이런 말을 자주 하는 것이 어찌 보면 당연하다고 할 수 있죠.

DAY 5에서 우리 아이의 수준을 파악했다면 그다음으로 살펴봐야할 것은 우리 아이의 성격 유형, 즉 기질과 성향입니다. 학부모님은 우리 아이를 몇 % 정도 안다고 생각하시나요? 50%? 70%? 혹은 100%? 아니요. 실제로는 여러분 생각보다 훨씬 더 모를 수 있습니다.

그래서 MBTI, 애니어그램, 이머제네틱스, TCI 기질 및 성격 검사 등의 테스트로 아이의 성향을 가늠해 보려는 분이 있습니다. 물론 그런 테스트는 우리 아이를 '정말로 잘 모른다'는 가정하에 참고 자료가 될 수 있습니다. 하지만 저는 실제로 아이를 면밀하게 관찰하고 또 직접 부딪혀 봐야만 진짜 아이의 성향을 정확하게 파악할 수 있다고 생각해요. 특히 초 5, 6은 친구나 외부의 영향에 끊임없이 반응하고 성장하는 시기이므로 아이의 성격이 조금씩 바뀔 가능성도 있기 때문입니다.

요즘은 MBTI 덕분(?)에 성격 유형에 대한 이야기를 조금은 쉽게 할 수 있습니다. 불과 몇 년 전만 해도 MBTI는 혈액형으로 사람을 판단하는 것과 같이 미신(?) 취급을 받기도 했지요. 과학적인 근거가 있다는 설명에도 혈액형의 4개 유형에서 16개로 좀더 세분화된 것이 아니냐는 얘기를 하는 사람이 많았어요. 하지만 지금 대한민국에서 MBTI의 위상은 어린 세대를 중심으로 자신의 성격을 표현하는 대표적인 수단이 되었습니다. 유명한 재한 외국인 유튜버의 표현에 따르자면, 만나자마자 MBTI를 묻는 것이 요즘 한국인만의 특징이라고 할 정도로요. 저 역시 MBTI를 맹신하지는 않지만 확실히 '참고해 볼 만하다'라고는 생각합니다. 왜냐하면 MBTI가 대표적으로 아이의 학습 성향을 파악하는 데 도움을 주기 때문이에요.

사람은 성격 유형에 따라 행동과 대화법, 타인과의 관계를 맺는 방식이 다릅니다. 그리고 성향은 아이들 나이대의 중요한 행동 방식 중

하나인 학습에도 큰 영향을 미치지요. 같은 환경에서 자란 형제자매 간에도 각자에게 맞는 공부법이 모두 다른 이유입니다.

학업 관련 태도를 기준으로 나눠 본 4가지 유형의 특성

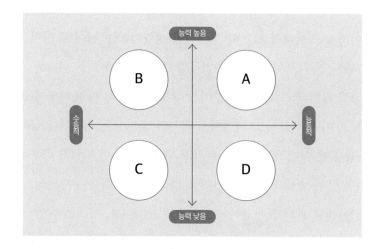

아이들의 성향을 구체적으로 나열하기에 앞서서 우선 '학업 성취도'와 '자기주도성'을 기준으로 4그룹으로 나눠 봤습니다.

먼저 A 그룹은 실력도 있고 스스로 공부하는, 다시 말해 공부하는 것을 좋아하는 아이들입니다. 만약 이 그룹의 자녀를 두고 계신 학부모님이라면 이미 주변의 부러움을 한 몸에 받고 계실 거예요. 따라서 저도 이 그룹의 아이들에게는 따로 조언할 부분이 없습니다.

B 그룹은 실력이 있지만 자기주도성이 부족한 아이들입니다. 이 그

룹 안에서도 다시 2가지 유형으로 나눌 수 있어요. 첫 번째 유형은 비록 수동적이기는 하지만 자신의 실력과 나름의 성실함으로 좋은 성적을 유지하고 있는 아이들입니다. 실제로 이 유형의 아이들은 우리 동네에서 잘 나가는 소위 '1타 학원'에 많이 있죠. 보통 초등 고학년부터 학원 시스템 안에 들어가 정해진 코스에 따라 학원 수업을 듣고 과제를 하고 외부 활동을 함으로써 '만들어진' 아이들입니다. 이 아이들의 특징은 상대적으로 더 수용적인 성향이라는 거예요. 아이들의 내면까지 전부 들여다볼 수는 없지만 대개는 공부에 큰 재미를 가지고 있지 않더라도 겉으로는 주어진 상황에 만족하고, 때때로 힘들어도 참고 이겨냅니다. 그 과정에서 공부에 즐거움을 느끼거나 공부의 이유를 찾은 아이는 A 그룹으로 가게 되지만 과도한 학원의 공부량을 견디지 못해 중도 탈락하는 아이도 많습니다. 그래서 부모님의 입장에서는 멘털 관리가 굉장히 중요한 아이들이에요. 실제로 대입 결과가 나올 때까지 유리 멘털로 겨우 버티고 있는 아이들이기 때문에 공부로 아이를 자극하는 일은 가능하면 삼가셔야 합니다.

두 번째 유형은 타고난 공부 역량은 있지만 그걸 믿고 노력하지 않는 아이들입니다. 이 유형의 아이들은 공부뿐만 아니라 매사에 의욕이 없고, 공부 목표나 나아가 삶의 목표도 없는 경우가 많아요. 보통 길면 중등 때까지도 '머리빨'로 별다른 노력 없이 좋은 성적을 내는 아이들이기 때문에 노력 없는 머리빨이 더는 통하지 않는 중등 고학년부터는 성적이 곤두박질 치는 경우가 많습니다. 성적이 떨어지기 전까지는 공부를 얼마나 해야 하는지, 어떻게 해야 하는지 시행착오를 겪은 적이 없었기 때문에 좌절감은 더 크게 다가올 겁니다. 이때라도 현실을 직시하고 노력하는 아이라면 A 그룹으로 갈 수 있겠지만 계속 과거의 영광만 붙들고 있다면 C 그룹으로 내려앉는 최악의 상황이 될 수 있는 유형입니다. 만약 우리 아이가 이 유형에 속한다고 생각하시는 분은 초등 시기에는 경시대회나 영재원처럼 좀더 경쟁적인 환경에 아이를 노출시켜 주시고, 중등부터는 가능한 한 하고 싶은 일을 찾아 공부에 대한 동기가 자극되도록 진로와 관련된 경험을 많이 하게 해주시면 도움이 됩니다.

C 그룹은 학습 능력도 상대적으로 부족하고 수동적인 아이들입니다. 쉽게 말해 스스로 공부를 하는 방법도 잘 모르고 성적도 좋지 않은 아이들이죠. 조금이라도 잘하는 과목이 있다면 우선 그 과목부터 일정 수준 이상으로 올려놓은 후 그것을 발판 삼아 다른 과목도 시너지 효과를 기대해 볼 수 있습니다. 그런데 전 과목에서 답이 없는 상황이라면 '학포자(학업을 포기한 자)'가 될 가능성이 있습니다. 이런 아이가 학포자를 탈출하는 방법은 거의 유일한데요, 바로 작은 성취를 통해 '자기효능감'을 키우는 것입니다. 이 그룹에 속한 아이들은 애초에 '공부'라는 영역 안에서 한번도 칭찬을 받아본 적이 없고, 공부와 관련된 성취를 해본 경험도 없기 때문에 공부 자존감이 매우 낮을 가능성이 있습니다. 그러므로 자신의 수준에 맞는 학습부터 수용 가능한 분량씩 시작해 보는 것을 추천합니다. 하지만 생각보다 자신(의 아

이)의 수준을 인정하는 것이 쉽지 않을 거예요. 아이들은 친구들과 끊임없는 비교하며 자신의 상황에 낙담하고, 학부모님 일부는 그런 아이를 부끄러워하고 인정하려 들지 않기 때문입니다. 하지만 C 그룹의 아이가 B, D 그룹, 나아가 A 그룹으로 가길 원하신다면 '인정'하는 것이 그 시작입니다. 마음먹기 나름입니다. 마지막 동아줄을 절대 놓치지 마세요.

마지막으로 D 그룹은 한마디로 공부를 열심히 하려고는 하지만 방향성이 잘못되었거나 기초 실력이 부족해서 성적이 나오지 않는 아이들입니다. 그만큼 조금만 도와주면 성장할 가능성이 가장 많은 그룹이지요. 희망적인 것은 이 아이들은 적어도 '공부를 잘하고 싶은 마음'을 먹고 있다는 것입니다. 그 이유가 칭찬 때문이건, 꿈 때문이건, 눈앞의 물질적 보상 때문이건 그건 중요하지 않습니다. 만약 우리 아이가 이런 상황이라면 열 일을 제쳐 두고 아이를 돕기 위해 애써 주셔야만 합니다. 어떻게요? 당연히 우리 아이의 실력과 성향을 파악하는 것부터 시작하여 각 과목 공부법의 본질을 이해하고, 학습 코치이자 입시 코치로서 기본적인 지식을 알고 계셔야 하지요.

이상은 우리 아이가 네 그룹 중 어디에 속해 있든 아이의 성향을 파악하기 전에, 상황을 이해하시라는 측면에서 말씀드렸습니다. 그럼 지금부터는 가장 대표적인 4가지 성향의 아이들과 추천 학습법을 살펴보도록 할게요!

생각보다 행동이 앞서는 아이: 행동형

이런 성향의 아이는 누군가의 간섭을 싫어해서 정해진 규칙에 얽매이기보다 자신이 원하는 것을 적극적으로 찾아서 하는 편입니다. 또 다양한 외부 환경에 쉽게 영향을 받아서 즉흥적이고 충동적인 행동을 하는 편이기 때문에 주변인은 이 아이가 어떤 행동을 할지 예측이 어려운 면이 있지요. 자신이 좋아하는 것이나 관심 분야에는 흠뻑 빠져들어 몰입하지만 그 외의 것에는 전혀 신경을 쓰지 않아서 학업적인 측면에서는 과목 간 편차가 크게 벌어지기도 합니다. 또한 경험을 통한 학습을 선호하기 때문에 책을 통해 배우는 것을 싫어하는 경향이 있어요. (공부법 책을 쥐여 주시는 것, 추천하지 않습니다.) 하지만 머리 회전이 빠르고 순발력이 좋고 융통성도 가지고 있기 때문에 문제해결 능력이 뛰어난 편이라 어느 정도까지는 벼락치기가 통하는 아이이기도 합니다. 그래서 부모님은 '우리 아이가 머리는 좋은데 공부를 안 한다'고 생각하시는 경우가 많죠.

이런 아이는 부모님이 정해 준 시간 동안 자리에 꼬박 앉아서 교과서를 읽고, 모르는 단어를 찾아가며 장시간 집중하는 것을 절대로 하지 못합니다. 책상에 앉으면 책상 옆 책장에서 평소 거들떠 보지도 않던 책을 꺼내 읽거나 공부하려고 하는데 손님이 오면 반가운 손님이 아닌데도 버선발로 뛰어나와 인사하는 등 외부 자극에 굉장히 취약한 모습을 보여요. 그래서 공부할 때만큼은 아이의 집중력과 끈기를 키워보려는 부모님과 굉장히 부딪히게 됩니다. 이 아이들은 절대로 시켜서 하는 공부는 하지 않습니다. 간섭을 싫어하고 독립적이라고 말씀드렸잖아요. 초등 저학년 때야 아직 본인의 성향이 드러나기 전이라 시키는 대로 곧잘 했어도, 아마 중학년을 거쳐오면서 아이의 성향이 공부 패턴에 많은 영향을 미쳤을 겁니다. 이미 시켜서 하는 공부를 거부한 지 오래라 싸우다 싸우다 학원으로 떠밀어버린 분도 꽤 있으실 테고요.

이 성향의 아이들은 앞에서도 밝혔듯이 외부로부터의 자극이 행동을 유발하기 쉽고 무엇이든 스스로 하려고 하기 때문에 공부 동기를 외부에서 찾는 것이 좋습니다. 대학 탐방, 대학생 멘토와의 만남, 여러 직업군의 체험 등 다양한 경험을 통해 스스로 꿈을 찾게 하는 거죠. 꿈을 찾은 아이는 꼭 그 방향성이 공부가 아니더라도 '관심 분야'인 만큼 최선을 다할 겁니다. 또한 아이에게 특정한 공부 습관이나 방법을 도입하려고 힘겨루기를 하지 마세요. 그보다는 공부 계획이든 실행이든 마음껏 해보면서 시행착오를 겪을 수 있도록 최대한의 자율성을 주시는 것이 훨씬 낫습니다. 자율성을 주시되 그 대신 스스로 정한 목표는 우선순위에 따라서 언젠가는 꼭 실천할 수 있도록 큰 틀에서만 관여해 주세요. 공부 계획이 일주일이 안 간다면, 3일마다 작심삼일 전략을 적용하셔도 좋고요. 3일씩 이어가면 보름, 한 달도 가능합니다. 또한 30분 공부하고 30분 쉬든, 10분 공부하고 20분 쉬든 공부 시간을 운용하는 것에 대해서도 간섭하지 않으셔야 합니다. 게다가 아이의 주관으로 밀고 간 학습 계획이 좋은 결과를 거두지 못했다고 해도 말로 가르치려고 하지 말고 스스로 깨닫게 하시는 것이 좋습니다. 다만 부모님은, "너는 스스로 잘하는 아이야!", "넌 마음먹으면 반드시 하는 아이야!"라는 말로 응원해 주세요. 믿는 만큼 보답하는 아이들이니까요.

돌다리도 두들겨 보고 건너는 아이: 돌다리형

이 성향의 아이는 자신에게 주어진 것을 계획에 따라 차질 없이 완벽하게 하려는 성향을 지니고 있습니다. 책임감이 강해서 무엇이든 믿고 맡길 수 있죠. 게다가 잘하고 싶은 마음, 돋보이고 칭찬받고 싶은 욕구가 강한 아이들이기 때문에 결과물도 좋은 편입니다. 또한 학생은 '공부를 하는 것이 당연한 것'이라고 생각하는 경향이 강해서 본인만의 원칙에 맞는 학습을 꾸준하게 하는 편입니다. 그래서 주변에서 '성실한 모범생' 소리를 듣죠. 하지만 어릴 때부터 말을 잘 듣는 아이였기 때문에 다자녀인 부모는 이 성향의 아이에 대해서 상대적으로 신경을 덜 쓰게 되는 경우가 많습니다. 그러다 보니 자기가 스스로 해야 할 일을 찾아서 해야만 하는 아이는 '돌다리' 성향이 더욱 강화됩니다. 칭찬으로 보상해 주는 부모 때문에 점점 더 착하고 책임감이 강한 아이가 되죠.

이런 성향의 아이들은 완벽하게 해내려는 마음 때문에 여러 개의 일(공부)을 동시에 하지 못합니다. 그래서 한 번에 너무 여러 개의 주요 과목 학원에 다니게 되면 모두 최선을 다하고 모두 잘하고 싶어 하다가 결국 어느 하나에 집중하는 것보다 못한 결과를 낳게 될 가능성이 큽니다. 또 완벽주의와 책임감 때문에 공부하다가 모르는 것이 있어도 어떻게든 혼자 해결하려고 애쓰는 경향이 있어서 공부가 생각처럼 잘되지 않으면 자기효능감에 상처를 입기도 합니다. 즉 실패에 대한 회복력이 약한 편이지요.

이런 성향의 아이를 지도하실 때에는 한 번에 하나의 미션만 제시하는 것이 좋습니다. 그리고 충분한 시간을 줘서 그 시간 동안 본인의 기준에 맞는 완벽한 결과를 얻도록 하셔야 합니다. 그러면 아이는 그 과정에서 성취감과 자신감을 얻을 수 있습니다. 또 너무 큰 기대보다 어떤 목표를 향해 가는 과정과 성실한 노력 자체에 대해 칭찬을 많이 해 주세요. 그 과정에서 중간중간 어려움은 없는지, 부모님이 도와주거나 전문가의 도움이 필요하지 않은지를 허심탄회하게 묻고 해결해 줄 의지가 있음을 항상 표현해 주셔야 합니다. 이 성향의 아이들은 꼼꼼하게 일을 처리하는 편입니다. 그래서 숲보다는 나무를 보는 경향이 있기 때문에 학습 설계를 할 때에는 기초-선행-반복-심화와 같은 체계적인 학습 단계를 고려해 주시는 것이 좋습니다. 돌다리도 두드려보며 건너는 타입이라서 선행했던 내용을 현행 수업에서 확인하며 '심화' 학습을 할 수 있는 최적화된 학생이니까요.

호기심이 많고 엉뚱한 아이: 호기심형

이 성향의 아이들은 호기심이 많아서 요새 말로 '물음표 살인마'(모든 일에 물음표를 붙여서 질문하는 사람을 뜻하는 신조어)라고도 불릴 만합니다. 어릴 때부터 보이는 것, 귀에 들리는 것, 머리에 떠오르는 것 등 세상 만사가 다 궁금했고 그 궁금증을 해결하기 위해서 주변의 반응에는 아랑곳하지 않은 채 주변인에게 질문하기를 지속해 왔죠. 그렇기에 본인은 행복하지만 주변인은 때때로 피곤해합니다.

보통의 아이들에게 4~5세 때 두드러지게 나타나는 '왜요병'도 시기가 지나면 질문 자체가 많이 줄어듭니다. 하지만 이 성향의 아이들은 그때부터 초등인 지금까지도 아마 질문을 계속하고 있을 거예요. 특히 마음껏 질문하는 분위기의 가정이라면 초 5, 6이 되었을 땐 질문의 단계를 넘어 자연스러운 토론의 단계에까지 접어들었을 가능성이 높습니다. 그래서 이 성향의 아이들은 그렇게 채운 호기심을 켜켜이 쌓아서 성인이 되면 자신이 꽂힌 분야에 관한 놀랄 만한 지식 수준에 이르게 되는 경우가 많습니다.

단, 행동형보다도 좋아하는 것과 싫어하는 것의 선호도의 차이가 크기 때문에 좋아하는 과목은 누구보다 깊이를 가질 정도로 몰입하는데 반해 싫어하는 과목은 아예 책도 들여다보지 않습니다. 그래서 어느 한 분야를 진득하게 파는 아이에게 '천재인가?'라는 희망을 가진 학부모님도 현행 입시 제도가 전 과목에서 고르게 두각을 나타내는 학생을 뽑으려 하기 때문에 아쉽고 속상한 때가 한두 번이 아니죠. 그럴 때에는 본인이 관심 있는 분야를 계속 공부할 수 있게 '목표 대학'을 뚜렷하게 설정해 주고, 그곳에 입학하기 위해서는 좋아하는 공부만 할 수 없다는 것을 논리적으로 설득시켜 주셔야 합니다. 다행히 본인이 이해만 하면 충분히 상황을 납득하는 아이들이기 때문에 '이유 없는 지시'가 아닌 '논리적인 설득'이 양육의 기본 전략임을 잊지 마시기 바랍니다.

이 유형의 아이를 바라보는 학부모님의 감정은 아이가 몰입하는 대상에 따라 기특하기도 하고 걱정이 한가득이 되기도 합니다. 가장 우려되는 상황은 아이가 게임이나 스마트폰에 몰입하는 경우인데요, 간섭을 싫어하는 아이이기 때문에 몰입 정도가 중독 수준까지 가면 누구도 말릴 수가 없기 때문입니다. 이때는 아이의 성향상 호기심의 욕구가 충분히 채워지면 빠져나오는 경우가 많음을 이해하시고 그저 인내하며 믿어줄 수밖에 없어요. 그때 감정이 격해져서 섣불리 못하도록 말리면 아이와의 관계가 돌이킬 수 없을 정도로 망가집니다.

호기심형 아이에게는 관심 분야에 대해 집중적으로 질문하는 것을 마음껏 허용하고 원리와 개념을 탐구하는 방향의 학습 방법이 잘 맞습니다. 사교육을 받는다면, 자유롭게 토론하는 방식이거나 아이의 질문을 수용할 수 있는 일대일 맞춤 수업에 훨씬 더 잘 적응할 거예요. 경쟁심이 강한 아이가 많아서 공부 환경을 잘 만들어주면 기대 이상의 성과를 내기도 합니다. 부모님은 "넌 이 분야의 전문가구나!", "너는 공부를 왜 해야 하는지 아는 아이야!"라는 칭찬을 해주세요. 그래서 아이가 관심 분야에 더 몰두하도록 하고 또 그 관심 분야를 진로와 진학으로 확장하기 위해서는 열심히 공부해야 한다고 생각하도록 지도하시면 됩니다.

사람을 좋아하여 주변의 영향을 많이 받는 아이: 정가득형

이 성향의 아이들은 타인에 대한 관심이 많으며 그 덕분에 주변 사람의 행동이나 감정 등에 많은 영향을 받습니다. 그만큼 주변이 복잡하면 그에 따른 영향을 받아 하려는 일에 집중하지 못할 가능성이 높죠. 앞서 언급한 '학습 안정성'이 가장 절실하게 필요한 성향의 아이들입니다. 또한 이 성향의 아이들은 주변의 관심과 인정을 먹고 자라기 때문에 학습과 관련해서도 자신에게 우호적이고 수용적인 선생님과의 관계가 중요합니다. 선생님과의 관계가 좋으면 평소 그다지 좋아하지 않던 과목도 선생님의 마음에 들기 위해 열심히 공부하는 아이들이거든요. 반대로 선생님과의 사이가 좋지 않으면 성적이 급락할 가능성도 있습니다. 따라서 이런 성향의 아이를 키우고 계시다면 무엇보다 아이와의 '관계'가 중요하고 어떤 결과뿐만 아니라 과정에서 발생하는 세세하고 구체적인 부분을 지속적으로 칭찬하며 이끌어 주는 행동이 필요합니다. 또 이 유형의 아이들은 선생님뿐만 아니라 주변 친구들에게도 큰 영향을 받기 때문에 끈끈한 관계를 유지할 수 있는 비슷한 수준의 아이들이 모인 소그룹 형태의 학습 방식을 고려해 주시면 좋습니다.

이 성향의 아이들은 낯선 것에 대해 쉽게 불안해합니다. 그래서 학습 난도도 충분히 익숙해져서 준비가 되었을 때 조정하는 것이 좋아요. 그런 이유로 낯선 공간에서 시험을 볼 때에는 미리 방문하는 형식으로 긴장도를 낮출 필요가 있습니다. 겉으로 크게 드러나지 않아도 항상 애쓰고 있음을 알아주시고, 아이의 감정을 읽어 칭찬과 격려를 아끼지 말아 주세요. "너의 존재 자체가 우리의 기쁨이란다.", '항상 애쓰는 모습이 기특하구나."라는 말을 자주 표현해 주시면 더 힘내서 열심히 공부할 겁니다.

우리 아이는 이 네 가지 성향 중 어디에 해당되나요? 물론 가장 대표적인 4가지만 말씀드렸기 때문에 우리 아이는 이 중 두 가지 성향을 동시에 가지고 있을 수도 있고, 우리 아이와 명확히 반대되는 성향만 언급되었을 수도 있습니다. 그때에는 이 책에서 제안하는 방법과 방법의 중간 지점, 또는 정반대 방법을 고민하는 등의 숙고가 필요합니다. 만약 우리 아이의 성향과 맞다고 생각하는 방법이 있다면 일단 적용해 보세요. 아이의 반응이 조금씩 올 겁니다. 그 방법이 정말 우리 아이에게 맞는 방법이라면, 그대로 진행하시면 되고요. 아니라면 또 다른 방법을 시도해 보세요.

우리는 이미 우리 아이의 성향이 어떤지에 대해 어느 정도는 이해했고, 또 성향별 학습 방법도 숙지했습니다. 단기간 아이를 지켜보는 전문가보다 장시간 다양한 상황에서 아이를 지켜보는 부모가 정확하게 아이를 판단할 수 있다고 자신하셔도 됩니다. 아이를 객관적으로 보는 것! 내 아이를 위한 전략 수립의 가장 중요한 단계임을 꼭 기억해 주세요.

오늘 배운 내용을 적용해 볼까요?

Q1) p.151의 '학업 관련 태도를 기준으로 나눈 4가지 유형' 중
우리 아이는 어느 그룹에 속하나요?

Q2) p.155부터 소개하는 '아이들의 대표적인 4가지 성향' 중
우리 아이는 어디에 속하나요?

Q3) 오늘 배운 내용을 참고하여 우리 아이의 특성을 요약적으로
써봅시다.

Q4) Q3)의 특성을 가진 우리 아이의 학습을 이끌어가는 학습 코치로서
여러분은 어떤 점을 주의해야 할까요? 우선 자기 생각을 적어보고,
지속적으로 아이를 관찰하면서 내용을 추가해 봅시다.

DAY 7.

'잘하는 것' 하나가 쏘아 올린
작은 공의 효과

사람은 누구나 강점과 약점을 동시에 지니고 있습니다. 자신의 약점보다 강점을 잘 알고 이를 활용하는 사람은 자존감과 효능감 등이 높아서 현재도 행복한 삶을 누리고 있을 가능성이 크고요. 또 앞으로의 삶에 대한 기대도 높습니다. 반면에 인정하고 싶지 않은 약점으로 인해 부정적인 생각만 하는 사람은 눈앞의 행복을 즐기지 못하고 놓쳐 버리는 경우가 많죠.

사실 학부모님들도 우리 아이를 바라볼 때, 학습에서만큼은 강점보다 약점에 더 주목하는 경향이 있습니다. 모든 것이 완벽할 필요는 없다고 생각하면서도 그것이 내 자식을 위한 최우선이라고 합리화하며 아쉬운 부분을 개선할 방법을 찾느라 분주하죠. 부모로서 걱정이 되어 하는 행동이니 어찌 보면 당연합니다. 그러다 보니 그 행동이 아이에게 어떤 영향을 미칠지는 짐작하지 못하고 눈에 보이는 약점을 보완할 사교육을 찾아 그것에 올인 하게 됩니다. 또한 인정하고 싶지 않은 자신의 약점을 무의식적으로 아이에게 투사해 자신의 소원을 아이를 통해 이루기를 바라는 경우도 생기죠. 하지만 이런 행동이 전부 엄청나게 잘못되었다고 자책하실 필요는 없습니다. 여러분의 이런 행동은 사실 당연한 것이거든요. 우리의 뇌는 본능적으로 긍정보다 부정에 더 민감하기 때문에 의식적인 노력이 없다면, 어떤 것이든 좋은 면보다 좋지 않은 면을 먼저 보게 됩니다. 그러니 나의 태도를 자책하는 데 머물기보다는 의식적인 노력을 통해서 잘못된 양육 방향성을 수정해야겠다는 생각을 갖는 것이 필요합니다.

내 아이의 강점을 보려는 노력은 반드시 필요합니다. 학습의 측면에서도 아이의 자존감을 북돋는 행동이기 때문이고요. 앞서 언급했듯 우리 아이가 행복하고 발전된 삶을 살기 위해서는 자기 자신의 강점을 똑바로 아는 사람이 되어야만 하기 때문입니다. 그리고 아이들이 자신의 장점을 똑바로 자각하기 위해서는 우선 주변에서 그 아이의 강점을 중심으로 바라봐 주어야 합니다. 가장 앞장서서 그 역할을 하실 분은 바로 여러분이고요.

아이의 부족한 면을 강점으로 만드는 유일한 방법

아이마다 성격이 다르듯 학습에 있어서도 강점이 모두 다릅니다.

'집중력'이 좋은 아이, '요점'을 잘 잡는 아이, '엉덩이'가 무거운 아이, '암기력'이 좋은 아이, '말'을 잘하는 아이, '글'을 잘 읽는 아이, '수'에 강한 아이, '연역적 사고'에 강한 아이, '귀납적 사고'에 강한 아이, '약속'을 꼭 지키는 아이처럼요.

하지만 아이가 가진 강점에 주목하지 않고, 오히려 부족한 면이 도드라져 보인다고 해서 아이를 푸시하면 할수록 역효과가 납니다. 약점은 다그친다고 결코 쉽게 개선되지 않기 때문이죠. 약점을 개선하려는 채찍질보다는 아이가 가진 고유한 강점을 잘 살려주시기 바랍니다. 근육을 키우면 뼈가 더 단단해지듯이 아이가 가진 학습의 강점을 더 키우면 부족한 점은 자연스럽게 보완됩니다. 강점도 그 나름대로 더욱 견고해져서 아이만의 고유한 무기가 될 거고요.

> 글보다 말을 좋아하는 아이라면 쓰기보단 발표를 더 권장해 주세요.
> 숲보다 나무를 먼저 보는 아이라면 디테일한 것을 먼저 물어보고 칭찬해 주시고요.
> 엉덩이는 가볍지만 순간의 집중력이 좋은 아이는 공부 계획을 쪼개서 잡도록 지도해 주세요.

아이 스스로 자신의 모자람에 집중하게 만들어서는 안 됩니다. 자기효능감을 잃고 자아존중감도 위협받을 수 있거든요. 약점을 지적하는 부모의 말에서는 전적인 지지의 마음이 느껴지지 않으므로 애써 쌓아온 아이와의 신뢰도 한순간에 무너질 수 있습니다. 그러니 시작도 하기 전에 아이의 의욕부터 꺾지 마세요. 아이 스스로 '나는 무엇을 잘하는지'에 관심을 갖도록 격려해 주셔야 합니다. 모든 성공은 이 작은 내적 자신감에서부터 시작되니까요.

또한 아이의 약점을 바라보는 관점을 바꿔보세요. 우리 아이의 약점이 보기에 따라서는 강점으로 보일 수 있거든요. 예를 들어, 앞서 언급했던 '산만하다'는 '다양한 것에 두루 관심이 많다'고 볼 수 있고, '대충 한다'는 '느긋하다'로, '우유부단하다'는 '조심성이 있다'로 볼 수 있습니다. 심지어 사춘기의 '반항적이다'도 '자립심이 있다'로 볼 수 있겠죠. 아이는 믿어주는 만큼 성장합니다. 아이가 가진 고유한 약점 성향을 억지로 바꾸려 하지 말고 긍정적인 면을 부각해서 생활에든, 학습에든 활용할 수 있게 한다면 그보다 더 좋은 부모의 역할은 없다고 봅니다.

학습 효과가 2배 상승하는 강점 과목 vs. 약점 과목 찾기

학습 과정에서 본인이 잘하는 것은 강점으로 개발하고 부족한 것은 보충하여 약점을 강점으로 전환하는 것은 매우 중요합니다. 그러기 위해 다음에 제시한 방법대로 지금 현재 내가 잘하는 과목과 잘 못하는 과목, 좋아하는 과목과 싫어하는 과목에 대해서 생각해 보도록 지도해 주세요. 그리고 왜 잘 못하고 싫어하는 과목인지, 그 원인을 생각해 보는 시간을 주시기 바랍니다. 만약 기초가 부족해서라면 무엇부터 시작하면 좋을지를 같이 고민해 주시고요. 지금 배우고 있는 과정이 어려워서라면 난도를 조금 낮춰 자신감과 작은 성취감을 쌓아 갈 수 있도록 아이와 의논하여 학습 도구를 재정비하시면 됩니다. 아울러 이 과정을 통해서 부족한 과목을 결국 잘하고 좋아하게 되면 기분이 어떨지, 미리 상상하게 해보셔도 좋습니다. 기대가 크면 그 기대에 부응하기 위해서 없던 노력까지 하는 게 사람이거든요. 긍정의 힘을 믿어보자고요!

〈강점 과목, 약점 과목 이미지〉

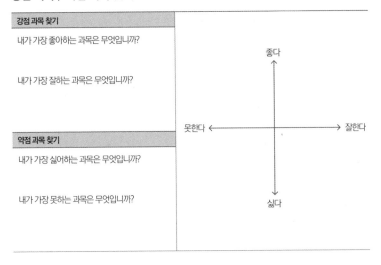

강점 **과목** / 약점 **과목** 찾기

강점 과목 찾기
내가 가장 좋아하는 과목은 무엇입니까?
내가 가장 잘하는 과목은 무엇입니까?

약점 과목 찾기
내가 가장 싫어하는 과목은 무엇입니까?
내가 가장 못하는 과목은 무엇입니까?

좋다

못한다 ←------→ 잘한다

싫다

강점 과목 / 약점 과목 전략 세우기

	과목	해결 전략
강점 강화하기		
약점 개선하기		

지금 우리 아이가 풀고 있는 문제집, 계속 풀어도 될까요?

잘하고 좋아하는 과목을 더 잘할 수 있도록, 못하고 싫어하는 과목을 조금은 더 잘할 수 있도록, 지금 하고 있는 공부법이나 학습 도구를 주기적으로 점검할 필요가 있습니다. 우선 공부법은 과목별로 그리고 학교, 학년, 시기별로 다른 데다가 100명의 아이가 있다면, 100가지 공부법이 있는 만큼 지금은 다루지는 않을 예정입니다. (p.224부터 살펴 보세요.) 그것보다는 '학습 도구'에 대한 점검 방법을 알려드릴게요.

우선, 전 과목에 통용되는 일반적인 학습 도구인 '문제집' 이야기를 해볼까 합니다. 만약 특정 과목의 성적이 부족한 우리 아이가 공부 잘 하는 옆집 아이와 같은 문제집을 풀고 있다면 어떨까요? 게다가 그 문제집이 '초등학생이라면 누구나 풀어야 할'이라는 수식어가 붙어 있다면, 안심하고 계속 사용해도 될까요? 정답은, 당연히 '아니다'겠죠? 이유는 여러 가지입니다.

첫째로 '부족한 우리 아이'와 '공부 잘하는 옆집 아이'의 수준은 다릅니다. 수준이 다른 두 사람이 같은 문제집을 풀고 있다? 학년이 다르거나 목적(쉬운 문제집 복습 vs. 어려운 내용 심화)이 다른 경우를 제외하고 일반적인 경우라면 절대 있어서는 안 될 일입니다. 우리 아이 입장에서 보면 너무 어려운 문제집이니까요. 한 문제 한 문제를 푸는 것 자체가 고역일 거라고 누구나 짐작할 수 있겠죠. 실력이 부족해도 어려운 문제집을 반복해서 본다면 잘할 수도 있지 않느냐고요? 그럴 가능성이 아예 없는 것은 아닙니다만, 효과를 보기 전에 우리 아이의 학습 자존감과 자기효능감은 완전히 망가질 겁니다. 끙끙대며 겨우 풀어봤는데 오답, 한 페이지의 문제 5개 중 4개가 오답…. 이런 상황에서 과연 우리 아이가 이 과목에 흥미를 붙일 수 있을까요? 더 열심히 해야겠다는 생각이 들까요? 오기가 생겨서 그럴 수도 있지 않냐고 생각하신다면, 이 아이는 지금 고작 초등학생입니다. 오기와 도전 의식보다는 '난 이 과목에 영 소질이 없나 보다.'라며 자괴감을 갖기가 더 쉽겠죠.

둘째로, '반드시 풀어야 할 문제집'이라는 것은 없습니다. 조금 극단적으로 말해서 그 표현 자체가 상술일 가능성이 있고요. 그만큼 '많이 판매되었다'는 뜻입니다. 어떤 아이에게는 '찰떡'인 보물 같은 문제집일 수도 있지만 모두에게는 아니지요. 그 말에 속으시면 안 됩니다.

다시 한번 말씀드리지만, 난이도로만 보았을 때 가장 적당한 문제집의 기준은 일반적으로 정답률 70%입니다. 만약 심사숙고하여 고른 후 아이에게 풀리고 있는 지금 문제집의 정답률이 70%에 미치지 못한다면 점검이 필요합니다. 이때는 다시 아이 성향에 따라 나뉘는데요, 충분히 어려운 문제에 대한 내성이 있고, 도전 의식이 있으며 공부 욕심도 있는 아이라면 그대로 진행해도 됩니다. 하지만 DAY 5에서 파악한 우리 아이의 수준이 중간이거나 중간보다 살짝 낮은 아이라면, 지금은 도전 의식을 자극할 타이밍이 아니라 성취감을 느끼게 해야 할 때입니다. 70%보다 더 높은 정답률을 보이는 좀더 쉬운 문제집을 우선 끝내고 와서 다시 공부하는 것이 좋습니다.

문제집은 때에 따라 발췌 학습도 얼마든지 가능합니다. 아이가 너무 어려워하면 일단 넘어가고 실력을 더 쌓고 와서 풀게 한다든지, 필요한 부분만 딱 풀리고 나머지는 안 푼다든지, 모두 가능하죠. 문제집은 그렇게 우리 아이의 실력을 점검하기 위해 활용하는 '도구'라고 생각하셔야 합니다. 그런데도 많은 분이 풀지 않고 넘어가는 문제에 대한 '찝찝함'을 많이 토로하세요. 아마도 학창 시절 '내가 하필 안 봤던 부분에서 시험문제가 많이 출제되었다!'라고 생각한 적인 있는 분일 겁니다. 하지만 그런 식으로 생각하면 그 찝찝함을 없애기 위해 접근 가능한 '모든 문제'를 풀어야만 하는데, 그게 현실적으로 가능한 일이 아니에요. 또 한 번 봤던 문제를 '풀어봤는데!'라고 기억하려면 얼마나 기억력이 좋아야 하는지 아시나요? 게다가 그냥 넘어갔지만 만약 그 문제가 중요한 것이었다면, 학습을 지속하는 과정에서 반드시 한 두 번은 더 다시 마주칠 기회가 있을 겁니다. 문제집의 모든 문제가 독자적인 고유성을 갖고 있지는 않으니까요. 그러니 안심하셔도 된다는 말입니다. 다만 아이가 잘하는 단원만 반복적으로 공부해서 의도적으로 정답 맞추기 놀이를 하고 있다면, 그땐 주의를 주셔야 합니다. 차라리 난도를 확 낮춰서 어려운 영역에서도 조금씩 단계적으로 작은 성취감을 느끼도록 하는 것이 훨씬 낫습니다.

학습 도구를 점검하기 위한 몇 가지 질문을 소개합니다.

1. **문제집의 수준은 어떠한가?** → 객관적인 문제집 수준을 확인합니다. DAY 5를 참고하세요.

2. **난도가 우리 아이의 수준에 적합한가?** → 우선 이 문제집을 풀고 있는 목적을 생각하시고, 평시라면 DAY 5에 따라 70% 정답률을 보일 수 있는 것을 선택하세요. 그리고 아이의 성향과 시기에 따라서 적절한 난도를 판단해 주세요.

3. **개념 설명과 문제 파트의 비중은 적절한가?** → 이 문제집의 용도에 따라 판단합니다. 개념 학습용, 드릴용, 심화용에 따라서 개념과 문제의 비중이 달라지고요. 이 한 권으로 완벽한 목적에 맞추기 어렵다면, 문제집은 드릴용으로 사용하고, 개념서로는 교과서나 자습서 등을 참고

하는 것도 좋은 방법입니다.

4. 자기주도학습이 가능한 교재인가? → 이 역시 이 문제집의 용도에 따라 판단합니다. 학원 교재라면, 이 질문에 '아니요'라고 대답해도 괜찮지만 자기주도학습을 하고 있다면 주요 문제의 풀이 동영상과 답안지 해설이 잘되어 있는 것으로 고르세요. 서점에 나가보시면 과목별로 정말 많은 선택지가 있습니다. 출판사도, 저자도 들어본 적이 없는 책만 아니라면, 모든 교재가 나름대로 의미가 있습니다. 그러니 우리 아이의 수준과 목적에 맞는 문제집을 고르시는 것이 가장 좋은 방법입니다.

자신만의 장점이 있는 아이라면, 무엇이든 할 수 있는 아이입니다.
우리 아이는 어떤 장점을 지니고 있나요? 이 기회에 우리 아이의 장점도 함께 찾아보겠습니다. 우선 지금 당장 우리 아이의 장점 5개를 떠올려 보세요! 쉽게 떠오르시나요? 너무 막연하거나 떠오르는 것이 사소하다고 생각된다면 이런 기준으로 적어 보시는 것은 어떨까요?

1. 우리 아이는 ＿＿＿＿＿＿＿을/를 잘한다.

2. 우리 아이는 ＿＿＿＿＿＿＿을/를 할 줄 안다.

3. 우리 아이가 ＿＿＿＿＿＿＿을/를 하는 것이 장하다고 생각한다.

4. 우리 아이의 ＿＿＿＿＿＿＿을/를 주변 사람이 칭찬한다

5. 우리 아이의 좋은 점은 한마디로 ＿＿＿＿＿＿＿＿＿이다.

사소하더라도 위의 빈칸에 쓸 것이 많은 아이는 이미 학부모님에게서 존중감을 선물로 받았습니다. 비록 고심 끝에 하나를 적었다고 하더라도 너무 낙담하지 마세요. 장점은 발견되는 순간부터 빛이 나는 보석과 같으니까요.

오늘부터라도 하나씩 아이의 장점을 찾아보시기 바랍니다. 그 장점이 단점을 다 삼켜서 기대보다 훨씬 더 멋지게 성장하는 우리 아이를 그려 보면서 말입니다.

오늘 배운 내용을 적용해 볼까요?

Q1) 우리 아이의 대표적인 학습 강점은 무엇인가요?

Q2) 우리 아이의 강점 과목과 약점 과목을 여러분과 아이가 각각
써보고 함께 비교해 보세요. 그리고 그 이유에 대해서 서로
대화해 보세요.

Q3) p.173에서 소개하는 '학습 도구를 점검하기 위한 몇 가지 질문'에
답을 해보세요. 과목별로 진행하면 더욱 좋습니다.

Q4) 우리 아이만의 장점을, 사랑을 담아 천천히 적어보세요.
적은 내용을 아이에게 들려주고 칭찬과 사랑을 주세요.

DAY 8.

우리 아이 공부법의 최종 목표는 '자기'주도입니다

자기주도학습은 늦어도 초등 5, 6학년에 물꼬를 터서 중등 과정을 거쳐 고등학생 때 완성시켜야 할, 우리 아이 공부법의 최종 목표입니다. 물론 '자기'주도라는 말 속에는 자신이 주체가 되어 계획하고 실행하며 그 과정에서 성공과 실패를 모두 직접 경험하는 것이라는 의미가 담겨있습니다. 하지만 스스로 시행착오를 겪어 완성하기까지는 참 많은 시간이 걸려요. 물론 그 과정에서 배우는 것도 있겠지만 최소한 가장 기본이 되는 방법을 배우고 난 후에 자신의 색깔을 입혀 실천하는 것이 좀더 효율적인 방법일 겁니다. 그래서 제가 이렇게 아이들의 자기주도학습을 지도하고, 코칭하는 방법을 알려드리는 것이고요.

자기주도학습은 계획이 반, 잘 세운 계획을 실행하는 것이 반입니다. 물론 계획하기 위해 준비해야 할 것, 실행한 후 다음 실행을 위한 준비 과정 등 세부적으로 따지면 훨씬 더 많은 단계가 필요하지만 큰 틀에서 '좋은 계획! 그리고 망설임 없는 실천!'이 거의 전부라고 할 수 있습니다. 공부 계획의 첫 단계는 자신의 정확한 상황을 파악하는 것입니다. 여기서 상황이란, 자기주도학습의 역량이 얼마나 되는지, 학교 수업 진도를 기준으로 어느 정도 성취도를 보이고 있는지 그리고 강점 과목, 약점 과목, 우리 아이의 역량, 과목별 공부법 등을 점검하는 거예요. 앞서 수준 파악(DAY 5)과 강약점 파악(DAY 7)은 이미 살펴보았고요. 오늘은 학습 역량을 파악하는 방법을 살펴보겠습니다. (과목별 공부법은 DAY 11~16을 참고하세요.)

우리 아이의 학습 역량을 제대로 파악하는 방법

매일 '자신이 주도하는 학습'의 성취감을 이어 가기 위해서는 당연히 각자 본인의 역량에 맞는 학습을 해야 합니다. 자신의 역량을 넘어선 공부는 애초에 실천이 불가능하기 때문이죠. 학습은 이 역량을 기준으로 계획되어야 합니다. 우리는 보통 목표 달성 기한을 정하고 그 목표를 완성하기 위해 하루에 얼마나 공부해야 하는지를 산정하는 방식으로 우리 아이를 목표에 끼워 맞추는 경향이 있습니다. 하지만 역량의 고려 없이 그런 방식으로 세운 공부 계획은 아무리 노력해도 도달하지 못하게 될 가능성이 큽니다. 결국 아이들은 공부에 대한 원동력을 잃고 '나는 이 정도밖에 하지 못하는 사람이구나.'라고 낙담하며 무기력이 학습되는 부정적인 결과가 나타나게 되죠. 이는 결국 관련 과목에 대한 학습 흥미를 잃는 가장 큰 원인이 됩니다. 또한 도달할 수 없는 목표 앞에서 매번 실패하고 좌절하다 보면 제대로 된 학습이 될 리가 없습니다. 그리고 재미도 없어져서 결과적으로는 성적 향상도 되지 않기 때문에 그 과목에 대한 막연한 거부감까지 생기게 되죠.

우리 아이의 학습 역량을 파악하는 방법에 대해서 '영단어 학습 역량 파악 방법'을 예로 들어 설명해 드리겠습니다.

영단어 학습 역량은 학년별로 정해진 개수의 단어(초등 고학년은 20개, 중학생은 30개)를 얼마 동안에 완벽하게 외울 수 있는지를 파악하는 것입니다. 이 결과를 바탕으로 우리 아이의 영단어 공부 계획을 세우면 됩니다. (영단어 학습 역량 테스트를 위한 '영단어 리스트'는 QR코드*를 통해 내려받을 수 있습니다.)

1. 학년별로 개수를 달리하여 모르는 단어를 공부합니다. 그리고 외운 단어를 확인하기 위해 공부하고 나서 1시간, 1일, 3일 후에 시험을 보세요. 만일 각 시험에서 정답률이 80% 미만이라면 추가 공부를 해야 하고요. 최종 정답률이 80% 이상이 될 때까지 이 테스트를 반복합니다.

2. 그 후 공부한 총 시간을 합산하면 비로소 우리 아이의 영단어 학습 역량을 유추해 볼 수 있습니다.

이런 방식의 '학습 역량 파악'은 수학 학습에도 응용할 수 있습니다. 예를 들어, 수학 한 문제당 푸는 데 걸리는 평균 시간을 측정한 후, 두 페이지에 있는 열 문제를 푸는 데 걸리는 시간을 계산해서 수학의 하루 공부 시간을 정해 주는 것이죠.

아이의 학습 역량은 각자의 성향, 집중력, 성취 수준 등에 따라 모두 다릅니다. 그렇기 때문에 다른 아이와 비교하거나 일반적인 수준이라는 객관적인 지표를 기준으로 하는 것은 의미가 없죠. 오직 우리 아이의 역량에 맞는 학습 계획만이 의미가 있습니다. 그리고 주의하실 것은 공부는 분량이 아닌 '집중할 수 있는 시간'을 기준으로 해야 하며, 집중력이 떨어지는 타이밍에는 과감하게 휴식을 취할 수 있도록 해야 합니다. 잘 쉬어야 공부도 더 잘할 수 있기 때문이죠.

달성 가능한 좋은 목표의 필수 조건 4가지

'목표'란 그저 '○○을/를 하겠다'와 같은 이상적이지만 막연한 상태를 지칭하는 것이 아닙니다. 구체성을 비롯한 다음의 조건 4가지를 갖추었을 때 비로소 '달성 가능한' 좋은 목표가 됩니다.

1. 목표는 구체적이고 명확해야 합니다.

구체성을 갖출수록 그 목표가 가깝고 현실적으로 느껴지거든요. 한 가지 팁을 드리자면, 구체성을 위해 숫자를 적극 활용해 보세요. 예를 들어 40대 이상의 학부모님이라면 연초마다 운동 목표를 세울 때 막연하게 '운동하기'보다는 '매일 30분씩 집 앞의 ○○초등학교 운동장 5바퀴 돌기'가 훨씬 더 현실적으로 느껴져서 실천하기가 좀더 쉬워집니다.

2. 목표는 달성 가능하고 현실적인 것이어야 합니다.

허황된 목표는 자기만족 그 이상도 그 이하도 아닙니다. 달성 가능성이 희박한 목표는 오히려 볼 때마다 마음만 불편해지죠. 아이의 현 상황과 역량 등을 충분히 고려한 현실적인 목표를 세우세요. 단, 장기 목표는 조금은 먼 현실을 지향해도 됩니다.

3. 목표는 달성 시기가 분명해야 합니다.

특히 학습 목표는 시작과 끝이 명확한 것이 좋습니다. 새 학기의 시작과 함께 문제집을 3개월 안에 끝낸다든지, 영단어 400개를 한 달 안에 외운다든지, 저의 책《초등 국영수 문해력》(북북북, 2022)속 66일 문해력 실천 스터디처럼 66일 동안 매일 실천하는 학습 프로젝트에 참여해 봐도 좋습니다. 그리고 목표를 달성했을 때, 아이에게 주어지는 '보상'이 아이의 성취감을 더 자라게 해줍니다. 물질적인 보상을 말씀드리는 것이 아니라 칭찬부터 사랑의 표현(뽀뽀, 포옹 등), 수료증, 목표 달성 도구의 전시 등 다양한 방법이 있어요. 예컨대 다 푼 문제집 표지를 아이의 방 벽에 쭉 붙여주는 것도 좋습니다. 이렇게 과정과 결과를 모두 격려해 줄 수 있는 방법을 고민해 보시기 바랍니다.

4. 시각화한 목표는 달성 가능성을 극적으로 높입니다.

구체적이고 현실적이며 기한 안에 해낼 목표라고 해도 사실 첫 시작은 누구나 어렵습니다. 그래서 목표를 잡고 구체적인 계획을 세웠다면 가능한 한 지체하지 말고 바로 시작하는 것이 좋죠. 하지만 그러지 못하는 경우가 생기기도 하고 그래서는 안 되지만, 마음이 갑자기 해이해지기도 합니다. 이를 방지하는 방법으로는 누군가에게 내 목표를 노출하고 공표, 곧 선언하는 것이 좋아요. 그때 가장 쉽고 효과적인 방법은 온 가족의 눈길이 자주 닿는 곳에 잘 보이도록 목표를 게시하고 시각화해 두는 것입니다. 어떤 방식이든 상관은 없지만 예를 들어 현관문을 열면 바로 보이는 위치에 다음처럼 써 놓는 거죠.

(10/16까지) ○○이/가 '영단어 600개 암기' 완료
(9/10까지) ○○이/가 '□□수학 문제집 90% 정답률' 달성

이렇게 하는 게 별거 아닌 것 같아도 아이는 볼 때마다 '그래, 저 목표를 꼭 달성하고 말 거야.'라고 의지를 다지게 되죠. 특히, 목표 숫자와 기한이 명확하게 인식되어 목표 달성 가능성이 좀더 커집니다.

열심히 노력해도 누구나 목표 달성에 실패할 수는 있습니다. 당연하죠. 하지만 때때로 그런 실패가 우리 아이의 자기효능감에 손상을 입힌다면 회복하기까지 많은 시간이 걸릴 수도 있습니다. 그러니 우리 부모님께서 미리 '목표 실패'에 대비한 안전망을 준비해 주셨으면 합니다. 안전망이라고 해서 엄청난 것이 아니에요.

일차적으로는 세부 목표를 융통성 있게 잡는 것이 중요합니다. 아이가 매일 공부 역량의 80%만 발휘할 수 있는 정도로요. 예를 들어 하루 30분 동안 영단어 10개를 외울 수 있는 아이라면, 30분 동안 8개만 외우면 되도록 여유를 주는 거죠. 또한 아이의 게으름 때문이 아니라 피치 못할 사정으로 공부 목표를 달성할 수 없다면, 그 사정을 충분히 계획에 반영하고 목표를 수정해 주어야 합니다. 마지막으로, 목표는 반드시 달성해야 하는 것이지만 아이의 노력이 충분했다면 다음을 기약해도 된다는 말을 아이에게 분명하게 해 주실 필요가 있습니다.

초등 5, 6학년 때 꼭 신경 써야 할 공부 시간 관리

많은 학생과 학부모님이 '공부하는 것 = 수업 듣는 것'이라고 생각하는 경향이 있습니다. 그래서 인강을 보고, 학원에 다니고 있으면, 충분히 공부한다고 판단하죠. 문제는 이렇게 공부하기 때문에 성적이

나오지 않는 것인데 '인강'이나 '학원'이 문제라고 생각한다는 것입니다. 진짜 원인을 알아야만 문제 해결이 가능한데, 애먼 학습 도구만 교체하려고 하죠. 교체해서 문제가 해결된다면 좋겠지만 당연하게도 보고 듣기만 한다면 성적 상승은 요원합니다. 짐작하셨듯 진짜 공부, 실제 성적은 수업 시간 외에 무엇을 어떻게 얼마나 하느냐 따라 결정되기 때문입니다. 그러니 부족한 과목의 수업만 계속 늘리지 말고, 진짜 공부를 잘할 수 있도록 지도해 주세요.

초 5, 6 시기의 아이들 공부의 가장 큰 문제는 영어, 수학과 같은 특정 과목이 아니라 공부 시간 자체가 너무 적다는 것입니다. 과목 난도는 높아지고 분량은 훨씬 늘었는데 초등 저학년, 중학년 때처럼 과목별로 30분~1시간씩 공부한다면, 당연히 적은 양밖에 소화할 수가 없습니다. 이 시기에 공부 시간을 늘려주지 않으면 제 학년 학습은 물론이고 중학교 입학 전에 갖추어야 할 역량 개발도 중학교 과정을 미리 제대로 준비할 수도 없겠죠. 우선 전 과목의 하루 공부 시간을 이전 학년에 비해서 적게는 1.5배 많게는 2배까지 순차적으로 늘려주시기 바랍니다.

초등 중학년까지는 주요 과목 중 수학에 비해서 독서(국어)와 영어 학습 시간이 훨씬 길었습니다. 수학 학습을 본격적으로 진행하지 않으셨던 분 중에는 하루에 30분 연산, 교과 문제집 2장 정도만 학습시킨 분도 있을 거예요. 사실 그때는 현행을 잘 따라가는 수준이라면 그 정도 시간만으로도 충분했습니다. 하지만 초 5, 6 드디어 수학 공부의 비중이 급증하는 시기로 접어들었습니다. 영어도 물론 중요하고 국어도 중요하지만 두 과목은 교과 진도가 잘 눈에 띄지 않습니다. 반면에 수학은 너무나 명확하죠. 그래서 초 5, 6 시기는 어려워진 제 학년 수학, 중등 대비 수학에 시간 투자를 좀더 해야 하는 때입니다. 영어에 집중하던 관성대로 영어에만 올인했다간 암울한 중등을 맞이할 수도 있기 때문입니다. 수학 연산은 아이 수준에 따라 권장 시간이 다른데요, 교과서 수준(기초)이라면 매일 15분씩, 아이의 역량에 맞는 분량을 계획하면 되고 응용 수준이라면 매일 10분, 심화 수준이라면 매일 5분 정도만 더 투자해도 됩니다. 응용 이상의 아이들은 이를 위해 군이 연산 문제집까지 풀 필요는 없고요. 교과 수학 문제집에 있는 연산 중심의 문제를 매일 푸는 것으로도 충분합니다. 교과, 심화 수학 학습을 하는 시간은 초 5, 6 기준으로 학기 중에는 90분 이상, 방학 중에는 120분 이상 매일 학습하는 것을 추천합니다. 이 시간은 개념을 공부하고, 문제집을 풀고 오답을 고치는 등의 '진짜 공부 시간'만입니다. 학교와 학원의 과제를 하는 시간은 제외하되, 이 과제를 복습하는 시간은 포함할 수 있습니다.

수학 학습 중심의 시간 분배 속에서 현실적이고 지속 가능한 영어 공부를 실천할 수 있으려면 갈수록 부족해지는 공부 시간을 고려한 영어 공부 계획을 수립하는 것이 절대적으로 필요합니다. 초 4처럼 생각했다가는 영어 숙제부터 완수가 안 되는 일이 반복되기 쉽습니다. 영어도 이 시기에는 영문법 학습과 비문학 중심의 독해, 추상 어휘 학습에 많은 노력을 기울여야 하거든요. 일단, 초 4에 비해 하루 영어 공부 시간을 최소 10분 이상부터 아이의 상황에 맞게끔 천천히 늘려서 하루 80분 정도까지 진짜 공부 시간을 늘려 주시기 바랍니다.

사실 시간만으로 학습 진도나 상황을 다 짐작할 수는 없습니다. 왜냐하면 같은 시간이라도 학생마다 공부하는 능력치가 다르기 때문이죠. 그럼에도 공부 시간을 중심으로 말씀드리는 이유는 대략적으로라도 현 상황을 파악하고 앞으로의 학습 계획을 정량적으로나마 가늠해 볼 수 있기 때문입니다. 시작은 공부 시간으로 하지만 나중에는 공부 분량 중심으로 계획을 잡아야 한다는 것만 기억해 주시면 됩니다. 또한 앞의 내용은 일반적인 경우에 해당되는 권장 시간이기 때문에 진로 진학 목표와 아이의 준비 정도에 따라서 과목별 비중과 적정 시간을 아이에 맞게 적용해 주셔야 합니다.

마지막으로, 늦어도 초 6까지는 최우선 순위 공부인 독해력을 위한 독서, 영어 학습 그리고 수학의 매일 학습 시간을 합산하여 '진짜 공부'하는 시간을 최소 3시간까지는 늘려주시기 바랍니다. 중등 이후부터는 평소 학습과는 다른 '내신 대비 기간'이라는 것이 존재합니다. 집중 학습을 해야 할 때 지구력 있게 공부할 수 있으려면 초등 때부터 미리 내성을 키워 두면 훨씬 유리하기 때문입니다.

오늘 배운 내용을 적용해 볼까요?

Q1) '학습 역량을 파악하는 방법'을 참고하여 우리 아이의 영어, 수학
학습 역량을 파악해 보세요.

Q2) 달성 가능한 좋은 목표의 4가지 조건을 보고 아이와 의논하여
일주일 안에 달성할 수 있는 목표 1개를 세워보세요.

Q3) Q2)에서 세운 목표의 일주일 동안의 과정을 기록하고 결과와
피드백을 적어 보세요.

Q4) 현재 우리 아이의 과목별 공부 시간과 통합 시간을 적어보고
앞으로 지속적인 실천이 가능한 목표 시간에 대해 고민해 보세요.
아이와 함께 의논하면 더욱 좋습니다.

DAY 9.

현실 교육을 위해
더욱 중요한 '진로'

　진로 교육은 아이들의 미래뿐만 아니라 당장의 현실 교육을 위해서도 매우 중요합니다. 우선 입시 측면에서만 봐도 특목고, 자사고 입시의 자기주도학습 전형, 대입의 학생부종합전형에서 학업 능력 평가와 함께 전공 적성이 매우 중요한 전형 요소이기 때문이고요. 또 초 5, 6 아이들이 고교에 진학했을 때 겪게 될 고교학점제(2025년 전면 시행, 2009년생부터 적용) 때문이기도 합니다. 고교학점제의 진로와 관련된 부분만 보자면, 고교학점제하에서는 고 1 때 자신의 진로(희망 대학 및 전공)에 맞는 선택 과목(필수 이수 과목)을 결정해야 합니다. 이렇게 결정한 선택 과목을 2학년 때부터 배우기 시작하고 선택 과목의 이수 여부가 대입에서도 중요한 역할을 하게 되죠. 그런데 그 선택 과목이라는 것이 우리 부모 세대가 알고 있는 일반적인 교과목과는 정말 다르고 또 다양합니다.

'여행지리, 인공지능 수학, 고전 읽기, 진로 영어, 과학사, 연극, 음악 연주, 창의 경영', 여기까지만 들어도 굉장히 세분화된 과목들이 많다는 생각이 드실 거예요. '호모 스토리텔리쿠스, 인문학적 상상여행'처럼 어떤 내용을 배울지 고개를 갸우뚱하게 되지만 동시에 흥미로울 것 같은 과목도 있습니다. 보통의 교과목도 많지만 이런 다양한 과목 중에서 우리 아이의 입시와 진로에 '유리한 과목'을 미리 선택해야 한다는 것이 고교학점제의 핵심입니다. 그 취지만 놓고 본다면 정말 이상적입니다. 그 선택 덕분에 아이는 본인이 하고 싶고, 목표를 이루는 데 도움이 되는 공부를 할 수 있어서 고등학교 생활이 어느 정도는 즐거울 테니까요. 또 그런 학습 동기로 인해 결과적으로 입시 결과까지 좋다면 아이들은 물론이고 학부모님에게도 이보다 더 좋은 일은 없습니다.

그렇다면 지금 아이가 초 5, 6인 시점에서 우리는 아이의 진로와 입시를 위해 무엇을 어떻게 준비해야 할까요? 그 완벽한 상황을 만들기 위해서 고등학교 → 중학교 → 초등 5, 6학년 이렇게 시간의 역순으로 내려가 보겠습니다.

고등학교 선택부터 사실 입시는 시작되었습니다

특목고와 자사고를 제외하고 일반 고등학교의 선택은 중 3의 12월에 진행됩니다(평준화 기준, 지역마다 차이가 있을 수 있습니다). 보통 평준화 지역의 고등학교 지정은 선 지망, 후 배정 방식으로 진행되기 때문에 어떤 학교에 어떤 선택 과목이 개설되어 있고 또 특정 진로에 특화된 고등학교가 어디인지를 미리 알아야만 1, 2, 3지망 학교를 적어낼 수 있습니다. "특정 진로에 특화된 고등학교가 뭔가요? 일반고는 다 똑같은 것 아닌가요?" 하고 궁금해하시는 분들이 있을 텐데요, 지금도 수학, 과학 진로에 특화된 '과학중점고등학교(과중고)'라는 이름의 고등학교가 전국 각 지역에 지정되어 있습니다. 이곳은 이름처럼 '과학'과 '수학' 교육에 중점을 둔 학교지만, 우리가 일반적으로 알고 있는 과학고등학교와는 다른 곳입니다. 그리고 일반적인 고등학교(이하, 일반고)와도 다르고요.

과중고가 일반고와 다른 몇 가지 특징을 설명하자면 우선 '과학중점학급(이하, 과중반)'을 운영합니다. 그리고 이 학급에서는 전체 과목의 45% 이상을 수학, 과학 관련 교과로 편성할 수 있어요(일반고는 30% 이내). 보통은 과학고 입시에서 실패한 이과 계열의 우수한 학생들이 입학을 희망하고, 그 아이들끼리 경쟁하기 때문에 내신을 받기는 쉽지 않지만 학생부종합전형과 정시에서는 어느 정도 유리한 부분이 있습니다. 그렇다고 과중고의 과중반에 소속되지 않은 이과 계열 학생이나 문과 계열 학생이 없는 것은 아닙니다. 겉으로 보기에는 일반고니까요. 하지만 아무래도 학교가 과중반 중심으로 운영되기 때문에 문과 계열의 비교과 활동에 대한 학교의 지원이 부실하고, 나머지 학생의 수준이 다소 떨어지는 것도 사실입니다. 그래서 과중반 소속이면서 수시, 학생부종합전형으로 대입을 노리는 학생이라면 비교과 활동 및 일반고보다 훨씬 전문적인 전문 교과목을 이수할 수 있는 과중고를 선택하는 것이 유리할 수 있지만 그렇지 않은 학생에게는 오히려 불리한 상황이 될 수도 있습니다.

이처럼 지금은 일부 일반고가 중점 학교로 지정되어 해당 교과와 진로에 대한 강점과 대학 입결(입학시험 결과)에 대한 노하우를 가지고 있는 정도지만 고교학점제가 진행되면 좀더 세분화된 다양한 고등학교가 등장할 것으로 전망됩니다. 즉, 고등학교 선택 자체가 아이의 입시를 결정할 가능성이 점점 더 높아진다는 뜻입니다.

슬기로운 자유학기제와 진로연계학기

초 5, 6의 입장에서는 당장 눈앞에 다가올 중 1의 자유학기와 2년 후의 중 3 진로연계학기도 슬기롭게 보내야 합니다. (2022 개정 교육과정에 따라서 2025년 중학교에 입학하는 2012년생부터 이 두 제도를 경험하게 되며 학교마다 적용 시기는 다를 수 있습니다.)

자유학기제는 중학교 1학년 때, 1학기와 2학기 중 한 학기를 지정하여 아이들의 진로 및 역량을 발전시키도록 하는 제도입니다. 아이들에게 학기 중에 진로를 탐색할 시간을 주고 중간·기말고사로 불리는 지필 시험 대신에 수행평가, 즉 과정 중심 평가를 실시하죠. 아마도 많은 학교에서 1학년 1학기를 자유학기제로 지정할 것으로 예상됩니다. 이미 자유학기제(2016년부터 전면 시행), 자유학년제(2018년부터 시행)를 겪어본 선생님들의 반응은 '중 1 = 초등 7학년'이라는 것이었습니다. 초등학교와 중학교는 분명히 다르지만, 자유학기가 보통 초등과 연결된 1학년 1학기에 배치되어 있고 초등 시기처럼 시험이 없어서 초등의 연장선으로 느끼는 학생과 학부모님이 많기 때문입니다. 또한 '진로 탐색'이라는 제도의 취지가 무색하게 유기적으로 꽉 짜인 진로 학기 운영을 기대하기는 현실적으로는 어렵기 때문에 학기 초의 적응 시기가 지나면 언제 그랬냐는 듯 풀어지는 아이가 많은 것이 현실입니다.

상황이 이렇다 보니 '공부 좀 시켜보겠다'고 마음먹은 학부모님들에게 자유학기는 참 불안한 시기입니다. 일단 중 1 내용이 2, 3학년에 비해서 현격하게 적지 않은데도 상당 시간을 교과 외 수업(주제 선택 활동, 예술, 체육 활동, 진로 탐색 활동, 동아리 활동 등)에 할애하기 때문에 수업 공백이 생기게 됩니다. 짧은 수업 시간 때문에 건너뛰는 부분이 생겨서 그 공백을 가정이나 사교육이 채워줄 수밖에 없는 상황이죠. 그래서 이 공백을 채우냐, 채우지 않느냐에 따라 실력이 있던 아이와 없던 아이 간의 학습 격차가 더욱 벌어집니다. 잘하는 아이는 채우고, 부족한 아이는 채우지 않으니 간격이 점점 더 벌어지겠죠.

그래서 자유학기는 이 시기를 어떻게 보내느냐에 따라서 이후의 아이 학습이나 진로가 크게 달라질 수 있는 마지막 기회로 여겨집니다.

만약 중학교 입학 전까지 중학교 공부 준비가 소홀했던 아이라면, 상대적으로 자유학기에는 중 2, 3에 비해 시간이 많으니 (내신 대비 시간이 없음) 집중 학습을 할 수 있습니다. 또 원래의 취지대로 다양한 체험 활동을 하면서 자신의 진로를 어느 정도는 찾을 수도 있겠지요. 그렇게 찾은 진로는 앞에서 말씀드렸던 것처럼 강력한 학습 동기가 될 것이고, 고등학교 이후의 여러 가지 선택의 시점에서 중요한 역할을 하게 될 것입니다. 그래서 이 시기는 사실상 초 1 못지않게 학부모님이 특히 신경 써야 할 중요한 때입니다.

진로연계학기란, 초 6, 중 3, 고 3과 같이 학교 간 전환기에 진로 연계와 학교 생활 적응을 위해 2025년부터 시행되는 제도입니다. 자유학기제처럼 학기 중 일부 시간을 할애하여 다음 학년(중 1, 고 1, 대 1)에 필요한 교과별 학습 설계와 학습법, 진로 등을 탐색할 수 있는 내용으로 구성된다고 해요. 중 3의 진로연계학기는 고등학교 선택과 고교학점제 선택 과목을 결정하기 전, 굉장히 중요한 시기로, 이 시기도 자유학기처럼 어떻게 보내느냐에 따라 이후의 아이의 상황이 많이 달라질 것으로 판단됩니다.

강연과 영상을 통해 전국의 많은 학부모님을 만나면서 우리 아이들 진로 교육의 중요성을, 앞서 설명한 여러 이유로 강조하고 있습니다. 특히 초등 시기부터 자유학기제까지의 진로 역량 향상에 대해 강조 또 강조를 드리고 있지요. 많은 직업이 없어지고 또 생겨날 4차산업혁명 시대를 대비해야 함은 물론이고 공부의 원천인 학습 동기도 결국 진로와 가장 밀접한 연관이 있기 때문입니다. 그런데 이토록 중요한 진로 역량임에도 불구하고, 아이들뿐만 아니라 어른들도 별로 관심을 두지 않는 것 같습니다. 혹시 '아이가 크면 언젠가 알아서 하겠지' 하는 정도로 쉽게 생각하고 계시진 않나요? 아닙니다. 우리 아이들의 미래를 위한 핵심 교육 역량인 '진로 역량'은 학부모의 노력으로 얼마든지 키워낼 수 있습니다.

초등 5, 6학년에 이뤄져야 할 진로 교육

고등학생이 된 우리 아이들은 고교학점제의 선택 과목을 통해서 진로 계획을 실천해 나가게 됩니다. 구체적인 진학 목표 학과와 대학, 직업 등의 탐색이 필요하죠. 그리고 중학생은 자유학기와 진로연계학기로 꿈과 목표를 설정하고 직업 및 진로를 탐색하게 됩니다. 그러면 그 이전의 초 5, 6 시기에는 진로와 관련된 어떤 활동을 해야 할까요?

바로 '진로'라는 것을 인식해야 할 때입니다. 초등 시기는 '나'를 있는 그대로 이해하고 이를 바탕으로 '나의 진로'를 찾으려면 어떻게 해야 하는지 기초 방법을 배우면서 경험해 보아야 하는 때입니다. 또한 세상에는 어떤 직업이 있는지도 알아야만 하고요. 그래서 앞서 언급했던 자아존중감, 자아효능감, 의욕, 회복력 등이 자신을 이해하고 진로를 찾는 데에 중요한 역할을 하게 될 것입니다.

여러분은 우리 아이가 평소 관심있는 것에 대해서 얼마나 알고 계시나요? 혹시 그저 또래 아이들이 좋아하는 놀이, 게임, 웹툰, 유튜브, 밈 이런 것만 좋아한다고 생각하고 계시지는 않나요? 초등의 진로 교육은 거창하게 "나는 나중에 의사가 될 거야.", "나는 변호사가 될 거야."처럼 그럴듯한 직업을 갖겠다고 공표하는 것이 목적이 되어서는 안 됩니다. 구체적인 진로는 중학교의 진로 탐색, 고등학교의 진로 계획에 따라 때가 되면 드러납니다. 지금은 그저 진로 역량을 갖추는 걸음마 단계이니 "우리 아이는 꿈이 없어요."라고 하며 한숨을 쉬지 않으셔도 된다는 얘기입니다.

그보다는 어떤 것에 관심이 많은지, 어떤 것을 좋아하는지, 어떤 것을 잘하는지 등 사소한 것에서부터 진로의 불씨를 틔워야 합니다. 예를 들어 '맛을 잘 구별한다', '낙서하는 것을 좋아한다', '말을 잘한다'와 같이 우리 아이만의 무언가를 찾아내야만 합니다. 물론 아이 스스로 '아! 난 XX하는 것을 정말 좋아해!'라고 생각할 수도 있지만, 자기 자신을 잘 아는 것이 어디 쉽던가요? 이 타이밍에서 '엄마인 나도 나를 잘 모르는데…'라고 생각하는 분이 계시지요? 맞습니다. 자신이 어떤 사람인지 잘 모르고 살아가는 사람들도 실제로 많죠. 남들이 보는 나와 내가 보는 나는 분명 다를 수 있지만, '남들이 이야기해 주는 나'에서 '되고 싶은 나, 진짜 나의 모습'을 찾을 수도 있습니다. 그러니 학부모님의 관찰과 조언이 정말 중요합니다. 오늘부터는 우리 아이를 좀더 자세히 관찰해 보시고, 아이와 대화를 많이 나눠보세요.

"우리 애랑 얘기했는데, 얘는 진짜로 관심 있는 게 없대요. 정말 없는 건지, 있는데도 모르는 건지, 아니면 혼날까 봐 없다고 하는 건지 정말 답답합니다."

이럴 경우에 학부모님이 해 주셔야 할 것은 딱 2가지입니다.

첫째, 아이가 '혼날까 봐서 관심 있는 것이 없다'고 말한다는 것은 아이 생각에 '그것'이 '부모님이 좋아하지 않는 것'이라는 생각을 하기 때문입니다. 그럴 땐, 억지로 아이의 말을 끌어내려고 하지 말고, 시간을 두고 아이가 직접 얘기할 수 있도록 기회를 주시는 것이 좋습니다. 이때 몇 가지 팁을 드리자면, "이리 와봐. 얘기 좀 하자."라고 하는 것이 아니라 아이가 이야기하고 싶을 때, 그때를 기다려서 아이의 관심사와 꿈에 대한 이야기를 '듣는' 거예요. 듣다가 설령 마음에 들지 않더라도 절대로 부모님의 선입견대로 쉽게 말하지 마세요. 그 순간부터 아이는 입을 또 닫아버릴 겁니다. 마침 부모님께 아이의 상황과 비슷한 경험이 있다면 부모님의 어릴 때 이야기를 조금씩 들려주시는 것도 좋습니다. (부모님이 좋아하지 않는 꿈을 꾼 적이 있다는 식의) 그 이야기가 아이의 귀에 그대로 꽂힐 가능성이 높기 때문에 아마도 학부모님께서 듣고 싶었던 이야기를 아이의 입을 통해 들을 수 있게 될 겁니다.

둘째, 꿈이 없다고 하거나 꿈이 있는지 모르는 것 같다면 진로 탐색을 해보시는 것을 추천합니다. 이른바 '진로 적성 검사'를 해보는 것이죠. 진로 적성 검사는 우리 아이의 적성과 소질을 객관적으로 파악하는 데 매우 유용한 방법입니다. 또 이를 통해 진로 찾기 방법을 인지할 수 있게 되고 관심을 갖게 되는 좋은 마중물이 될 수 있지요. 대표적인 진로 탐색 온라인 사이트로는 커리어넷(Career net)과 워크넷(Work net)이 있는데요, 일단 아이에게 적용해 보기 전에 학부모님께서 먼저 방문해서 샅샅이 살펴보시기 바랍니다.

커리어넷*

커리어넷에서는 "진로심리검사" 파트를 추천합니다. 이는 대상별 심리검사 파트로서, 청소년용으로는 직업적성검사, 직업가치관검사, 진로성숙도검사, 직업흥미검사(K), 직업흥미검사(H), 진로개발역량검사, 이렇게 총 6가지 검사를 할 수 있어요. 이 6가지의 개별 검사로 제시되던 결과를 종합적으로 제공하는 '아로플러스' 프로그램도 있습니다. 중고등학생 때도 유용하니 꼭 즐겨찾기를 해두세요. 초등학생에게는 '주니어 커리어넷**'이라는 초등 전용 진로 교육 사이트가 따로 있으니까 이곳부터 활용해 보시면 좋겠습니다.

워크넷***

워크넷은 직업과 관련하여 좀더 다

양하고 심도 있는 정보를 얻을 수 있는 곳입니다. 사실 대학생부터 성인까지를 주 대상으로 한 사이트이긴 하지만 직업심리검사(청소년 대상 심리검사만 총 8종)가 가능하고 세상의 거의 모든 직업에 대해서 구체적으로 나와 있습니다. 각 직업인이 어떤 일을 하는지, 평균 연봉과 직업 전망은 어떤지, 그 직업을 갖기 위해서 대학 전공은 무엇을 하면 좋은지 등을 살펴볼 수 있어요. 대학의 다양한 학과, 신직업, 미래 직업 및 이색 직업까지 실질적인 직업 정보로 아이들의 직업에 대한 시야를 넓혀준다는 장점이 있습니다. 다만 진로 탐색 초반에 활용하기보다는 어느 정도 아이의 관심 분야가 좁혀졌을 때나 진학 목표가 생겼을 때 커리어넷 정보와 함께 보시면 더 좋습니다.

이런 사이트에서 검사하고 살펴보는 것에 그치지 않고 실제적인 꿈과 진로, 직업으로 생각을 확장하기 위해서는 기록을 꼭 남겨 두셔야 합니다. 기록해 두지 않으면 아이는 이 정보를 찾아보며 두근댔던 경험을 곧 잃어버리게 되거든요. 아이들의 소중한 시간을 들여 시도하셨다면 반드시 그만큼의 성과가 있어야 합니다. 아이들의 꿈을 꼭 기록해 두세요. 거기에서부터 진로 탐색이 시작됩니다.

다양한 체험 활동을 통한 진로 탐색

초등 시기에는 가능하면 다양한 진로 체험 활동에 아이를 노출시키기를 권해 드립니다. 그러던 중에 흥미를 보이고 때로는 재능까지 보이는 분야가 있다면 그 분야에 집중적으로 노출시켜 주시는 것도 잊지 마세요. 다만 중요한 것은 아이가 특정 분야에 뚜렷한 재능을 보이지 않는다고 해서 학부모님의 눈에 '좋아 보이는' 직업에 집중적으로 노출시키거나 (효과가 없다고 판단하고) 극단적으로 탐색 활동 자체를 멈추지는 말아야 합니다. 초 5, 6이 되면 진학과 진로에 직접적으로 도움이 되는 수준 높은 체험의 대상이 될 수도 있습니다. 예를 들어, 대학교 실험실 체험, 대기업의 연구실 견학같은 것이죠. 우선 다음에 소개해 드리는 체험처를 먼저 살펴보세요. 정보는 꼬리에 꼬리를 무는 것이거든요? 같은 체험처에서 만난 학부모님들과 정보를 공유하는 것은 참 중요합니다. 손품과 발품으로 아이가 관심을 보이는 분야의 체험 정보를 업데이트해 주세요. 그게 다 아이의 재산이 되니까요.

크레존 창의적 체험 활동

 전국과학관 길라잡이

 서울시 어린이 기자단 (지역 기자단 및 정부 기관별 기자단이 있습니다.
예를 들어, '통일부 어린이 기자단' 이런 식으로 검색해 보세요.)

 대한민국 학생 창의력 챔피언 대회

 예술의 전당 어린이 아카데미

 국립어린이청소년도서관 독서캠프 (각 지역 도서관에서도 여름·겨울
방학에 독서 캠프를 개최합니다.)

 국립극장 어린이 예술 학교

 대한민국 역사 박물관 방학 프로그램 (각 역사 박물관에서도 방학
프로그램을 진행합니다.)

 주니어닥터

멀티미디어 진로 독서

진로 활동이 일회성으로 끝나지 않고, 지속적으로 이루어지기 위해서는 진로 교육의 소재가 일상의 도달 범위 내에 있어야 합니다. 방학 때 어쩌다 한 번 진로 적성 검사를 하고, 체험 활동을 했다고 해서 진정한 진로 교육이 되었다고 볼 수는 없기 때문입니다. 그래서 아이들이 쉽게 흥미를 갖고 그 흥미를 키워갈 수 있는 방법으로서 '멀티미디어 진로 독서'를 추천합니다. 멀티미디어 진로 독서란, 온라인을 통해서 할 수 있는 관심 분야의 영상 보기, 강연 보기, 직업 정보 찾기, 입시 정보 파악하기, 책 검색하기 등을 포괄합니다. 우선 아이들이 재미있게 볼 수 있는 진로나 직업과 관련된 유튜브 영상부터 추천해 드릴게요. 예능 콘텐츠이긴 하지만, 진로의 시작이 '흥미'라는 것을 기억한다면 함께 봐도 될 채널이라고 생각되실 거예요. 단, 영상을 보는 중간에나 보고 나서 퀴즈 내듯이 아이에게 느낀 점을 묻는 것은 자제하셔야 합니다. 아이가 스스로 말하고 싶을 때까지 함께 웃고 즐겨주시면 돼요. 어느 순간 흥미가 꽂히는 이야기가 등장했을 때, 아이들이 스스로 입을 열 테니까요.

 워크맨

 전과자

관심이 생긴 콘텐츠, 그다음에는 무엇을 해야 할까요? 유튜브에서 관련 키워드를 검색하여 다른 영상을 찾아봐도 좋고요. 또는 책으로 넘어가는 것도 아주 좋습니다. 물론 아이에 따라서 독서가 편하지 않을 수도 있지만 아무래도 (해당 분야에 따라 다르지만) 깊이 있는 지식은 책 속에 있다는 것을 알려주시면 좋겠죠. 온라인 서점 사이트에서 해당 키워드를 입력하여 책을 검색하고, 내용을 보면서 읽고 싶다는 뜻을 내비치면 일차적인 성공입니다. 일단 지역 도서관에 그 책이 있는지 검색해 보시고, 시기나 상황이 마땅치 않다면 바로 서점으로 가주세요. 인터넷에서 구매하는 것도 괜찮지만 이 마음이 바로 이어지기 위해서 우리에게는 '시간'이 중요합니다. 바로 빌려 볼 수 있느냐, 바로 사서 볼 수 있느냐가 관건이죠. (물론 요즘은 온라인 서점 당일 배송이 되는 서비스와 지역도 있습니다.) 책을 읽고 나면 "다 읽었어?"라고 묻는 것은 절대 금지예요! 아이에게 슬쩍 이 정도 질문만 해주세요. "어때? 생각했던 것처럼 그 분야가 재미있는 것 같아?" 아이의 반응이 기대와 달리 "별로."라고 해도 괜찮아요. 이 과정에서 우리 아이는 관심 분야가 생겼을 때 어떻게 그 관심을 확장하는지를 배웠거든요. 그것이면 충분합니다. 다음 관심 분야가 나타날 때까지 우리는 그저 기다리면 됩니다.

롤모델과 멘토 그리고 대학 탐방

진로에 대한 관심과 열망이 확대될 수 있는 가장 좋은 자극제는 뭐니뭐니 해도 바로 롤모델입니다. 롤모델을 통해 아이들은 자신의 미래 모습을 투영하기도 하고 또 해당 진로의 생생한 모습을 간접적으로 경험하기 때문이지요. 아이가 관심을 보이는 분야에서 존경할 수 있는 인물을 추천해 주세요. 가까운 지인이라면 직접 만나서 아이에게 힘이 되는 조언을 해주십사 부탁할 수 있지만, 그게 아니라면 책, 영상, 강연 등을 통해서 롤모델의 이야기를 들을 수 있게 해주시는 것만으로도 충분합니다.

롤모델이 꼭 한 분야에서 성공한 사람일 필요는 없습니다. 우리 아이보다 앞선 경험을 하고 있는 중학생, 고등학생도 괜찮아요. 아이의 성향에 따라서 가까운 롤모델이자 멘토와 친밀한 관계를 유지하는 것이 오히려 더 큰 자극과 힘이 될 수도 있습니다.

간혹 초등학생의 대학 탐방에 대해서 어떻게 생각하시냐는 질문을 받곤 하는데요, 대체적으로 바람직한 자극이라고 생각하지만, 아이에 따라서는 전혀 효과가 없을 수도 있습니다. 특히 아이의 실제 성적과 요원한 높은 수준의 대학 탐방은 오히려 부담만 되는 경우도 많기 때문에 대학 탐방 계획을 세우기 전에 우선 우리 아이의 성향을 파악하고 미리 의사를 물어보는 것이 좋습니다. 또한 부모님이 특정 대학 출신이라고 관심도 없는 아이를 모교에 데려가 "너도 엄마 아빠의 후배가 되어야 해."라고 말한다고 갑자기 의욕적으로 공부하지는 않습니다. 아이의 의사를 충분히 존중해 주어 아이가 기꺼이 탐방할 수 있길 바랍니다. 그래야 정말 기대하신 효과가 있을 테니까요.

오늘 배운 내용을 적용해 볼까요?

Q1) 우리 아이는 어떤 것에 관심이 많고 어떤 것을 좋아하고,
또 잘하나요?

Q2) 우리 아이의 '진로 적성 검사 결과'를 요약해서 적어 보세요.

Q3) 오늘 배운 여러 체험처를 통해 아이가 관심 있어 할 만한 진로 체험
활동을 찾고 계획을 적어 보세요. 우리 아이의 관심 분야를
잘 모르겠다면, 진로 적성 검사 결과를 참고해도 좋습니다.

Q4) 아이의 관심 영역을 고려한 '멀티미디어 진로 독서' 계획도 세워
보세요. 이번만큼은 아이의 의견을 적극 반영해 보시기 바랍니다.

DAY 10.

알파 세대 학습력의 필수 요소

인터넷강의 적응력이 필수 역량인 진짜 이유

요즘은 좋은 인터넷강의(이하, 인강)와 교재, 교육 프로그램이 정말 많습니다. EBS뿐만 아니라 각 지방자치단체에서도 학생들을 위한 무료 인강을 제공하고 있어서 스스로 공부할 수 있는 자생력과 장기적 관점에서의 로드맵만 가지고 있다면 누구나 적은 비용으로 시간도 절약하며 효율적으로 공부할 수 있죠. 또 최근에는 교과서 개념 중심 강의를 전면에 내세운, 사교육 인강과는 또 다른 장점을 가진 '공교육 인강'도 등장했습니다(학력 신장을 이끌 '공교육 인강' 부산서 첫 선, 파이낸셜뉴스, 2023. 9. 12.). 이처럼 오프라인 수업과 인강, 즉 온라인 수업이 공존하는 것은 어쩔 수 없는 시대적 흐름임이 분명합니다.

인강은 사실 고등학생과 일부 자기주도학습이 가능한 초중생만 주로 활용하던 교육 프로그램이었습니다. 하지만 코로나19 대유행을 겪은 후 지금은 비대면 수업, 다시 말해 '온라인 수업'의 장점을 인식한 학부모님들이 선택할 수 있는 사교육 선택지 중 하나가 되었죠. 물론, 온라인 수업이 장점만 있는 것은 아닙니다. 잘 아시다시피 오프라인 수업에 비해 직접적으로 (수업 시간 중) 학생 관리가 어렵다 보니 소극적인 학생이나 참여도가 낮은 학생은 부모님의 손길이 없으면 제대로 수업을 따라가지 못했죠. 녹화된 프로그램을 그저 보기만 하는 상황은 더 말할 것도 없을 테고요. 그럼에도 불구하고 '온라인 수업도 잘만 활용하면 효과가 있다'는 인식이 생겨난 것만은 부인할 수 없는 사실입니다. 줌(Zoom) 등의 프로그램을 활용한 소규모의 발표식 수업을 선호하는 분이 많아졌고, 교과 수업 외에 다양한 창의적 체험 활동 수업도 온라인을 통해 이뤄지고 있으니까요.

에듀테크 산업도 온라인 중심 교육의 맹점을 보완하는 방향으로 발전하고 있습니다. 예를 들어 실시간 수업 반응을 주고받는 교육 앱을 사용하면 학생들의 참여를 이끌고 또 실시간 반응도 확인할 수 있거든요. [예를 들어, 플리커스(Plickers)나 맨티미터(Mentimeter)는 실시간 질문과 설문을 하고 바로 답과 결과를 알 수 있으며 오프라인에서도 사용할 수 있습니다.] 그럼에도 온라인 수업은 오프라인 수업과 달리 '다 떠먹여 주는 수업'이 아니기 때문에 자기주도적인 능력이 어느 정도는 필요합니다.

'그럼 굳이 온라인 수업은 안 듣고, 오프라인 수업만 들으면 되지 않을까요?'라고 생각하는 분이 있으시죠? 제가 분명히 사교육의 수많은 선택지 중 하나이고, 공교육에서 이제 막 시작했다고 말씀드렸으니까요. 하지만 이제 막 시작한 공교육 '인강 수업'은 사실 앞으로 초 5, 6 아이들이 고등학교에 진학한 후에 일어날 수 있는 일의 예고편입니다. 바로 고교학점제 때문이에요. 고교학점제는 진로 적성에 맞는 다양한 선택 수업을 듣는 것이 가장 큰 특징입니다. 그런데 일개 학교에서 아이들이 원하는 모든 과목을 다 개설할 수 없기 때문에 결국 온라인 수업에 많이 의존할 수밖에 없게 됩니다. 학교 간 연계, 지역 연계를 통해서도 모든 수업 니즈를 충족하는 건 불가능하기 때문이죠. 그래서 자기주도적인 인강 수강 능력이 크게 중요해졌습니다. 피하려 해도 피할 수 없는 상황이 예고되어 있는 것이죠. 옆에서 다 챙겨주는 습관이 든 아이라면 나중에 큰 불이익을 당할 수 있습니다. 지금은 아이의 인강 스케줄부터 교재, 준비물, 과제 등을 일일이 챙겨주시는 분이 계실 거예요. 하지만 자립적인 인강 공부 습관이 없는 아이를 고등학생이 되어서까지 옆에서 챙겨 주는 것은 매우 어려운 일입니다.

오프라인 수업과는 다르게 온라인 수업의 특징은 스스로 챙길 것이 많다는 것입니다. 이를 위해서는 알림 시계 등을 활용해서 계획적인 생활 습관을 들이고 준비물과 과제 리스트를 종이나 스케줄러로 관리하는 습관을 만들어 주세요. 수업 중에는 따로 (놀기 위해)스마트폰 안 보는 환경, 습관 만들기 등의 노력이 지금부터 필요합니다. 이 습관을 들일 시간이 초 5, 6 말고는 따로 없다는 사실을 절대 잊지 마세요.

알파 세대인 우리 아이, 스마트폰 그대로 둬야 하나요?

2010년 전후에 태어난 아이들, 어려서부터 기술의 진보를 경험하며 자란 세대를 알파 세대라고 합니다. 완벽한 디지털 환경 속에서 자라 스마트폰이 없는 세상은 상상할 수도 없죠. 디지털 기술 적응력은 이 세대 아이들의 미래, 즉 개인의 경쟁력과도 밀접한 관련이 있기 때문에 부모라면 누구나 아이들이 디지털 기술의 유익함을 마음껏 누리고 또 잘 활용할 수 있기를 바랄 것입니다. 하지만 혹시 모르는 부작용에 대해서는 걱정하지 않을 수 없죠. 그래서 스마트 기기는 부모의 통제하에 두다가, 가능하면 늦게 개인용 스마트폰을 접하게 하려고 노력하는 분도 많습니다.

하지만 현실은 그렇게 녹녹지 않습니다. 초 5, 6 정도면 아주 소신 있는 부모님 일부를 제외하고는 아이와의 불필요한 논쟁을 피하기 위해서라도 스마트폰을 사주는 부모님이 대부분입니다. 대다수의 학생이 스마트폰을 가지고 있기 때문에 학교 수업 일부에서 학생의 수업 참여를 독려하기 위한 앱을 활용할 정도니까요. (필수는 아닙니다.) 게다가 친구들과의 관계에서도 왕따, 은따(학생들의 은어로, 은근히 따돌리는 일 또는 은근히 따돌림을 당하는 사람을 일컫는 말) 등을 피하기 위해서 반 톡(모바일 메신저에서 반 학생들이 단체로 대화를 나누는 일 또는 그러한 메시지)에 끼어야 하는 것이 현실이다 보니 아이에게 스마트폰을 사준 여러분이 잘못한 것은 아닙니다. '왜 나는 소신을 갖지 못했을까.' 하며 자책하실 필요가 전혀 없다는 얘기죠. 문제는 그렇게 시작된 디지털 미디어의 침투를 아이가 스스로 조절할 능력이 없다는 것이니까요.

알파 세대인 초 5, 6 아이들이 어릴 때 반드시 배워야 할 것 중 하나는 바로 '디지털 기기를 꺼야 할 때 스스로 끌 수 있는 능력'입니다. 이는 스스로 자신의 주의를 통제할 수 있는 능력으로서 보통 '자기 통제력'으로 불리죠. 이 자기 통제력은 사실 비교적 어린 나이, 미취학 시기부터 발달하고 부모나 양육자의 양육 방식에서 큰 영향을 받는다고 알려져 있습니다. 그래서 그 타이밍을 한참 지나쳐버린 초 5, 6 의 학부모님들은 이제 와서 스마트폰 사용을 억제하는 자기 통제력을 키우는 것에 부담을 느낄 수 있죠. 하지만 오히려 '구체적인 상황(스마트폰 사용 억제)'을 앞에 둔 상태에서 아이와 이성적인 대화가 가능한 지금이야말로 올바른 디지털 사용법을 익히는 것과 자기 통제력을 키울 수 있는 절호의 기회라고 할 수 있습니다. 그러니 다음의 과정대로 하나씩 지도해 보시기 바라요.

1. 아이의 디지털 활동에 좀더 관심을 가지세요.

아이들이 사용하는 각종 앱과 게임을 얼마나 알고 계시나요? 가정의 분위기와 아이의 성향에 따라 다르겠지만 생각보다 모르고 계실 겁니다. 아이가 부모보다 디지털 기술에 대해 더 많은 것을 알고 있다고 생각하면서요. 그래서 선뜻 '지도'를 한다는 것에 대해서 막연하게 걱정하는 분이 많지요.

일단 아이보다 디지털 환경을 잘 모른다는 것은 인정하세요. 하지만 '지도'는 꼭 그 내용을 잘 알아야만 할 수 있는 것이 아닙니다. 우리는 앱, 게임 등을 잘할 수 있는 방법을 지도하는 것이 아니라 왜 자제해야 하는지, 어떻게 하면 자제할 수 있는지, 어떻게 하면 보다 잘 활용할 수 있는지를 지도하는 것이니까요. 그러자면 아이의 마음을 먼저 얻어야 합니다. 내가 지금 하고 있는 것이 무엇인지도 잘 모르는 부모가 "하지 마, 당장 꺼, 그만해"라는 말을 한다면 과연 아이들이 그 말을 곧이곧대로 들을까요? 아마도 대부분 지도가 아니라 강요라고 생각할 겁니다. 그보다는 아이가 즐겨하고 있는 것에 대해서 관심을 갖고 대화해 보세요. '쓸데없이 시간 낭비한다'는 생각을 버리는 것이 여러분이 가장 먼저 하실 일입니다.

2. 대화를 가장한 지도의 기술

디지털 기기 사용을 저지하기 위해 그 다음으로 해야 할 일은 아이와 그것에 대해 대화하는 것입니다. 하고 있는 것이 무엇인지 관심을 가지고, 때로는 알려 달라고도 해보세요. 어떤 점이 재미있는지도 물어보고, 혹시 같이 게임하는 친구가 있다면 친구의 이야기도 물어보시는 겁니다. 그리고 디지털 기기 사용을 하고 싶은 마음만큼 해야할 일도 있다는 것으로 자연스럽게 대화의 주제를 옮겨 가세요.

아이들 마음이야 하루 종일 스마트폰을 보고 싶지만, 학교와 학원에도 가야 하고 숙제도 해야 합니다. 그것을 하느라 놓치는 것에 대해서 이야기를 나눠보는 거예요. 단, 아이가 하고 싶은 것을 무조건 '하지 말아야 한다', '참아야 한다'는 식으로 강요하는 느낌을 주어서는 안 됩니다. 화기애애한 대화의 마무리 단계에서 결국 아이가 둘 사이의 균형에 대해 스스로 이야기할 수 있어야 하거든요. 아이가 제시하는 것이 학부모님의 마음에 들지 않더라도 말이지요.

여러분의 입장에서 '조언'하듯이 일방적으로 대화를 이끌지 말아주세요. 아이와의 대화에서 딱 하나 주의할 점이 있다면 이야기는 아이가 이끌어야 한다는 거예요. 여러분은 그 이야기를 잘 들어주고, 맞장구를 쳐주는 역할에만 충실하면 됩니다.

3. 아이가 규칙을 정하는 주체가 되어야 합니다.

꼭 해야 하는 일(공부, 과제, 운동, 독서 등)과 디지털 기기를 사용하고 싶은 마음의 균형을 아이가 스스로 잡아보는 기회를 주세요. 단, 너무 빡빡하지 않은 선에서 '하루 1번', '연달아 1시간 이상은 안 됨', '공부가 먼저' 등의 기준을 제시해 주는 것은 좋습니다. 그리고 디지털 기기 사용 시간에 무엇을 할 것인지, 아이의 계획을 물어보는 것도 좋아요. 아이에게 나름 소중한 시간인데, 그 시간을 낭비하지 않고 마음껏 하고 싶은 것을 하려면 계획이 중요하다는 것을 알려줄 수 있는 좋은 기회이거든요. 반대로 스마트폰 사용을 자제하기 위해 어떤 규칙을 만들면 좋겠는지도 아이와 의논해 보세요. 예를 들어 '스크린 타임'과 같은 스마트폰 잠금 기능 앱을 사용한다, 공부할 때에는 스마트폰을 눈에 띄지 않는 곳에 두고 충전한다 등과 같이요. 공부 시작 시간과 종료 시간(스마트폰 사용 종료와 시작)을 재미있는 알람 소리로 구분해 보자는 아이디어도 괜찮습니다. 단, 이때도 주의할 점은 최종 결정은 아이가 해야 한다는 것을 잊지 말아 주세요!

아이가 스스로 계획을 세웠으면서도 유독 어떤 날은 스마트폰을 쓰겠다고 고집을 부릴 수도 있습니다. 그럴 때는 딱 잘라 "안 돼!"라고 말하기보다는 이유를 묻고, 원하는 대로 하면 원래의 (공부)계획은 어떻게 보완할지 아이의 생각을 물어보세요. 아이와의 대화는 절대 언쟁이나 대결 모드가 아니라 공감을 기반으로 한 것이어야 합니다. 아이가 원하는 것(스마트폰 사용)과 부모가 원하는 것(공부 하기)이 충돌할 때에는 항상 서로 '같은 것(필요한 공부와 적당한 휴식)'을 바란다는 것을 알려주시기 바랍니다. 공감하고 알려주지 않으면 의외로 아이들은 부모님을 '놀지 못하게 하고 공부만 시키는' 사람이라고 생각합니다. 적과는 싸워서 이겨야 하고, 내 편과는 어려움을 함께 극복해야 하잖아요? 아이들이 여러분을 공부에 있어서 만큼은 '적'이라고 인식하지 않도록 하는 것이 중요합니다.

미리 배워 두면 유용하게 써먹는 컴퓨터 활용 능력

스마트폰 활용은 따로 알려주지 않아도 아이가 스스로 찾아서 활용하지만, 컴퓨터는 다릅니다. 중학교에는 '정보' 과목이 있기 때문에 정규 수업 시간에 컴퓨터 활용법을 배워요. 하지만 초등 때는 실과 일부 단원, 창의적 체험 활동이나 방과 후가 아니면 제대로 배울 기회가 없습니다. 그럼에도 당장 발표 수행평가나 반장 선거 같은 상황에서 파워포인트를 활용하는 아이도 있기 때문에 컴퓨터 소프트웨어를 다룰 줄 아는 것은 큰 경쟁력이라고 할 수 있습니다. 그리고 이 능력은 자료 조사, 보고서 작성, 발표 자료 만들기 등이 빈번한 중고등학교에서는 반드시 필요한 역량입니다. 초 5, 6 때 미리 배워 두면 당장 중 1 자유학기제 때부터 요긴하게 써먹을 수 있으니 관심 있게 살펴보시기 바랍니다.

학교에서 가장 필요한 컴퓨터 활용 능력은 검색하기, 한글 문서 만들기, 프레젠테이션 자료 만들기, 영상 편집하기 정도입니다. 검색하기를 모르는 아이는 거의 없습니다. 네이버, 구글, 유튜브 등을 통해서 이미 본인이 궁금한 것을 검색하고 있으니까요. 다만 특정 정보를 검색하는 방법에 대해서는 알려주실 필요가 있습니다. 다음 내용을 참고하시고, 아이와 함께 직접 해 보세요.

검색하기

〈네이버 상세 검색 연산자〉

1. 정확히 일치하는 단어 또는 문장 찾기: 큰따옴표(" ")

예: 뉴진스 중에서 "함께한 기억처럼"을 반드시 포함한 것 검색

→ 뉴진스(띄어쓰기)"함께한 기억처럼"

2. 특정 단어를 반드시 포함하는 것 찾기: 플러스(+)

예: 국내 여행에서 "제주시"를 포함하는 것 검색

→ 국내 여행(띄어쓰기)+제주시

3. 특정 단어를 반드시 제외하는 것 찾기: 마이너스(-)

예: 부산 여행에서 "돼지국밥"을 제외하는 것 검색

→ 부산 여행(띄어쓰기)-돼지국밥

4. 입력한 단어를 하나 이상 포함하는 것 찾기: 수직선(|)

예: 축구, 야구, 농구를 하나 이상 포함하는 것 검색

→ 축구(띄어쓰기)|(띄어쓰기)야구(띄어쓰기)|(띄어쓰기)농구

〈구글 상세 검색 연산자〉

1. 정확히 일치하는 것 찾기: 큰따옴표(" ")

예: "서울 벚꽃 구경"

2. 특정한 사이트에서 내용 찾기: 사이트, 도메인 앞에 site

예: 유튜브에서 강아지 동영상 찾기

→ 강아지동영상 site: youtube.com

3. 입력한 단어를 하나 이상 포함하는 것 찾기: OR(대문자)

예: 축구, 야구, 농구를 하나 이상 포함하는 것 검색

→ 축구(띄어쓰기)OR(띄어쓰기)야구(띄어쓰기)OR(띄어쓰기)농구

4. 입력한 단어를 모두 포함하는 것 찾기: AND(대문자)

예: 사과, 귤, 자두를 모두 포함하는 것 검색

→ 사과(띄어쓰기)AND(띄어쓰기)귤(띄어쓰기)AND(띄어쓰기)자두

5. 특정 파일 형식 찾기: filetype:

예: 초등영어와 관련된 pdf 자료 찾기

→ 초등영어 filetype:pdf

한글 문서 만들기

보고서를 작성할 수 있는 프로그램에는 크게 '한글'과 '워드'가 있습니다. 학교에서 사용하기 위해서는 워드보다는 한글 프로그램에 익숙한 것이 더 좋아요. 기본적인 기능은 비슷하니 한글을 익숙하게 연습하고 필요할 때 워드 사용법을 알려주시면 됩니다. 처음에는 프로그램을 열고 글을 작성한 후, 저장하는 가장 기본적인 기능을 미리 알려주시는 것이 좋습니다. 그리고 나서 각 실행 도구를 하나씩 열어보면서 어떤 기능을 하는지는 아이 스스로 체험해 볼 수 있도록 지도해주세요. 아이 성향에 따라서 일일이 알려주길 원하는 아이도 있지만 호기심을 갖고 경험하는 것을 좋아하는 아이가 많기도 하고, 그렇게 배운 것이 더 기억에 오래 남기 때문이기도 합니다.

한글 문서를 작성할 때에는 타자 연습이 어느 정도 되어야 지루하지 않게 글을 완성할 수 있습니다. 글을 쓸 때마다 연습해도 되지만 '한컴타자*' 홈페이지에서 틈날 때마다 연습할 수 있도록 지도해 주세요. 자리, 낱말, 단문, 장문 타자 연습뿐만 아니라 필사, 게임 형식으로도 재미있게 도전할 수 있어서 금세 실력이 늘어날 거예요. 타자 속도가 빨라지면 한글 문서 작성이 훨씬 쉬워집니다.

프레젠테이션 자료 만들기

한글 문서 작성에 익숙해지면 파워포인트를 사용하여 프레젠테이션 자료를 만드는 연습을 시켜주세요. 한글 프로그램을 배울 때와 마찬가지로 프로그램을 열고 글상자를 작성하고, 이미지를 삽입하고, 이동시키고, 새 슬라이드를 추가하고 저장하는 기본적인 방법은 알려주시고요. 그 외의 기능은 스스로 익히도록 하는 것이 좋습니다. 파워포인트는 슬라이드 전환, 디자인, 애니메이션 등에 따라 기본적인 것부터 굉장한 퍼포먼스를 가진 것까지 다양하기 때문에 직접 효과를 보고, 배우고 싶은 기능을 익히는 방법이 좋습니다. 앞에서 배운 구글 검색 연산자 '특정 파일 형식 찾기: filetype:'를 통해서 파워포인트 (ppt, pptx로 검색하면 됩니다) 자료를 온라인상에서 찾아볼 수 있으니 아이와 함께 잘 만든 자료를 찾아보세요. 또는 유튜브에서 "PPT 잘 만드는 법", "멋있는 PPT" 같은 검색어를 넣고 검색해 볼 수도 있습니다. 이런 영상에서는 다양하게 만들어진 파워포인트 자료와 함께 만드는 방법까지 소개해 주므로 아이가 흥미롭게 따라 할 수 있을 거예요.

여기에 하나 더! 프레젠테이션에서 디자인에 좀더 신경을 쓰고 싶은 아이라면 '미리캔버스**' 사용법을 미리 알아두는 것도 좋습니다. 미리캔버스는 저작권 걱정 없이 무료로 이미지와 폰트 등을 사용할 수 있고 무엇보다 사용 방법이 매우 쉽습니다. 짧은 시간에 그럴 듯한 발표 자료를 뚝딱 만들 수 있기 때문에 중고등학생, 대학생까지 파워포인트 대용으로 활용하기도 하거든요. 집에서 연습할 때나 학교에서 발표 자료로 쓸 자료를 만들 때에는 무료 버전으로도 충분히 잘 만들어낼 수 있으니 굳이 유료 결제를 하지 않아도 괜찮습니다.

영상 편집하기

'영상 편집 기능까지 굳이 배워야 할까?'라고 생각하는 분이 있으시죠? 그런데 의외로 영상 편집은 중고등학교에 가면 필요합니다. 많은 학교에서 수행평가로 UCC 만들기 등을 시행하기 때문이죠. 유튜버가 되겠다고 생각하는 아이들은 이미 유튜브를 통해서 어떤 프로그램을 사용하면 되는지 알고 있을 수도 있지만, 교육 유튜버로서 손쉽고 효과적인 기능을 가진 무료 영상 편집 프로그램을 몇 개 소개해 드리겠습니다. 각 프로그램은 유튜브나 블로그 등을 통해 사용 방법을 간단하게 검색해 보시면 되고요. 그 이후에 내려받아서 아이와 함께 스마트폰으로 간단한 동영상을 촬영해서 각 프로그램을 이용해 편집한 후 인스타그램이나 유튜브에 업로드하는 것까지 진행해 보세요. 아마 아이의 흥미도가 엄청나게 높아질 겁니다.

모바일 편집: 캡컷(CapCut), VLLO(블로), 키네마스터(KineMaster)

PC 편집: 곰믹스, VREW(브루), 필모라(Filmora)

오늘 배운 내용을 적용해 볼까요?

Q1) 우리 아이는 스마트폰 활용을 어떻게 하고 있나요? (사용하는 앱, 사이트 등을) 여러분이 아는 것들 모두 가능한 한 자세하게 적어 보세요.

Q2) 여러분과의 대화를 통해 아이 스스로 정한 스마트폰 클린 사용 & 자제 목표를 적어 보세요.

Q3) 미리 배워 두면 유용한 컴퓨터 활용 능력 중 우리 아이의 최대 관심 분야는 무엇인가요?

Q4) Q3) 분야의 체험 및 배움을 위해 무엇을 어떻게 해야 할까요? 아이와 의논하여 계획을 잡아 보세요.

4장

초등 5, 6학년 학습 코치가 알아야 할 과목별 핵심 공부법

DAY 11.

초등 5, 6학년의 국어 공부는 이렇게 합니다

초등 아이의 어휘력이 심각한 수준이라는 말은 이제 식상할 정도입니다. 그래서 전국의 초등학생이 과목을 불문한 '어휘 학습'에 매진 중인 것은 놀랄 만한 일도 아니지요. 중고등학교 교실 상황도 비슷합니다. 중학교 사회 시험 시간에 "동학농민운동의 역사적 의의를 바르게 나타낸 것을 고르시오."라는 문장에서 '의의'가 무슨 뜻인지 묻는 아이가 있더라는 이야기도 있을 정도니까요. 어휘력이 무너지니 문해력이 무너지고, 전 과목에서 문제가 생기니 발등에 불이 떨어진 상황입니다. 심각하다는 말로도 표현이 다 안돼요. 이런 때에 여러분께 이 질문을 드리고 싶네요.

우리 아이, 국어 공부는 잘하고 있나요?

이 질문에 대해 대다수의 학부모님은 두 가지 중 하나의 답을 하실 겁니다. "독서 잘하고 있습니다." 또는 "국어 공부를 따로 해야 하는 건가요?"라고요. 이런 답을 하실 수밖에 없는 이유가 일단은 '독서는 곧 국어 공부다.'라고 생각하는 분이 많기 때문입니다. 모국어라 한글을 못 읽는 아이는 없는데, 영어처럼 굳이 그런 공부를 할 필요가 있냐는 생각 때문이기도 하죠.

물론 언어적인 감각을 타고난 아이들은 특별히 책을 많이 읽지 않아도, 국어 공부를 하지 않아도 오로지 '감'만으로 국어를 잘하기도 합니다. 하지만 그런 아이들 극히 일부를 제외한 나머지 아이들은 국어 공부를 반드시 해야만 합니다. 고등학생 때 국어 공부를 하지 않은 친구들은 사실 믿는 구석이 있었던 거예요. 우리가 그 친구의 과거를 모른 채 고등학교 때만 보고 지레 짐작했을 가능성이 큽니다. 그런데 궁금하지 않으세요? 무엇을, 어떻게 했길래 그 친구는 고등학생 때 안정된 국어 실력을 갖게 된 것일까요?

독서를 많이 하면 국어를 잘할까요?

많은 분이 독서를 많이 하면 국어를 잘할 거라고 생각합니다. 그렇다면 '국어를 잘한다'는 말은 어떤 뜻일까요? 남들 앞에서 말도 잘하고 어려운 글도 척척 잘 읽고 글도 잘 써내는 것일까요? 물론 그런 걸 의미할 수도 있지만 십중팔구는 '국어 성적이 좋다'는 의미일 겁니다.

독서를 많이 하면 국어 공부에 도움이 됩니다. 굳이 비유를 하자면 '독서'는 '국어 성적'이라는 꽃을 피우기 위한 비옥한 땅과 같다고 할까요? 하지만 그 비옥한 땅만 있어서는 보기 좋고 싱싱한 꽃, 즉 성적을 잘 받는다는 보장이 없습니다. 국어 성적을 잘 받기 위해서는 독서력 외에도 다양한 역량이 필요하기 때문입니다.

국어를 이루는 영역은 단순한 독서, 즉 '읽기'만이 아니라 듣기, 말하기, 쓰기, 문학, 문법처럼 다양합니다. 그렇기 때문에 각각에 걸맞는 학습을 해야만 합니다. 물론 같은 언어지만 영어와는 달라서 모국어인 국어는 대한민국 사람이라면 누구나 듣고 말하고 읽고 쓰는 일차적인 역량은 가지고 있습니다. 하지만 듣고 읽은 내용을 이해하고, 요약하고, 핵심과 주제를 파악하고, 문제를 풀 때에도 문제 이면에 담긴 출제자의 의도까지 파악할 수 있어야만 좋은 국어 성적을 받을 수 있습니다. 그러니 당연히 공부가 필요하겠죠.

초등 국어는 수업 시간 자체가 활동 중심으로 구성되어 있고, 교과서에 나오는 용어도 아이들이 이해하기 쉬운 단어로 바꿔서 쓰기 때문에 어렵게 느끼는 아이가 많지 않습니다. 게다가 아이들 수준을 구별해 낼 수 있는 시험도 거의 보지 않죠. 그런데 중고등학교 국어는 이렇게 몸으로 배웠던 초등 국어의 내용을 체계화하고 이론으로 정리해서 다시 배웁니다. 용어도 원래의, 함축적인 한자어로 된 용어를 사용하고, 문장과 지문의 길이도 길어지지요. 그렇기 때문에 중 1부터 국어가 갑자기 어려워졌다고 느끼는 아이가 많아질 수밖에 없는 것입니다. 중 1은 초등 때 얼마나 독서를 했는지, 얼마나 국어 공부를 했는지를 알 수 있는 바로미터이기 때문입니다.

실제 중 1 아이들의 어휘력과 이해력은 천차만별입니다. 이 상태를 그대로 두면 중 2부터는 이 차이가 학습력의 차이로 확대되기 십상이고요. 이때의 격차는 고등학교로 가면서 더욱 벌어져서 이제는 역전이 불가능한 지경에 이르게 됩니다. 아이들은 중 3까지 국어 시간에 이론적인 것은 대부분 배우고 고등학교에서는 어려운 문법의 일부, 문장과 어휘의 수준이 높은 글 그리고 글의 주제를 확장해서 배우게 됩니다. 그런 이유로 중등까지 국어를 완성한 아이는 고등 때 국어 공부를 많이 하지 않아도 성적이 잘 나오는 현상이 나타났던 것이죠. 반대로 그때까지 실력을 쌓지 못한 아이는 고등 때 아무리 애를 써도 앞선 아이를 따라잡을 수 없었던 것입니다.

어떠세요? 여기까지 들으니까 우리 아이가 혹시 후자의 경우가 될까 봐 겁이 나시죠? 그래서 지금 당장 국어 공부에 매진하도록 국어 학원, 국어 문제집을 찾아봐야겠다는 생각을 하셨나요? 그렇다면 잠시만 기다려 주세요. 왜냐하면 중등까지 '국어 공부'에만 매진한 아이의 고등학교 생활이 어떤지도 들어보셔야 하니까요.

그럼에도 초등 때까지의 독서는 여전히 중요합니다

우리 아이들 국어 성적의 최종 목표는 현실적으로 '수능' 그리고 '내신'입니다. 내신 국어는 (학교별로 차이가 있지만) 수능의 형태를 많이 따라가고 있기 때문에 지필고사만 놓고 본다면 '수능 국어 정복'을 목표로 하는 것이 맞습니다.

수능 국어는 지문을 읽어 내는 능력, 즉 독해력을 묻는 시험입니다. 긴 지문을 빠른 시간 내에 읽어서 내용을 구조화하고 요약하여 출제자의 의도를 파악한 후 정답에 가까운 것을 찾아내야만 하죠. 그런데 문제는 이 '긴 글'을 읽어 내는 능력은 어릴 때부터의 체계적인 독서 훈련으로 만들어진다는 것입니다. 물론 고등 때 지문 구조 분석하기, 단락 요약하기 연습을 통해서 어느 정도 문제 푸는 실력을 쌓을 수는 있습니다. 하지만 요즘 수능 국어에서 킬러 지문과 문항이 비문학 파트에서 나오는 추세를 보았을 때, 시험장에서 낯선 지문을 마주한 아이는 해당 분야에 대해 얼마나 관심이 있는지, 즉 배경지식이 있는지에 따라서 체감 난이도가 많이 달라집니다. 또 수능 지문 자체가 함축적이기 때문에 문장과 문장 사이의 내용적 공백이 많은 글을 읽을 때 고도의 추론도 필요한 상황이죠. 이런 전반적인 부분은 단기간의 문제 풀이 '스킬'로는 절대로 채울 수 없습니다. 그렇기에 독서 내공이 드러나는 시기는 지금부터가 아니라 한참 후인 '고등학교 때'라는 것이죠. 특히 중등 내신까지는 교과서나 부교재, 프린트 등 배운 곳에서만 지문과 시험문제가 출제되는데 반해 고등학교 모의고사나 수능은

학년도	수능 국어 비문학 지문 주제
2020	수학(베이즈주의), 생물(이식편), 사회(법/경제학: 국제법과 BIS비율)
2021	역사(한국사: 북학론과 청나라), 사회(경제: 법적인 관점에서의 예약), 과학(3D 합성 영상을 위한 모델링과 렌더링)
2022	예술(헤겔의 변증법), 사회(경제: 기축 통화), 과학(자동차 장치 카메라)
2023	역사(한국사: 유서), 사회(법: 법령의 조문), 생물(클라이버의 법칙)

모든 분야가 다 출제 범위입니다. 실제로 2020학년도 이후 수능 국어에 출제된 비문학 지문의 주제를 살펴보면, 다양한 영역의 깊이 있는 지문이 출제되었음을 알 수 있습니다.

따라서 진짜 '국어 실력'을 키우기 위해서는 '독서'와 '국어 공부'를 각기 다른 것으로 인식하고, 시기에 따라 우선순위와 강약을 조절하는 등 각 영역에 맞는 학습 전략이 필요합니다. 그러면 지금부터는 초등 5, 6학년 때부터 키워야 하는 국어 학습 방향성에 대해서 자세히 짚어보도록 하겠습니다.

국어 실력을 키우기 위한 읽기 연습

독서는 국어 '감'을 키우는 동시에 집중력과 이해력, 논리력, 기억력을 키워줍니다. 못 믿으시겠다고요? 집중력이 5분이 채 되지 않는 아이라고 해도 좋아하는, 재미있어 하는 책은 끝까지 여러 번, 책이 너덜너덜해질 때까지 읽는 경우가 적지 않습니다. 그만 보라고 해도 말을 듣지 않죠. 독서를 통해 집중력 훈련이 어느 정도 가능하다는 증거입니다. 또 독서 과정에서 만난 낯선 어휘를 굳이 사전에서 일일이 찾아보지 않더라도 문맥 속에서 뜻을 유추하는 연습을 할 수도 있습니다. 비문학 독서를 통해 글의 흐름을 따라가는 논리력을 키울 수도 있고요. 또한 바로 앞의 문단, 바로 앞 페이지의 내용을 기억해야만 지금 읽고 있는 내용도 연결해서 이해할 수가 있기 때문에 의식하지 않더라도 저절로 기억하는 연습도 가능합니다. 대단하죠? 이런 독서의 순기능을 국어 '학습력'으로도 연결하기 위해서는 읽기 연습을 해야 합니다. "책은 그냥 읽는 거 아닌가요?" 하실 수도 있지만 책을 읽을 때에도 목적에 맞는 알맞은 방법이 있습니다. 지금 우리 아이는 책을 어떻게 읽고 있는지 한번 떠올려 보세요.

읽기 방법에는 정독, 속독, 묵독, 통독, 음독 등이 있습니다. 독서를 할 때에는 사실, 자세하고 세밀하게 살펴 읽는 정독(精讀)을 통해 '진짜 독서의 의미'를 채워가야 합니다. 하지만 '국어 공부'에 도움이 되는 독서에서 가장 중요한 것은 속독과 음독이에요. 속독(速讀)은 말 그대로 빨리 읽는 것입니다. 수능 국어의 비문학 파트는 보통 1500자나 되는 지문 1개당 5~6문제가 출제되고 한 문제를 2~3분 이내에 풀어야만 하는데요, 지문과 문항, 선지까지 모두 읽고 답을 풀어내려면 결코 여유로운 시간이 아니죠. 그래서 수능 국어에서 좋은 점수를 받기 위해서는 이 속독 역량이 필수적입니다. 그런데 과연 빨리 읽기만 하면 좋은 점수를 기대할 수 있을까요? 당연히 아닙니다! 학부모님께서 수능 시험 보셨을 때를 한번 떠올려 보세요. 지문은 다 읽었는데 문제를 읽다가 다시 지문을 읽고, 선지 보다가 다시 지문 읽곤 했던 것처럼 읽고 나서도 머릿속에 내용 정리가 안 되어 문제를 끝까지 풀지 못한 채 시간만 흘려 보냈던 분이 아마 많으실 겁니다. 빨리만 읽는 것이 아니라 '제대로' 빨리 읽었어야 하는데 빨리도 못 읽고, 제대로 읽은 것도 아니니 둘 다를 놓쳤던 거죠. 긴 호흡의 글을 집중해서 읽지 못했다고, 집중력이 좋지 않았기 때문이라고 자책할 일은 아닙니다. 어릴 때부터 효과적으로 긴 글을 읽는 연습을 하지 않아서 그런 거니까요.

긴 글을 정확하게 읽기 위해서는 글 전체의 흐름을 이해하고 내용을 구조화하는 과정이 필요합니다. 그리고 이 연습은 음독으로 쉽게 시작할 수 있어요. 음독(音讀)이란 소리 내서 읽는 독서 방법입니다. 초등 저학년 때에도 글자를 익히고 또박또박 읽는 연습을 위해서 음독을 하라고 했지요. 그런데 고학년 이후부터의 음독은 의미 단위로 '끊어 읽기'를 하는 데 꼭 필요합니다. '끊어 읽기? 그냥 아무 데서나 (숨 쉴 때) 멈춰서 읽으면 되는 거 아닌가?'라는 생각을 하실 수도 있는데요, 실제 아이들에게 글을 끊어서 읽어보라고 하면 생각보다 잘하지 못합니다. 알파 세대답게, 빨리 읽고 쓱 넘기는 습관을 독서에서도 보여주기 때문에 글을 빨리는 읽어도, 잘 읽지는 못해요. 일반적으로 눈에 띄는 몇몇 단어를 중심으로 끊어 읽는 아이가 많습니다. ('아버지 가방에들어가신다'의 예처럼 생각보다 잘 못합니다. 이 폐해가 수학 문장제 문제에서도 드러나고요.) 끊어 읽기를 제대로 하지 못하면 소리를 내지 않고 눈으로 읽는 묵독(默讀)을 할 때도 마음대로 끊어 읽게 되면서, 아무리 두꺼운 책을 여러 권 읽어도 머리에 남는 것이 없습니다. 의미 단위로 끊어 읽기를 연습하는 이유는 해당 문장이 말하고자 하는 바를 명확하게 알기 위한 것인데, 아무 데서나 끊어 읽으면 문장을 제대로 이해할 수가 없기 때문입니다. 그러면 이 연습은 어떻게 시킬 수 있을까요?

일단 가장 쉽게, 한 문장으로 끊어 읽기부터 시작하세요. 한 문장 안에서도 끊어 읽는 부분은 필요합니다. 단, 이때 아이의 성향에 따라서 소리 내어 끊어 읽는 음독을 시키셔도 되고요. 소리 내서 읽기가 정말 싫다는 아이에게는 연필을 가지고 끊어 읽을 곳에 빗금(/) 표시를 하면서 묵독을 시키셔도 괜찮습니다. (음독을 권장하지만 쓸데없는 실갱이로 학습 기회를 날려버리는 것보다는 나으니까요.) 그리고 나서 익숙해지면 끊어 읽기의 단위를 2~3문장 또는 문단 단위로 넓혀 주세요. 그렇게 끊어 읽는 간격이 커질수록 각 의미 단위를 하나의 문장으로 요약해서 쓰는 것이 가능해집니다. 그것이 바로 요약 연습이에요. 쓰는 것이 익숙지 않은 아이라면 시간 순이나 사건 순 또는 논리 순서대로 말하는 연습을 시켜주세요. 그렇게 주어진 글 전체를 몇 개의 문장으로 요약하고 나면 전체를 포괄하는 핵심 문장 찾기와 주제 파악이 가능해집니다. 이게 바로 한 문장 끊어 읽기로 시작해서 긴 글 읽기를 완성하는 실전 연습 단계입니다. 이 단계를 반복하면 점점 호흡이 긴 글과 나아가 두꺼운 책을 주요 내용도 놓치지 않으면서 쉽게 볼 수 있게 됩니다. 중학교 입학 전까지 이런 방식으로 연습해서 긴 글 읽기가 충분히 익숙해지게 해주세요.

끊어 읽기 연습의 교재로는 교과서가 가장 좋습니다. 국어 교과서의 비문학 글이나 사회, 과학 교과서를 추천합니다. 초반에는 묵독보다는 음독을 권장해요. 왜냐하면 아이들이 펜을 잡아 쓰는 것보다는 말로 하는 것을 더 쉽게 느끼는 경우가 많고, 또 '끊어 읽기'가 '끊어 말하기'와도 직결되기 때문입니다. 끊어 읽기를 못 하는 아이들은 끊어 말하기를 할 줄 모를 가능성이 크거든요. 어느 부분에서 멈춰야 하고 어느 부분은 연결해야 하는지를 감각적으로 알지 못해서 조리 있게 말하기를 하지 못합니다. 반대로 말을 잘하는 아이들은 끊어 읽기 훈련이 상대적으로 쉽습니다. 또한 음독을 하면서 연습을 해야만 학부모님도 아이가 잘하고 있는지를 파악하기가 쉬워집니다.

교과서는 학부모님이 끊어 읽기 지도를 하시기에도 꽤나 유용한 책입니다. 일반 글로 끊어 읽기를 연습시키려면 학부모님이 미리 글을 읽어보고 요약도 해보는 등 더 많은 수고를 해야 하지만 교과서는 각 글이 담긴 단원의 학습 목표에 너무도 명확하게 글의 목적이 드러나 있기 때문입니다.

교과서를 잘 읽을 수 있게 되면 그때부터는 비문학 도서, 즉 지식 책 읽기를 시작하면 됩니다. 초 5, 6의 독서는 지식 책 읽기 위주가 되어야 하거든요. 지식 책을 고를 때에는 아이가 좋아하는 주제부터 시작해서 범위를 점차 넓혀 가세요. 우주에 관심이 많은 아이라면 '지구 → 천체 → 우주'로 확장할 수 있습니다. 또는 '원시 우주 → 생명 → 식물 → 동물'처럼 영역을 넓힐 수도 있습니다. 아이의 관심 분야에서 시작하여 상하 확장 또는 좌우 확장을 시도해 보세요. 수준은 평소 아이가 읽는 문학책(이야기책)보다 한 단계 낮은 수준부터 시작하는 것이 좋습니다. 아무래도 지식 책은 이야기책보다 쉽게 읽히지 않고, 중간중간에 모르는 단어와 표현도 나올 수 있기 때문인데요, 읽다가 여러 번 막히면 아이가 독서 자체의 흥미를 잃어버릴 가능성도 있습니다.

목표는 초 6까지 200쪽짜리 지식 책(최대 청소년 수준)을 부담 없이 읽을 수 있을 정도로 잡으시면 됩니다. 단, 그 책들을 공부하듯이 디테일하게 봐야 할 필요는 없습니다. 간혹 욕심이 생겨 단순한 끊어 읽기용 빗금(/)이 아니라 동그라미와 밑줄, 색깔 펜까지 사용해서 현란한 독서를 유도하는 분이 있는데요, 그렇게 하면 독서가 이제 더는 독서가 아니라 학습이 됩니다. 초등까지는 독서가 학습인 듯 아닌 듯 끊어 읽기 단계를 넘지 않게 하시는 것이 좋습니다. 초등 독서의 최대 목표는 긴 글을 거부 없이 편하게 읽을 수 있고, 끊어 읽기를 통해서 핵심 내용을 잘 이해하고 요약할 줄 알며 주제를 파악할 수 있을 정도면 충분하다는 것을 꼭 기억해 주시면 좋겠습니다.

국어 실력을 키우기 위한 쓰기 연습

국어 학습력을 키우기 위한 두 번째 연습은 '쓰기'입니다. 수능이 '읽기 능력'을 판단하는 시험이라면 수행평가는 '쓰기 능력'을 파악하는 시험이라고 할 수 있습니다. 수행평가는 초등학교에서도 실시하지만 중학교 이후에는 그 빈도와 난이도 그리고 중요도가 전에 비해 상당히 높아집니다. 지역에 따라서는 수행평가가 내신 성적의 40~100%(자유학기제)씩이나 차지하기 때문에 따로 관리하지 않으면 내신 성적의 구멍이 되기 쉽습니다. 또한 수행평가의 평가 관점인 '과정 중심 평가'가 우리 아이들이 고등학교에 진학하면 겪게 될 고교학점제의 평가 방식과도 맞닿아 있기 때문에 초등 때부터 미리 준비해 놓을수록 유리합니다. 특히 학교에서 실제로 시행되는 수행평가의 상당수는 포트폴리오와 논술(쓰기) 형태인데요, 포트폴리오는 공부한 기록(수업 프린트 및 과제 등)을 잘 모아두는 것으로 충분하지만 논술은 독후감 쓰기부터 시작해서 수학 서술형 문제 풀이, 국어, 영어 작문에 이르기까지 다양한 형태를 띠고 있어서 기본적인 글쓰기 역량뿐만 아니라 과목별 글쓰기 요령도 잘 알고 있어야 합니다.

문제는 이렇게 중요한 쓰기 능력이 단기간에는 만들어지지 않는다는 거예요. 그 사실을 여러분도 이미 너무 잘 알고 있기 때문에 초등 때부터 글쓰기 훈련을 굉장히 여러 번 시도하셨을 겁니다. 하지만 일기 쓰기는커녕 단 한 줄도 쓰기 싫어하는 아이 때문에 초 5, 6인 지금까지 방치 아닌 방치 상태로 멈춘 경우가 많을 거예요. 하지만 이제는 정말 글쓰기 훈련을 해야 하는 마지노선에 이르렀습니다. 이대로 두면 쓰기와 관련된 모든 시험 성적은 당연히 기대하기 어렵고요. 그뿐만 아니라 읽기 역량의 개발에도 제동이 걸립니다.

긴 글의 이해와 요약은 '구조화'로부터 시작됩니다. 한마디로 머릿속에 글 전체의 큰 흐름을 그릴 수 있어야만 정확한 이해가 가능하다는 것이죠. 그런데 글의 구조를 파악하는 가장 쉬운 방법이 바로 글을 써보는 것이거든요. 한 문장에서 두 문장, 한 문단까지 직접 글다운 글을 써 보면 저절로 글의 구조가 눈에 들어오는 신기한 일이 벌어집니다. 구조가 눈에 보이기 시작하면 내용을 이해하기가 훨씬 쉬워집니다. 그래서 쓰기도 결국엔 읽기를 위한 도구가 될 수밖에 없습니다. 유용한 도구가 많을수록 잘 읽는 것이 중요한 국어 성적에도 당연히 좋은 영향을 미칠 수밖에 없을 것이고요.

초등 5, 6학년의 글쓰기는 하나의 주제를 가진 글쓰기 훈련이 되어야 합니다. 그동안 글쓰기 훈련을 하지 않았는데, 기초부터 해야겠다며 (글쓰기의 기초라고 여기는) 일기 쓰기부터 하고 있을 시간이 없습니다. 그보다는 하나의 주제를 아이에게 던져주고 한 줄부터 자유롭게 쓰기를 지도하는 편이 낫습니다. 레퍼런스(reference)라고 하죠? 관련된 주제의 책이나 글을 읽게 하거나 영상을 보고 느낀 점을 쓰는 방법부터 시도해 보세요. 일부는 따라 쓰게(필사) 해도 괜찮습니다. 그동안 읽기 훈련이 어느 정도 되었다면 쓰기 훈련은 좀더 쉬울 수 있어요. 다양한 글은 많이 읽어 봐야 '나도 무언가를 쓸 수 있겠다'는 생각을

핵심 개념	일반화된 지식	5~6학년군 내용 요소
• 목적에 따른 글의 유형: 정보 전달/설득/친교·정서 표현	의사소통의 목적, 매체 등에 따라 다양한 글 유형이 있으며, 유형에 따라 쓰기의 초점과 방법이 다르다.	• 설명하는 글 [목적과 대상, 형식과 자료]
• 쓰기의 구성 요소: 필자·글·맥락 • 쓰기의 과정 • 쓰기의 전략: 과정별 전략 / 상위 인지 전략	필자는 다양한 쓰기 맥락에서 쓰기 과정에 따라 적절한 전략을 사용하여 글을 쓴다.	• 목적·주제를 고려한 내용과 매체 선정

할 수 있고, 조금씩이라도 자주, 많이 써봐야 종국에는 잘 쓸 수 있기 때문입니다.

아이가 처음부터 잘 쓰지 못한다고 실망하실 필요는 없습니다. 그 대신 주제 글쓰기의 하단에 '내 생각'을 한 문장이라도 덧붙이는 습관을 들여주세요. 초 5부터는 표의 내용처럼 설명하는 글, 주장하는 글 등 목적과 대상에 맞게 타당하고 논리적인 근거가 중요한 글쓰기를 배우기 때문에 평소에 글쓰기 연습을 할 때 조금씩 훈련해야 합니다.

중 1 논술형 평가는 대략 800자, 중등 1~3학년이 참여하는 교내 글쓰기 대회에서는 1500자 분량을 써내야 합니다. 모든 아이가 글쓰기 대회에 참여할 필요는 없지만 적어도 참여를 목표로 삼아 글쓰기 분량을 조금씩 늘려가면 동기 부여 측면에서도 도움이 될 것입니다.

국어 실력을 키우기 위한 어휘력 학습

읽기와 쓰기에서 아이들의 발목을 잡는 주범은 '어휘력의 부재'입니다. 어휘력이 부족해서 비슷한 수준의 글만 계속 읽게 되고 그러다 보면 쓰는 글도 일정한 범주에서 벗어날 수가 없기 때문입니다. 이 악순환의 고리를 끊는 유일한 방법은 어휘력을 키우는 거예요. 그렇다면 초 5, 6인 우리 아이는 어느 정도 수준의 어휘력을 갖춰야 할까요? 당연히 다다익선이겠죠?

어휘를 많이 알면 알수록 이해의 폭이 넓어지는 것은 부인할 수 없는 사실입니다. 그럼에도 최대한 욕심을 버리고 갖추어야 할, 일반적으로 추천하는 어휘력 수준은 '본인 학년의 어휘 수준+1' 정도입니다. 본인 학년의 어휘 수준이란 국어, 영어, 수학을 비롯한 주요 교과서를 기준으로 판단하시면 되는데요, 한 단원에서 1~2개의 어휘를 모르는 수준이라면, 적당한 수준이라고 할 수 있습니다. 처음 교과서 예습을 할 때에는 당연히 이보다 더 많은 수의 어휘를 모를 수 있습니다만 예습과 복습, 학교 수업을 제대로 들었는데도 모르는 어휘가 있다면 문제가 심각합니다. 지금은 1~2개를 모를 수 있지만 이런 식으로 결손이 누적되었다간 언제 구멍이 드러나도 이상하지 않은 상태가 될 테니까요. 그러니 결국에는 모르는 어휘의 개수가 0개이 되는 것을 목표로 삼아야 합니다.

'+1'이란 교과서 외에 아이들이 평소 읽는 책, 뉴스 등과 어휘력 교재 등에서 추가되는 것입니다. 사실 추가적인 어휘는 독서 과정에서 자연스럽게 익히는 것이 가장 좋지만 독서 습관이 잘 잡히지 않은 아이이거나 평소에 책을 좋아하지 않는 아이라면 시중에 나와 있는 어휘력 관련 문해력 교재를 활용한 어휘 학습도 나쁘지 않습니다. 단, 매일 조금씩 꾸준히 익히도록 하셔야 합니다. 어차피 많은 수를 외우면 그만큼 쉽게 잊어버리기 때문에 한꺼번에 많이 몰아서 하는 어휘 학습만큼 비효율적인 것도 없거든요.

우리가 사용하는 어휘는 50% 많게는 70%까지 한자어로 만들어졌다고 합니다. 특히 교과서처럼 함축적으로 많은 내용을 담아야 하는 책일수록 한자어가 많이 쓰이지요. 요즘 아이들은 여러 가지 이유로 한자를 중요하게 배우지 않습니다. 그나마 '한자 시험'이 중요하다면 억지로라도 공부하겠지만 중학교 진학 후에 보는 평가도 한자 쓰기 위주가 아닌 객관식 위주, 수행평가 위주로 진행되고 있기 때문에 주의를 기울이지 않으면 어른이 될 때까지 한자를 제대로 익힐 기회가 없습니다. 문해력의 중요성이 대두되면서 많은 분이 한자어 학습의 중요성도 공감하시지만 어떤 목표로, 어떻게 시켜야 할지에 대해서는 고민만 많고 뾰족한 방법을 찾지 못한 분이 많더라고요. 물론 구몬, 눈높이 학습지 등을 꾸준하게 익히고 한자 급수까지 딸 정도로 열심히 해두면 중고등 이후로도 분명 다양한 과목 공부를 할 때 큰 도움이 될 것입니다. 하지만 아이들의 시간은 유한하고, 학습에는 우선순위가 필요하기 때문에 한자 공부에 많은 에너지와 시간을 쓰기보다는 뜻과 독음 중심으로만 학습하는 것이 좋습니다. 특히 초 5, 6은 '천

자문을 처음부터, 한자 학습 만화를 통해 자연스럽게'처럼 시간이 오래 걸리는 시나브로형 학습이 적절한 시기가 아닙니다. 교과목을 막론하고 교과서나 문제집 등 실제 학습에 영향을 주는 한자어부터 뜻을 추측하기 어려울 때마다 따로 적어두고, 시간이 날 때 한꺼번에 뜻을 찾아보고 들여다보는, 쉽게 말해 영단어장처럼 활용할 수 있는 작은 노트를 하나 마련하여 학습하는 것이 좋습니다. 이때 노트에는 '한자어 / 독음 / 뜻 / 활용 문장' 정도를 적게 하시면 돼요.

등고선 / 같을 등, 높을 고, 줄 선 / 같은 높이를 연결한 선 / 산의 높낮이는 등고선을 보면 알 수 있다.

노트는 자주 들여다보다가 완전히 알게 된 어휘가 적힌 페이지는 뜯어서 버릴 수 있도록 링으로 묶인 형태를 추천합니다. 학습 과정에서 공부한 결과(단어장의 두께가 얇아짐)가 눈에 보이는 것보다 더 큰 동기 부여는 없기 때문입니다.

국어 문제집 활용과 국어 학원

초등 5, 6학년은 독서 외에도 중등을 준비하기 위한 국어 공부를 시작해야 하는 시기입니다. 그래서 국어 문제집과 학원 활용에 대해서도 고민해 보아야 하는 시기예요. 하지만 본격적인 국어 공부는 중등 이후부터 시작되기 때문에 초등부터 국어 문제집을 풀거나 국어 학원에 다니는 것이 필수는 아닙니다. 실제로 초등은 '국어 학원'이 따로 없고, 논술이나 독서 관련 학원에서는 국어 영역의 한 부분인 쓰기와 읽기를 중심으로 한 지도를 하고 있습니다.

일단 시중에 나와 있는 국어, 독해, 글쓰기, 어휘, 한자와 관련된 문제집은 다음과 같은데요.

교과문제집		EBS 만점왕 초등 국어, 우공비 초등 국어, 한끝 초등 국어, 우등생 해법 초등 국어, 동아 백점 초등 국어
단계형 문제집	독해	뿌리 깊은 초등 국어 독해력, EBS 초등 ERI 독해가 문해력이다, 배경 지식이 문해력이다, 디딤돌 초등 독해력, 초등 문해력 한 문장 정리의 힘, 빠작 초등 국어 문학/비문학 독해
	쓰기	EBS 참 쉬운 글쓰기, 쓰기가 문해력이다, 어린이를 위한 초등 매일 글쓰기의 힘, 창의력을 키우는 초등 글쓰기 좋은 질문 642
	어휘	EBS 어휘가 독해다 초등 국어 어휘, 어휘가 문해력이다, 완자공부력 초등 전과목 어휘
	한자	우공비 일일 한자, 하루 한장 한자, 초등 국어 한자가 어휘력이다
문해력 관련 도서		EBS 문해력 등급 평가, 문해력 교과서
예비 중등 대상 문제집		EBS 중학 신입생 예비 과정 국어, 초등 수능 독해, 국어 한권으로 시작하기 (예비 중학생용), 중학교 가기 전 수행평가 글쓰기

학년과 학기에 맞춰 교과과정 복습 시에 활용할 수 있는 교과 문제집도 있지만 아이들의 국어 실력이 수학처럼 학년에 맞춰지기 어렵기 때문에 단계형 문제집이 다수입니다. 독해, 쓰기, 어휘, 한자 단계별 문제집을 고를 때에는 아이 학년보다 살짝 낮은 단계부터 시작해서 자신감을 갖도록 하는 것이 중요합니다. 단계형 문제집을 푸는 이유가 정답을 맞히거나 선행 학습을 하는 것이 아니라 부족한 부분을 채우기 위함이라면 더 그렇겠죠? 또한 국어 문제집을 풀 때에는 문제집이 우선이 아니라 무조건 독서가 선행되어야 한다는 사실도 기억하세요. 독서를 했고, 교과서 내용을 모두 이해했다는 전제하에 적은 시간(하루 10분 이내)을 들여 풀 수 있는 문제집을 고르는 것이 좋습니다. 문제집은 어디까지나 독서 후나 교과서 학습의 마지막 단계에서 확인용으로 쓰여야 한다는 것을 명심해 주세요.

초등은 국어 성적의 기본 체력을 만드는 때입니다. 그러기 위해 좋은 읽기 습관을 기르는 독서와 쓰기, 어휘 학습을 가장 기본에 두고, 국어 공부의 비중을 조금씩 늘려 주세요. 시작 단계에서는 독서 대 국어 공부의 비율을 8:2로 시작하고, 독서 안에서도 10이었던 이야기책의 비중을 5까지 낮추며 지식 책의 독서 비중을 늘려가야 합니다. 또 읽기 대 쓰기의 비율도 7:3까지 확대하면서 초 5, 6 시기를 중고등 국어 성적의 꽃을 피우기 위한 준비 기간으로 잘 활용하시기 바랍니다.

오늘 배운 내용을 적용해 볼까요?

Q1) 국어 실력을 키우기 위한 교과서 음독, 끊어 읽기 훈련 계획을
적어 보세요.

Q2) 오늘 배운, 글쓰기 훈련 시작의 마지노선 초등 5, 6학년의 글쓰기
훈련법을 떠올리며 우리 아이가 실천 가능한 글쓰기 훈련 계획을
세워 보세요.

Q3) 국어 실력을 키우기 위한 어휘, 한자어 학습 계획을 적어 보세요.
구체적인 도구(문제집 등)를 고민해 보고 아이와 의논하여 현실
가능한 목표도 세워 보기 바랍니다.

DAY 12.

초등 5, 6학년의 영어 공부,
왜 그렇게 하세요?

초등 5학년은 초등 영어 최고의 '골든타임'입니다. 초등 영어 심화와 중등 영어로 이어지는 학습의 출발점이자 교차점이니까요. 그래서 무엇보다 우선적으로 명심해야 할 것은 4학년까지의 학습에서 완전히 벗어나야 한다는 것입니다. 초 5는 아이와 부모님이 함께 영어 공부를 바라보는 관점과 학습 계획을 완전히 새롭게 세우고 그 새로운 공부를 시작해야 할 시기입니다. 우선 느슨해진 분위기부터 바꿔야 합니다. 그리고 그 변화되어야 할 영어 공부의 분위기와 방향성을 일단 중 1, 2로 잡으세요. 중 1, 2는 본격적인 현실 영어 공부의 정착을 이루어야 할 시기이기 때문입니다.

지금부터는 초 4까지의 학습에 완전히 벗어나기 위해 지금까지 해오던 영어 공부 방법 중 가장 잘못된 '최악의 영어 공부법'을 하나씩 살펴보겠습니다. 혹시 무심결에 시키고 있던 것은 아닌지 꼼꼼히 읽으면서 체크해 보세요.

하면 할수록 실력이 더 떨어지는 최악의 영어 공부법 TOP 7

당장은 실력이 느는 것처럼 보일 수도 있지만 중장기적으로는 오히려 영어 학습에 마이너스가 되는, 그럼에도 많은 아이가 하고 있는 나쁜 영어 학습의 사례 7가지입니다.

1. 매일 영단어 100개씩 외우기

이건 사실 아이가 아니라 어른들이 문제입니다. 매일 영단어 100개씩 외우기는 주로 빡센 영어학원이나 과외 등에서 강사가 아이에게 강요하는 정말 나쁜 영어 학습인데요, 영단어가 장기 기억으로 남는 메커니즘을 전혀 이해하지 못한 '보여주기식 학습'입니다. 아니, 매일 100개가 아니라 60개라도, 40개라도 마찬가지입니다. 정말 하루에 40개를 온전히 학습할 수 있는 아이가 있을까요? 1년 365일 중 주말과 쉬는 날 모두 빼고 대략 250일간 매일 학습한다면, 40개만 해도 1년이면 1만 개가 됩니다. 이론적으로는 무려 1년만에 쉴 거 다 쉬고도 수능 기출 수준의 단어 개수를 마스터한다는 것이죠. 솔깃하시죠? 하지만 저는 이런 학생을 한 번도 본 적이 없습니다. 이런 시도를 하고 있는 학생과 학원은 엄청나게 많은데도 말입니다.

절대로 그렇게 영단어 공부를 시키지 마세요. 초 5, 6이라도 하루에 최대 10개 정도만 학습하면 충분합니다. 적은 수의 어휘라도 매일 꾸준히만 외운다면 영단어는 누구나 정복할 수 있습니다. 눈앞에 보이는 성과에만 집착하는 방식이 지속되면 결국 아이들 머릿속에 남는 것은 없고 오히려 영어에 대한 흥미만 떨어지게 됩니다. 도대체 무엇을 위한 학습인가요? 이렇게 비효율적으로 무리해서 영단어를 외우게 하니, 고등학생이 되어서도 또다시 하루에 영단어를 50개, 100개씩 외워야 하는 최악의 악순환에 빠지는 것입니다.

2. 단기 문법 특강

'2주 완성, 3주 완성'과 같은 단기 문법 특강, 들어 보신 적이 있으시죠? 주로 방학 때 진행되는 이런 문법 특강은 절대로 수강하지 마세요. 물론, 딱 하나의 예외는 있습니다. 이미 문법을 마스터해서 한번 훑듯이 복습하겠다는 경우가 아니라면 수강해 봐야 시간 낭비입니다. 특히 초등학생이나 문법 체계를 잘 잡지 못한 중학생은 그보다는 여유를 갖고, 충분한 예문과 쓰기 학습이 연계된 문법 학습 계획을 세워야만 합니다. 영문법은 절대로 단기간에 선행하듯이 할 수 있는 공부가 아닙니다.

3. 이해도 못 하는 토플, 텝스, 수능 등의 어려운 지문으로 공부하기

비록 자기 수준에 맞지는 않지만 남들이 하니까, 대형 영어학원의 톱 반에서 한다고 하니까 엄마표로도 따라가는 가장 대표적인 겉멋이 든 영어 공부입니다. 무조건 높은 수준의 학습을 바라지 마세요. 언어 학습은 'i+1'이라고 하죠. 본인 수준보다 적당히 어려운 수준으로 해야만 실력도 늘고 아이도 지치지 않습니다. 지금 바로, 우리 아이가 읽고 있는 영어 텍스트를 정말 제대로 이해하고 있는지를 확인해 보세요. 아니라면 수준을 재조정하셔야만 인적, 물적 낭비가 없습니다.

4. 너무 빠른 문법 공부의 시작

초등 저학년, 심지어 유치원생이 영문법을 공부하는 경우가 대한민국에서는 참 많이 있습니다. 절대 해서는 안 되는 영어 공부의 대표 주자입니다. 정말로 아이가 추상적인, 언어의 형식을 이해할 거라고 생각하시나요? 모국어도 정착이 안 된 아이들에게 빠른 문법 학습을 시키는 것인 영어를 혐오하게 만드는 가장 빠르고 확실한 방법입니다. 영문법은 빠르면 초 4, 보통은 초 5부터 시작해도 전혀 늦지 않습니다.

5. 국어 어휘도 안 되는 아이가 고등 영단어 학습을?

초 5, 6 정도되면 자연스럽게 중등 영단어 학습을 시작하는 경우가 많습니다. 그런데 중등 영단어 교재에 따라서 고등부 어휘까지도 같은 책으로 학습하게 되는 경우(중고등 어휘 구분이 잘되어 있지 않음)가 많아요. 한글 뜻도 잘 모르는 아이가 졸지에 어려운 영어 어휘를 학습하게 되는 셈입니다. 선행하는 초등학생뿐만 아니라 중학생, 고등학생도 이런 경우가 매우 많습니다. 영단어 학습을 할 때에는 국어 어휘를 항상 먼저 챙겨야 한다는 것을 꼭 기억하세요. 영어는 어휘든, 리딩이든 절대로 한글 수준을 넘어설 수 없습니다.

6. 초 5, 6까지 리딩(reading)만 공부하기

정말 옛날 영어 학습 방식이죠? 물론 영어에서 리딩은 가장 중요한 핵심 영역입니다. 그런데 지금은 영어 내신에서 소위 킬러 문제라고 하는 문항의 상당수가 서답형, 서·논술형입니다. 수행평가에서도 라이팅(writing)의 비중이 점점 높아지고 있고요. 이러한 영어 시험 방식의 변화를 알지 못한 채 주구장창 리딩만 하고 있다면, 중학생이 되어서 치르는 시험에서 바로 좌절할 수밖에 없을 것입니다. 초 5, 6이 되면 문법 구문 학습으로 쓰기 학습도 반드시 시작해야 한다는 것을 잊지 마세요.

7. 초등인데 고등처럼 짧은 수업 받기

고등학생이 되면 영어학원이나 과외와 같은 사교육의 도움을 받더라도 수업 시간이 길지 않습니다. 사교육에 들일 수 있는 시간이 별로 없기도 하고, 영어 공부 말고도 해야 할 과목이 많기 때문에 주 1회 수업을 듣는 경우도 많죠. 그런데 초등학생인데도 '주 2회 90분 수업'처럼 짧은 수업을 받는 경우가 종종 있습니다. 그러면 절대 안 됩니다. 초등은 아무리 실력 있는 강사를 만났다 하더라도 충분한 노출과 시간이 주어져야 할 때입니다.

영어 학습의 올바른 방법은 좋은 방법을 찾기 전에 우선 나쁜 방법을 피하는 것입니다. 근시안적인 성급함이 아니라 언어로서의 영어를, 긴 호흡으로, 그 대신 꾸준한 데일리 학습을 근간으로 만들어 간다면 우리 아이가 영포자가 되는 일은 절대로 없을 것입니다.

평생 영어의 골든타임, 초 5, 6 영어의 주의할 점 2가지

초 5, 6 시기의 영어 공부를 효율적으로 똑똑하게 할 수 있는 주의할 점 2가지를 살펴보겠습니다.

1. 수준(레벨)과 진도(분량)를 점프하면 안 됩니다

앞에서도 언급했듯이 영어는 아이마다 학력 격차가 가장 큰 과목이기 때문에 학교의 학년이 아니라 영어 학년을 기준으로 학습해야 합니다. 따라서 초 5, 6이 아무리 중요한 시기라고 하더라도, 아무리 급하다고 하더라도, 아이의 수준에 맞지 않는 레벨이나 진도로 절대로 밀어붙이지 마세요.

초 5, 6 시기에 마음이 다급해진 학부모님이 선택하는 가장 대표적인 악수는 바로 '빡센 학원'에 아이를 보내는 것입니다. 잘 가르쳐보겠다고 하는 그 행동이 오히려 아이의 영어를 망치는 경우가 정말 많습니다. 아이는 맞지 않는 레벨과 분량 때문에 그나마 지금까지 잘해 오던 것까지 싫어하게 될 수 있어요. 영어 전반에서 점점 자신감을 잃어갑니다. 기존에 잘해 오던 아이도 학년 하나 올라간다고 해서 갑자기 영어 학습 능력이 급성장하지는 않습니다. 이때 잘못하면 영어 학습 습관이 오히려 망가지니 신중한 접근이 필요합니다.

2. 교과서 수준에만 머물러서는 안 됩니다

초등 영어, 특히 엄마표 영어를 하는 경우에 가장 큰 맹점은 바로 제대로 된 현황 파악이 잘 안된다는 것입니다. 초등 때는 학교를 포함해서 제대로 된 테스트를 받아 볼 기회가 별로 없기 때문에 공부 목표를 교과서 정도로만 잡고, 아이가 곧잘 따라가면 '괜찮구나.'라고 생각하는 경우가 있어요. 절대로 안 됩니다. 교과서는 정말 최소한의 기준이기 때문입니다. 해당 학년 기준으로 가장 쉬운 교재가 바로 교과서이고, 분량도 충분하지 않습니다. 교과서는 (수업하기) 좋은 교재지만 매우 부족한 분량을 담고 있기 때문에 아이들에게 충분한 인풋을 제공해 줄 수가 없어요. 게다가 내용도 파편적이기 때문에 체계적인 어휘 학습이나 문법 구문 학습을 하기에는 충분하지 않습니다.

초 5, 6 시기에는 리딩이든, 어휘든, 문법이든 영어 공부의 목적과 방향성을 중 1, 2로 잡고, 우선 중 1 기출문제부터 들여다보시기 바랍니다. 초등 교과서에 비해 수준이 훨씬 높다는 것을 느끼실 수 있을 거예요. 그리고 현재 상태에서 우리 아이는 무엇이 부족한지 그 부족함을 메꾸기 위해서 어떤 공부를 더 해야 할지도 파악해 보시면 좋겠습니다.

수능 영어 1등급이 초등 때 결정된다고요?

수능 영어는 철저히 독해, 리딩 시험입니다. 최근 10년 사이 오답률 Top 5 안에 빈칸 추론 문제가 대거 포진되어 있을 정도로 특히나 '빈칸 추론' 유형이 가장 어렵죠. 이런 빈칸 추론 문제뿐만 아니라 아이들이 많이 틀리는 문제 유형에 대해 '왜 틀렸을까'를 분석하다 보면 결국 도달하게 되는 공통점이 있어요.

아이들의 국어 문해력 결핍이 매우 심각합니다. 틀린 문제 또는 답을 맞히긴 했어도 찜찜한 지문에 대해서 저는 종종 아이들에게 문제와 한글 지문을 주고, 다시 풀어보게 합니다. 그럴 때마다 제가 국어 선생인지 영어 선생인지 정체성의 혼란이 오더군요.

초중등 때 영어 원서든 교과서든 어떤 영어 지문을 읽을 때 반드시 챙겨야 하는 것이 두 가지 있어요. 바로 '사실 확인'과 '주제 찾기'입니다. '사실 확인'부터 먼저 이야기해 볼게요. 올바른 영어 독해의 시작은 '사실 확인'입니다. 그래서 어김없이 수능 영어에서도 여러 문항이 출제되죠. 하지만 짐작하시는 것처럼 어떤 글을 읽든 대강대강 읽는 아이가 정말 많습니다. 이건 영어 실력 문제 이전에, 잘못된 읽기 습관입니다. 그리고 이 습관은 대부분 초등 때 만들어진다는 것이 가장 큰 문제이죠. 다음으로 '주제 찾기'가 정말 안 됩니다. 책을 아무리 여러 번, 여러 권을 읽었어도 주제를 모르면 안 읽은 거나 마찬가지입니다. 이건 국어나 영어나 똑같아요. 이 또한 어릴 때부터의 독서 습관이 제대로 잡히지 않았기 때문입니다.

우리 아이가 어떤 글을 읽었든 항상 다음과 같은 질문을 해주세요.

"글쓴이는 왜 이 글을 썼을까?"
"Mike는 무엇을 설명하고 있니?"

초등 중학년 이후에는 책을 읽고 난 후 어떤 방식으로든 독후 활동을 해야 합니다. 영어는 북리포트, 국어는 독후활동기록지가 가장 기본이에요. 독해력은 책 읽는 것 자체로는 절대 만들어지지 않습니다. 읽은 내용을 자신의 것으로 만들 수 있도록, 아이 스스로 내용을 정리하고, 몰랐던 어휘나 개념 그리고 자신의 생각을 기록해 두도록 지도해 주세요. 늦어도 초 5, 6에 이런 연습을 시작해야 고등 때 영어 성적으로 인해 흔들리지 않게 됩니다.

그다음은 어휘력입니다. 영단어만 꽉 잡아도 수능 영어 2등급이 가능합니다. 단, 하루에 너무 많은 단어를 한꺼번에 암기하게 하지 마세요. 적게 하더라도 꾸준히만 하면 충분하다는 것을 다시 한번 기억해주세요. 영단어 학습과 관련된 내용은 다음 장에서 자세히 소개하겠습니다.

추가적으로 수능 영어 리스닝(listening)에 대한 조언입니다. 수능 영어 리스닝 문제는 1등급을 목표로 한다면 단 한 개도 틀려서는 안 됩니다. 리스닝이 수능 영어에서 가장 쉬운 영역이거든요. 꾸준히만 하면 누구나 다 맞힐 수 있습니다. 만약 지금까지 듣기 연습을 따로 해 오지 않았다면, 지금부터라도 어떤 것이든 아이가 흥미로워하는 주제의 영어 리스닝 환경부터 노출해 주시기 바랍니다. 중 1 때는 중등 전국영어듣기능력 평가를, 중 2, 3 때는 고 1, 2 전국영어듣기능력 평가를 학습하면 돼요. 이것이 충분히 훈련되었다면 고 3 수능 기출 듣기 순으로 차례차례 한 단씩 독파하면 됩니다. 그렇게 했다면 고등학생이 되어서 평소, 모의고사 기출 듣기 연습으로 유지만 해줘도 영어 리스닝과 관련해서는 걱정할 것이 없습니다.

영어 선행은 영역별로 어떻게 해야 하나요?

영어는 정도의 차이일 뿐이지, 누구나 언젠가는 결국 선행을 하게 되어 있고, 또 할 수밖에 없습니다. '영어 선행을 할 생각이 없는데, 선행을 하게 되어 있다니, 그게 무슨 소리인가요?'라고 생각하는 분도 계실 텐데요, 그 이유는 다음과 같습니다.

모든 과목에 있어 일반적인 선행의 기준은 교과서입니다. 교과서보다 앞서 나가면 큰 틀에서 선행이라고 할 수 있죠. 그런데 여러 번 말씀드렸다시피 영어에서는 교과서가 가장 쉬운 교재라서 교과서만 공부해서는 '영어 잘한다'는 소리를 절대 들을 수 없습니다. 게다가 초중고 영어 공부의 가장 중요한 목적인 수능 영어는 교과서만으로는 제대로 대비할 수가 없어요. 어휘 수준, 문장 수준, 지문 내용과 난이도 모두, 교과서와 수능 사이에는 큰 수준 차이가 존재하는 것이 사실이기 때문입니다. 그리고 영어 교과서는 일종의 통합 교재입니다. 어휘, 구문, 문법 등 주요 영어 학습 영역을 단원별로 쪼개어 전달할 수밖에 없는 구조이죠. 그래서 필요한 만큼 어휘만, 구문만, 문법만 따로 집중적으로 학습하면 의도하지 않았는데도 당연히 교과서보다 앞선 내용을 공부하게 됩니다. 이런 학습 방법은 때에 따라서 오히려 필요하고 권장되기도 합니다.

이처럼 결국 원하든 원치 않든, 누구나 겪게 되는 것이 바로 영어 선행입니다. 그런데 영어 선행이라는 표현이 좀 낯설게 느껴지실 겁니다. 왜일까요? 해답은 명확합니다. 영어에서는 '정해진 진도'라는 것이 상당히 모호한 개념이기 때문입니다. 수학처럼 '5학년에는 이 개념을 배운다' 뭐 이런 식이 아니라는 것이죠. 영어 수준을 가르는 가장 중요한 기준인 영어 어휘만 봐도 학년을 구분하는 기준이 따로 없습니다. 심지어 교육부 지정 필수 어휘 목록을 봐도 '초등-중고등' 정도로만 구분되어 있으니까요. 그리고 사실 그마저도 모호하고 실제로 대부분 그 기준대로 공부하지도 않습니다. 이렇게 선행, 즉 '진도'라는 개념이 모호하다 보니 영어 학습의 순서나 시기를 잘못 선택해서 열심히 하는데도 결과적으로는 오히려 낭패를 보는 경우가 생깁니다. 해서는 안 되는 선행과 하면 좋은 선행이 따로 있기 때문이죠.

우선 학년별로 더욱 신경 써야 하는 영어 영역이 다릅니다. 초 1, 2의 리스닝은 잘 아시다시피 다다익선이고요. 초 3, 4부터는 어휘 학습을 시작해야 하며, 고학년 때는 리딩에 한껏 힘을 써야 합니다. 이 순서가 정말 중요해요. 예를 들어, 초 1, 2인데 어휘 학습을, 초 5, 6인데 리스닝을, 이렇게 시기에 안 맞는 학습을 하면 학습 효과도 떨어질뿐더러 제때에 필요한 준비를 제대로 할 수가 없게 됩니다.

선행에 있어 가장 조심해야 하는 영역은 바로 문법입니다. 잘하면 전 영역에 도움이 되지만 잘못했다가는 아이의 영어 공부 의욕을 바로 날려 버릴 수 있거든요. 그래서 영어 문법 학습은 빨라야 초 4, 보통은 초 5부터 시작하는 것을 권장합니다. 그런데 같은 학년이라도 아이마다 실력이 다르기 때문에(영어 학년이 다르기 때문에) 문법 학습 시작 전에 꼭 체크하셔야 하는 것이 있습니다.

1. 영단어 어휘는 '교육부 지정 초등 필수 800단어'의 90% 이상을 습득했는가?

2. 문법 용어 및 체계를 이해할 수 있는 국어 어휘력과 이해력을 갖추고 있는가?

3. 리딩 수준이 해당 문법책에 수록된 문장의 50% 이상을 이해할 수 있는 정도인가?

4. 데일리 영어 학습 습관이 자리 잡혀 있는가?

이 4가지 사항은 문법 구문 학습을 시작하는 단계를 가늠할 수 있는 중요한 기준입니다. 우리 아이의 현재 상황을 체크해 보시고 문법 학습의 시작 시기를 구체적으로 잡아 보세요. 아직 준비가 덜 되었다면 절대로 시작하시면 안 됩니다.

라이팅은 문법 학습 후에만 시작할 수 있다고 생각하시는데요, 그렇지 않습니다. 리딩 후 독후 활동으로 라이팅을 하면 되기 때문에 라이팅은 생각보다 일찍 시작해도 되고 때로는 권장됩니다.

토플이나 텝스와 같은 어학 시험은 실력이 월등하거나 아이가 관심을 갖는 경우가 아니라면 초등 때는 추천하지 않습니다. 일단 주니어용이 아닌 성인용 어학 시험은 주제와 난이도도 맞지 않을 뿐만 아니라 테스트에 대한 스트레스로 인해 학습 의욕이 크게 꺾일 수 있기 때문입니다. 좋은 점수를 따봐야 자기 만족일 뿐 크게 쓰이는 곳도 없고요.

초 5, 6 때 중등 영어 내신의 선행은 권장을 넘어 필수입니다. 늦어도 초 6 때는 중 1부터 중 2까지의 중간·기말 지필고사와 수행평가 기출을 확인하고 그에 맞춰 학습의 내용과 방향성을 잡아 가야 합니다. 기왕이면 우리 아이가 진학할 가능성이 높은 동네 중학교 기출문제로 확인하면 좋겠죠? 기출문제 시험지는 각 학교의 홈페이지 게시판이나 족보닷컴 등에서 구할 수 있습니다.

초 5, 6 때는 특히 비문학 영어 지문에 집중할 필요가 있습니다. 중학교 교과서부터 보는 것이 가장 좋고요. 이 활동이 결국 수능 지문으로 이어지기 때문에 인문, 사회, 과학, 기술 등 다양한 비문학 주제를 탐독하면 좋습니다. 이 시기의 비문학 리딩 선행은 아무리 강조해도 지나치지 않습니다. 오히려 분야를 넘나드는 리딩 학습의 비중을 가장 크게 잡아야 하죠.

　마지막으로, 여러 번 강조하지만 영어 어휘는 한글 어휘보다 앞서갈 수 없습니다. 우리말로도 뜻을 모르는 영단어를 공부하는 건 참 어리석은 일이지만 현실은 매우 많은 아이가 그렇게 공부하고 있어서 참 안타까울 따름입니다. 영단어 어휘력을 길러주고 싶다면 우선 한글 어휘력을 올려주세요. 그것이 정도(正道)입니다.

오늘 배운 내용을 적용해 볼까요?

Q1) '하면 할수록 실력이 더 떨어지는 최악의 영어 공부법'을 참고하여 지금 우리 아이가 잘못하고 있는 영어 공부법을 모두 적어 보세요.

Q2) 현재 우리 아이의 영어 공부 현황을 모두 적어 보세요. 공부 영역, 문제집, 프로그램, 사교육, 공부 시간 등을 쓰고 초등 5, 6학년 아이로서 적당한 영어 공부를 하고 있는지 판단해 보세요.

Q3) p.255에 있는 '문법 학습 시작 전' 체크리스트를 아주 자세히 (구체적인 수치와 수준 등) 작성해 보세요. 이 테스트를 통해 여러분은 우리 아이가 당장 문법 학습 시작이 가능한지 여부와 우리 아이의 국어 어휘 수준, 영단어 어휘 수준, 데일리 영어 학습 상황 등도 파악해 볼 수 있습니다.

DAY 13.

초등 5, 6학년의 영어 공부는 이렇게 합니다

영단어 공부 성향을 알아야 정복이 가능하다!

초 5, 6 아이들이 영단어 암기가 어렵다고 아우성인 데에는 이유가 있습니다. 초 5 이전에 아이들이 보았던 영어 문장은 단어 3개 전후로 이뤄진 짧은 것이었지만 초 5부터 아이들이 만나는 영어 문장은 사용되는 단어가 훨씬 많을 뿐만 아니라 범주도 넓어지고, 또한 상대적으로 복잡한 표현이 쓰인 문장이기 때문입니다. 한마디로 외워야 할 단어의 양이 이전에 비해서 크게 늘었습니다. 게다가 이전까지는 'apple', 'uncle'처럼 어디선가 한번쯤 들어본 단어의 철자를 외웠지만 이제부터는 어디서도 들어본 적이 없는 'accident', 'elementary'와 같은 단어도 외워야 하죠. 당연히 쉽게 외워지지 않습니다. 그리고 결정적으로, '추상 어휘'가 대거 등장하기 시작합니다. 눈으로 볼 수도, 만질 수도 없는 막연한 뜻을 가진 이 '추상 어휘'는 한글로도 뜻이 어렵기 때문에 영단어 공부와 더불어 한글 어휘 공부를 반드시 병행해야만 하는데요, 이 과정에서 국어 문해력도 자동으로 성장하긴 하지만 공부 부담이 2배인 것은 어쩔 수가 없습니다.

이처럼 초 5, 6 영어에서 부담스러운 영역이자 아이들이 꼽은 가장 지겨운 영어 공부 1순위는 '영단어 공부'입니다. 공부라고도 하지만, 대부분의 아이들이 영단어 학습을 그저 '죽어라 외워야 하는 것'으로만 인식하기 때문에 사실상 '암기'라고 할 수 있죠. 어렵고 암기하기 힘들어서 피하고 싶다고 해도, 영단어 실력은 영어 실력의 근간이기 때문에 절대로 소홀히 할 수 없습니다.

영단어 학습에도 아이마다 다른 능력과 성향이 존재합니다. 우선은 아이마다 암기력이 다르기 때문에 암기력이 약한 아이는 영단어 학습 자체가 그야말로 지옥처럼 느껴집니다. 해도해도 끝이 없고, 테스트는 늘 어려우며, 통과가 안 되니 혼나거나 학원에 남겨지기 일쑤여서 마치 자신을 괴롭히는 악마 같은 존재로 느낄 수 있습니다. 그런데 좀 이상하지 않나요? 영단어 암기가 안 되니 영어를 못하고 그래서 학원이든 과외든 시켜 놨더니 영단어 암기를 더 많이 시켜서 아이를 더 힘들게 만드는 이상한 악순환 말입니다. 지금부터라도 이 악순환의 고리를 끊으셔야 합니다. 안 되는 아이를 푸시한다고 해서 안 될 것이 되는 일은 없습니다. 영어가 더 어려워지고 싫어질 뿐이죠.

"외울 의지가 없어서 그런 거야!"라며 영단어 암기를 의지의 문제로만 치부하는 실수를 하시면 절대로 안 됩니다. 암기를 진짜로 어려워하는 아이가 참 많은 것이 현실이거든요. 암기를 어려워하는 아이라면 일단 영단어 학습 성향부터 살펴보셔야 합니다. 아이에게 알맞은 영단어 학습 접근과 계획을 찾는다면 누구나 영단어를 쉽게 정복할 수 있기 때문입니다. 저는 영단어 암기 유형을 크게 5가지로 구분합니다. 아이에 따라서 최소 한 가지 또는 여러 유형에 동시에 해당될 수 있으니 꼼꼼하게 체크하면서 살펴보세요.

1. 시각 의존형

암기할 때 그림, 사진 등의 시각 자료에 의존하는 유형으로, 시각 자료가 없으면 단어 학습이 잘 안되는 유형입니다. 사실 우리 모두는 일종의 시각 의존형이라고 볼 수 있습니다. 눈에 익은 만큼 (노출되는 만큼) 더 잘 기억하니까요. 문제는 손으로 만지고 또 볼 수 있는 것의 단어가 아니라 추상 어휘는 그런 식으로는 암기할 수가 없다는 것입니다. 따라서 누구나 속한 이 유형에서 누가 먼저 탈피하느냐에 따라 초 5, 6부터의 영단어 학습 속도가 결정된다고 해도 과언이 아닙니다. 초 4, 5가 되었는데, 아직도 그림이 없으면 영단어 공부가 안 되는 아이라면, 이건 곧 문제가 발생할 신호라고 보시면 됩니다.

2. 해마 두뇌형

이 유형은 단어 학습에 있어 재미 요소 또는 연상 장치 등의 추가적인 부분이 있어야만 학습이 수월한 타입입니다. 영단어의 발음과 뜻이 연계되는 상황이라든지 재밌는 설명 등으로 지루하지 않게 학습을 유도해야만 합니다. 단계별 영단어 교재의 스타터 단계나 흥미를 붙여주는 용도로 해마 두뇌형 교재(부가 설명이 상대적으로 많은 교재)를 골라서 활용하시면 좋습니다. 다만 아이에 따라서 안 맞거나 오히려 더 헷갈려 하는 경우가 있으니 주의하실 필요는 있습니다.

3. 논리 요구형

흔히 우리가 '이과형'이라고 부르는 타입으로, 단순 암기는 힘들어하지만 공식이나 논리적 설명이 있으면 잘 이해하고 또 잘 암기하는 유형입니다. 대표적으로 '어원'을 통한 영단어 학습 방법이 있지요. 그러나 논리 요구형이 아닌 경우라면 어원을 통한 방법은 초등보다는 중등 이상의 학년에서 학습하기를 추천합니다. 또한 아이마다 차이가 있습니다만, 어원 자체도 어려울 수 있고, 비슷한 모양의 단어를 학습하는 방식이기 때문에 헷갈려 하는 경우도 있습니다. 도입하기 전에 반드시 우리 아이가 논리 요구형인지를 확인해 보시기 바랍니다. 맞다면 이보다 더 좋은 학습 방법은 없으니까요.

4. 강박 되새김형

단어장의 앞부분만 시커멓게 물드는 아이가 여기에 해당됩니다. 지난번에 공부한 단어가 완벽하게 기억나지 않으면 진도를 더 나가지 못하는 유형이에요. 강박적으로 이전 단어에만 집착하다가 영단어 암기를 포기하기 쉽습니다. 이대로 안 되겠다 싶으면 조금 쉬었다가 다시 시작할 수도 있지만 이런 패턴은 또 반복됩니다. 그래서 책의 앞부분은 시커멓고 중간과 뒤쪽은 깨끗하죠.

사실 이런 유형의 아이들은 잠재력이 매우 큰 타입이라고 볼 수도 있습니다. 나름 잘 해보려고 되새김도 해보고 공부할 의지와 노력할 준비가 되어 있는 경우가 많기 때문입니다. 다만, 이런 유형의 아이에게는 '80% 법칙'을 기준으로 계획을 세울 수 있도록 도와만 주시 바랍니다. 완벽하지 않아도 80% 정도만 기억하면 다음 진도를 나갈 수 있고, 또 주간, 월간으로 체계적인 누적 반복 복습만 계획한다면 그 나머지 20%도 완벽히 마스터할 수 있다는 심리적 안정을 주는 거죠. 익숙해지면 아이의 학습 결과가 바로 달라질 수 있습니다. 그리고 이 80% 법칙과 누적 반복 복습 계획은 모든 과목에도 적용됩니다. 그렇기 때문에 모든 성향의 학생이 전부 따라야 하는 공부의 절대 원칙이라고도 볼 수 있죠.

5. 단기 집중형

암기력이 준수한 아이들입니다. 축복받은 타입이지만 그 암기력을 대부분 영단어 테스트 통과용으로만 활용한다는 게 문제입니다. 지금 당장은 문제가 없어 보이지만, 고등학생 때 힘들어지기 쉬운 유형이죠. 영단어가 장기 기억으로 저장되는 것은 순간의 집중력만으로는 가능하지 않기 때문입니다. 우리 아이가 이 유형에 속한다면 중장기적인 안목으로 영단어 학습 계획을 세우고, 한 단어장을 여러 번 반복해서 학습하는 '끈기'를 길러 주시기 바랍니다.

우리 아이에게 딱 맞는 영단어 교재 고르는 방법

여러분이 아셔야 하는 영단어장은 세상에 딱 두 종류뿐입니다. 바로 '내가 만든 영단어장'과 '시중에서 파는 영단어 교재'인데요, 둘 중 무엇을 가지고 언제, 어떻게 공부해야 하는지를 설명해 드리겠습니다.

누구나 한 번쯤은 만들어 보고, 또 아이에게도 지도해 본 경험이 있을 거예요. 영어 지문을 읽다가 모르는 단어만 발췌해서 따로 적어 놓는 노트(수첩)가 바로 '내가 만든 영단어장'입니다. 한 아이가 초 3에서 고 3까지 읽는 수많은 지문에서 모르는 단어만 계속 추리다 보면, 영단어를 따로 챙겨보지 않아도 자연스럽게 영단어 학습이 된다는 말이 꽤나 설득력 있게 들리죠. 그런데 정말 그럴까요?

초 3부터 고 3까지라고 해도 아이들이 읽는 텍스트는 그 양이 생각보다 많거나 다루는 주제가 다양하지도 않습니다. 비슷한 주제에 비슷한 수준의 텍스트를 1천 권을 읽는다고 해도, 수능까지 필요하고 또 다양한 어휘를 충분히 접하지 못할 가능성이 높죠. 그래서 영단어 교재가 필요합니다. 게다가 요즘에 출간되는 영단어 교재는 교재 자체의 복습 시스템이 잘되어 있어서 체계적으로 공부하기에도 편한 장점이 있지요.

영단어 공부는 발췌로 시작해서 영단어 교재를 거쳐 다시 발췌로 돌아가는 순서가 이상적입니다. 듣고 읽은 내용 중에서 모르는 단어를 추려서 공부하는 것에서 시작하여, 보통 본격적인 영단어 학습이 시작되는 초 2 전후에는 영단어 교재로 학습해야 하죠. 학년이 올라가면서 수능 수준의 영단어 교재까지 여러 번 독파했다면 마무리는 문제를 풀면서 보게 되는 실전 지문에서 모르는 단어를 발췌하여 '나만의 영단어장'에 넣어 놓고 반복 학습하는 것입니다. '발췌 – 교재 – 발췌' 순입니다. 그렇다면 어떤 영단어 교재를 골라야 할까요?

우선 '주제 – 빈출 – 어원' 순이 좋습니다. 단어 교재의 구성은 교재 유형별로 다소 차이가 있습니다. '주제별 구성'은 챕터별로 과학, 가족, 신체 등과 같은 카테고리에 있는 단어를 모아둔 것인데요,《단어가 읽기다》,《워드마스터 초등》,《THIS IS VOCA》,《메가 초등영단어》 등 초등용으로 출간된 교재에서 이런 구성을 가장 많이 볼 수 있습니다. 시작은 이런 주제별 단어장으로 하는 것이 가장 효율이죠. '빈출'은 비슷한 단어끼리 묶지 않고, 많이 나오는 순서대로 단어를 구성해 놓은 것입니다.《우선순위 기초영단어》,《뜯어먹는 중학 영단어》,《경선식 초등 영단어》,《중학 필수 영단어 무작정 따라하기》 등이 이 유형에 속하죠. 주제별 단어장 이후에 복습용으로 쓰거나 영단어 공부

진도가 밀린 경우에 빠른 학습을 위한 용도로 쓰기에 적합합니다. '어원'은 모두가 아시는 것처럼 같은 어원의 단어끼리 모아 놓은 교재입니다. 그런데 이처럼 어원으로 영단어 공부를 하는 것은 단지 선택일 뿐 필수는 아니며 초등생에게는 보통 추천하지 않습니다. 이 방식의 학습은 중 1, 2 이상의 실력을 갖춘 아이가 하는 것이 좋은데요, 어원 자체가 어렵기도 하고, 비슷한 철자를 공유하는 단어를 모아서 공부하기 때문에 더 헷갈려 하는 학생도 많기 때문입니다. 단, 앞서 설명한 논리 요구형의 아이들처럼 단어 공부에 설명이 있을 때 더 좋아하는 아이라면, 어원으로 학습하는 것이 때로는 도움이 되기도 합니다.

음원을 들을 수 있는 QR 코드가 있거나 음원을 내려받아서 활용할 수 있는 교재를 우선적으로 골라주세요. 단어의 철자와 뜻은 아는데 발음을 모른다면 특히 듣기와 말하기에서 전혀 쓸모 없는 영단어 공부를 한 셈이 되기 때문입니다. 초등학생의 경우에는 교재가 너무 두꺼우면 교재 안에서의 난이도 조절이 어렵기 때문에 가급적 얇은 단어 교재를 골라주시고요. 중고등학생은 반복 학습 및 단어 테스트지를 제공해 주는 교재를 추가적으로 고려하시면 좋습니다. 난도와 관련해서는 두 가지 기준이 있는데요. 첫째로 모르는 영단어 비율이 80%를 넘지 말 것, 둘째로 영단어의 한글 뜻이 아이에게 어려운 단어 교재는 절대로 택하지 말 것입니다.

기존에 발췌식으로 영단어장을 잘 만들어왔던 아이라도 초 5, 6의 영단어 공부는 나에게 맞는 영단어 교재를 고르는 것부터 다시 시작됩니다. 지금 우리 아이의 영단어 교재는 어떤 것인지, 우리 아이의 성향과 잘 맞는 것인지를 바로 점검해 보세요.

잘못된 리딩(Reading)의 대표적인 사례 4가지

잘못된 리딩은 결국 우리 아이 영어를 망칩니다. 잘못된 리딩의 대표적인 사례 4가지를 지금부터 말씀드릴 테니 우리 아이의 사례가 아닌지 꼼꼼히 살펴보세요!

1. 너무 이른 시기에 '문장 분석'을 하면서 읽기

우리 어른들은 GTM 세대입니다. 바로 Grammar-Translation Method, '문법 번역식 교수법'으로 영어를 접한 사람이라는 거죠. '중고등 때 공부했던 영어 교재' 하면 다른 영어 교재는 기억 나지 않고 바로 떠오르는 것이 '성문종합영어'나 '맨투맨'인 이유가 바로 그 증거입니다. 그래서 영어 문장만 보면 몇 형식인지, 주어와 동사가 어디에 있는지, 끊어 읽는 포인트는 어디인지 등을 확인해야 해석이 제대로 될 것만 같은 기분이 들죠. 그래서 영어 문장을 잘 해석하지 못하는 우리 아이를 보면 이런, 속 시원하고 분명한 방법을 알려주고 싶은 마음이 생깁니다. 바로 '문! 장! 분! 석!' 방식으로 말입니다.

해석을 위한 문장 분석의 핵심은 주술 구조를 우선으로 하여 문장 성분을 파악하고 구별하는 데 있습니다.

자, 어떠세요? 이 문장은 문법 교재에 있는 설명이에요. "주술 구조를 우선으로 하여 문장 성분을 파악하고 구별하는 데 있다." 언뜻 듣기에도 너무 어렵지 않나요? 우리 아이가 이 말을 이해할 수 있다고 생각하는 분 있으신가요? 언어의 형식을 이해하는 것은 어른에게도 참 어려운 일입니다. 그런데 이런 시도를 초등 저학년 심지어 유치원 때부터 시도하는 경우도 많죠. 초 5, 6인 아이라도 문장 분석을 지도하기 전에 문법 구문 학습이 일부라도 가능한지부터 미리 파악하세요. 왜냐하면 이른 시기의 문장 분석 읽기는 영어가 너무 어렵고 힘들고 재미없는 것이라는 인식을 심어줄 수 있기 때문입니다. 그보다는 충분한 인풋을 주세요. 눈높이에 맞는 쉬운 텍스트부터 착실히 또 충분히 단계적으로 읽혀 나가면, 영어를 보는 힘인 언어적 직관(Intuition)이 층층이 쌓여 갈 겁니다. 그리고 영어의 문장 구조를 분석할 수 있는 시기, 즉 문법 구문을 학습할 수 있는 시기가 오면 그때 이를 통해서 부족한 리딩, 부족한 인풋을 메꿀 수 있을 것입니다.

2. 영단어 안 챙기는 리딩

영어 리딩에 있어서 영단어에 대한 다음과 같은 조언이 있습니다.

"리딩에 방해되니까 영단어는 찾아보지 말고 문맥 속에서 짐작으로 만 읽어야 해."

"리딩을 많이 하면 자연스럽게 영단어는 습득이 돼."

우선, 문맥 속에서 뜻을 짐작하는 것은 좋은 습관이지만 이 방식이 효과가 있으려면 문장 안에 있는 모르는 단어의 수가 적어야만 합니다. 한 문장에 모르는 단어가 하나일 때는 그냥저냥 짐작해 볼 수 있지만 두 개 이상이 되면 뇌가 멈춰 버리기 때문입니다. 또한 모르는 단어가 많으면 짐작하는 행위 자체가 리딩에 방해되기도 하죠. 따라서 텍스트를 읽기 전이나 고르기 전에는 모르는 단어의 개수를 대강이라도 미리 파악하는 것이 좋습니다. 좀 많다 싶으면 단어의 뜻을 미리 한 번 훑어보고 리딩을 시작하거나 좀더 쉬운 수준의 글을 읽는 것이 낫습니다.

영어 리딩을 많이 하면 자연스럽게 영단어가 습득된다는 말은 초 5, 6에게는 해당되지 않는 말입니다. 눈으로 볼 수 있고 손으로 만질 수 있는 것을 의미하는 단어는 비교적 쉽게 습득할 수 있지만 수준 있는 리딩 텍스트에 많이 등장하는 추상 어휘, 예를 들어 avoid(회피하 다)와 같은 단어는 따로 챙겨보지 않으면 머릿속에 남지 않기 때문입 니다. 그래서 앞에서도 언급했듯이 텍스트 수준이 높아질수록 영단어 학습은 별도의 시간을 내서 따로 해야 합니다. 리딩의 양과 관련 없이 리딩 전이든 후든 몰랐던 단어를 따로 챙겨서 학습하는 습관은 리딩에 있어서 절대적으로 필요합니다. 리딩의 수준이 곧 어휘의 수준이기 때문이죠. 만약 우리 아이가 리딩은 하고 있지만 영단어를 따로 챙기지 않았다면 이제 하루에 1~2개라도 좋으니 어휘를 챙기는 리딩을 시작하기 바랍니다.

3. 옛날 읽기

좀 전에 GTM 세대, 즉 우리 학부모님 시대의 영어를 이야기했었죠? 그때의 영어가 지금의 영어와 가장 크게 다른 점은 바로 '리스닝' 부분입니다. 그때는 '듣기 없는 읽기'의 시대였거든요. 가만히 생각해보면 대부분의 학교 리딩 수업에서 영어 선생님의 구수한 발음 이외에는 딱히 무언가를 들어본 기억이 없습니다. 그렇지 않나요? 하지만 사실 리딩은 리스닝과 찰떡 궁합인 영역입니다. 따로따로 공부할 것이 아니라 내가 보는 걸 들어보고, 듣는 내용을 눈으로도 읽어보는 것이 이상적인 영어 학습 방법이죠. 특히 초등 때 말고는 찰떡 궁합 학습을 할 시간도 없습니다. 지금부터라도 리딩을 리스닝과 함께할 수 있도록 지도해 주세요. 원어민 파일을 들려주셔도 좋고, 딱딱해도 좋으니 직접 읽어 주셔도 괜찮습니다. 아이가 영어를 눈으로만 느끼지 않도록 많이 들을 수 있는 환경을 만들어 주세요. 제가 영단어 교재 선택의 기준으로도 영단어 발음을 편하게 들을 수 있도록 구성된 책을 고르시라고 말씀드리는 이유도 바로 이 때문입니다.

가장 효과적인 리딩 코칭 스텝의 3단계

영어는 리딩이 안 되면 모든 영역에서 실패할 수밖에 없습니다. 리딩이 가장 근간이 되는 핵심 영역이기 때문이죠. 그래서 학부모님도 가장 많은 신경을 쓰긴 하지만 노력한 만큼 성과가 나오지 않는 경우도 참 많습니다. 또 잘못된 접근으로 아이가 리딩 자체를 싫어하게 되는 경우도 많고요. 지금부터는 우리 아이들을 위한 가장 효과적인 리딩 코칭 스텝의 3단계를 알려드리겠습니다.

1. 읽기만 해도 되는 단계

보통 미취학기부터 초 1, 2까지로 아이가 읽든, 엄마나 선생님이 읽어주든 상관없습니다. 그냥 읽기만 하면 됩니다. 한마디로 아무런 테스트도, 과제도 없는 편안한 단계죠. '영어는 스트레스가 아니라 재밌는 것!'임을 알려주는 시기라고 보시면 됩니다. 이 단계는 영어 리딩의 마중물로서 꼭 거쳐야 하는 굉장히 중요한 스텝입니다. 그러나 현실에서는 많이들 건너뛰는 단계이기도 하죠.

그리고 이때가 영어에 거부감이 생길 가능성은 있는 시기라는 것도 꼭 체크해 두세요. 아무리 쉬워 보이는 영어책이라고 하더라도 아이에게는 새롭고 낯선 세상으로 들어가는 생소한 길목입니다. 그래서 이 단계에 있는 아이들은 학원 선택에 있어서도 유의할 것이 많습니다. 보내자마자 적응도 하지 못한 상태에서 많은 숙제를 내주거나 매일 보는 테스트 등으로 리딩에 큰 부담을 주는 학원은 절대 선택하시면 안 됩니다.

2. 단 하나의 질문 단계

리딩에 대한 아이의 거부감을 최소화하면서 제대로 된 리딩의 방향성을 알려주기 시작해야 하는 단계입니다. 주제, 제목, 목적, 요지 등 '글의 대의'를 물어봐 주세요. 아이가 오늘 읽은 내용을 큰 틀에서 이해했는지 확인하는 동시에 '다음부터는 이 질문에 대답할 수 있는 리딩을 해야 해!'라는 암묵적인 메시지를 전달해 주는 질문입니다. 처음에는 잘 대답하지 못했던 아이도 반복되는 질문을 받으면 '아, 또 그 질문을 받겠구나.'라고 생각하며 자연스럽게 그 질문의 답을 찾는 리딩을 합니다. 바로 '문자를 해독하는 리딩'에서 '의미를 찾는 리딩'으로 변화되는 정말 중요한 과정을 겪고 있는 것이죠. 누구나 할 수 있는 단 하나의 질문으로 시작할 수 있습니다.

3. 남는 리딩 단계

백날 읽어도 리딩 수준이 나아지지 않는 경우나 영어 문해력이 늘지 않는 경우는 바로 이 '남는 리딩'을 못 하기 때문입니다. 대부분 형식적인 리딩만 하고 있는 것이죠. 늦어도 초 5 전후에는 남는 리딩으로 영어 리딩을 발전시켜야 합니다. 그래야 중학교 수준의 영어 및 리딩 텍스트로 한 단계 업그레이드할 수 있으니까요. 남는 영어 리딩은 다음의 3가지 키워드만 기억하시면 됩니다.

의미 챙기기는 한글 독서와 마찬가지로 '주제 찾기'에 더해서 읽은 글에서부터 팩트 체크, 즉 세부 사실을 찾는 연습을 하는 단계입니다. 이것은 독후활동기록지 또는 리딩 문제집 등으로 충분히 연습할 수 있어요. 글의 주제와 세부 사실을 파악하는 연습은 리딩이라는 집의 기둥과 지붕을 세우는 가장 근간이 되는 활동입니다. 수능 영어도 사실상 이 두 가지만 잘하면 대비가 되니까요.

단어 챙기기는 습관이 되어야 합니다. 읽긴 하지만 어휘가 늘지 않는다면 절대 리딩 수준이 나아질 수 없습니다. 오늘 조금이라도 책을 읽었다면 그 안에서 단 한 개의 영어 어휘라도 찾아보고 기록해 놓는 습관을 만들어 주세요. 거창하게 노트나 수첩을 사용하지 않아도 됩니다. 포스트잇 하나에 단어와 뜻, 그 단어가 들어 있는 책 속 실제 문장을 적어서 아이가 지나다니는 집 안의 길목이나 밥 먹을 때 바로 보이는 벽 등에 붙여 두세요. 볼 때마다 한 번씩 의미를 짚어만 봐도 쌓이면 무시 못 할 양이 되니까요.

라이팅 챙기기는 내가 오늘 읽은 문장부터 시작해서 배운 어휘와 구문 등으로 하루에 딱 1 문장을 써보는 연습입니다. 중고등 영어에서 라이팅은 점점 더 중요해지는 영역입니다. 이 연습은 따로 할 것이 아니라 리딩과 연계해서 진행하는 것이 가장 효율적입니다. 영어 라이팅 지도 전략은 조금 뒤에서 자세히 설명드릴게요.

리스닝의 가장 좋은 교재는 아이가 읽고 있는 텍스트입니다. 만약 음원이 있는 책이라면 좋겠지만, 그렇지 않을 경우에는 '구글 렌즈'를 활용해 보세요. 방법도 굉장히 간단해요. 어떤 책이든 바로 리스닝 교재로 만들 수 있습니다.

1. 누구나 가지고 있는 스마트폰에서 구글 앱을 열어 주세요
2. 검색 창 옆에 카메라 모양의 버튼을 누르면 '구글 렌즈'가 열립니다.
3. 영어 텍스트를 화면에 맞춰서 선명하게 찍어주세요.
4. '텍스트' 버튼을 누르면 영어 글자를 하나하나 인식합니다. '번역' 버튼을 누르시면 바로 해석해 주고요. 모르는 단어가 있을 때는 그 단어만 클릭하면 아래쪽에 한글 뜻을 보여줍니다. 또 '듣기' 버튼을 누르면 문장 전체를 원어민 발음으로 읽어 주죠.

만약 다른 목소리, 다른 속도로 이 텍스트를 듣고 싶을 때에는 구글 렌즈에서 '전체 선택' 버튼을 이용해 텍스트를 복사한 후 'Natural Reader'라는 앱에 붙여넣기를 하시면 미국, 영국, 호주 등 다양한 국가 원어민의 발음이나 남자, 여자, 아이 목소리 등으로 바꿔서 들을 수 있습니다. 또 속도를 느리거나 빠르게 해서 들을 수도 있어요. Natural Reader 앱은 'TTS(TEXT To Speech)'라고 해서 텍스트를 음성으로 변환해 주는 프로그램으로서 리딩 교재의 텍스트든 영어 회화 대본이든 이곳에 넣기만 하면 원어민 발음을 들을 수 있습니다.

어렵게 느껴지는 영어 라이팅은 이렇게 지도하세요

영어 지필고사, 즉 중간·기말고사에서 성적을 결정짓는 킬러 문항은 바로 서답형, 서·논술형입니다. 영어 내신에서 '라이팅' 역량을 평가하는 수행평가의 비중도 갈수록 높아지고 있지요. 한마디로 영어 내신 시험 성적을 위해서라도 영어 라이팅은 이제 필수입니다. 게다가 과정 중심 평가 방식의 고교학점제에서도 영어뿐 아니라 전 과목에서 글쓰기 역량은 점점 더 중요해질 것으로 전망되고 있어요. 이런 상황에서 제대로 된 라이팅 학습을 하고 있는 초중등생이 별로 없어서 정말 큰일입니다. 하지만 라이팅이 중요하다는 것을 안다고 해도 라이팅은 공부하기도, 가르치기도 또 집에서 엄마가 도움을 주기도 참 어려운 영역이지요.

물론 요즘은 Chat GPT뿐만 아니라 다양한 앱, 프로그램 등을 사용하여 예전보다 손쉽게 라이팅 학습을 할 수 있습니다. 적절한 프롬프트(Chat GPT에게 하는 명령어)로 그동안 엄마표 라이팅의 가장 큰 어려움 중 하나였던 첨삭도 가능하고요. 왜 틀렸는지도 물어볼 수 있어서 문법적 오류를 수정하고 자연스러운 표현을 익힐 수도 있습니다. 또 매일 영어 글쓰기, 일기 쓰기의 주제를 뽑아달라고 할 수도 있죠. 여기에 다음 4가지 조언을 명심한다면 여러분도 가정에서 아이에게 영어 라이팅 학습 지도를 잘할 수 있습니다. 하나씩 살펴볼게요.

1. 읽은 후에는 무엇이든 써보게 하라.

북리포트 등의 독후 활동처럼 읽은 내용에 대해 무엇이든 써보는 것부터가 라이팅의 시작입니다. 흔히들 문법 학습이 선행되어야만 라이팅을 할 수 있다고 생각하시는 분이 많은데요, 아닙니다. 리딩이 시작되면 라이팅도 가능해져요. 처음에는 간단한 단어나 구문만 적어도 괜찮습니다. 수준에 맞게 조금씩 쓰는 내용을 늘려가면 되니까요. 여기서의 핵심은 읽은 후에 무엇이라도 꼭 써보는 것입니다.

2. 아이가 문법 구문을 제대로 배우기 전까지는 첨삭하지 말라.

한국인은 틀린 문법을 보면 못 참습니다. 꼭 지적해 줘야 직성이 풀리죠. 하지만 초 3, 4 전후까지는 틀려도 좋으니 뭐든 쓰게끔 하는 것이 우월 전략입니다. 자꾸 틀렸다고 지적하면 아이는 글 자체를 안 쓰기 시작합니다. 이때는 문법이 중요한 것이 아니고 영어로 글쓰기에 적응하는 것 그리고 글의 내용을 생각해 내는 것, 이 두가지만 중요하다고 생각하셔도 좋습니다. 절대로 틀린 문법으로 잔소리하지 마세요.

3. 문법 공부를 무조건 라이팅과 연관시키라.

이제는 어법 문제를 풀려고 문법 공부를 하는 시대가 아닙니다. 정확히 읽고, 제대로 쓰기 위한 공부가 바로 문법 구문 학습이죠. 시중 서점에 가 보시면 문법과 라이팅이 연계된 교재가 많이 나와있습니다. 아이 수준에 맞는 교재 하나를 골라서 공부를 시작해 보세요!

4. 초 5, 6은 중학교 영어 기출문제, 중학생은 고학년 또는 고등학교 영어

기출문제 중에서 서·논술형 문제와 라이팅 수행평가를 확인해 보라.

막연한 학습보다는 곧 내가 치를 시험 유형에 맞춰 공부하는 것이
필요합니다. 특히 초 5, 6부터는요. 우리 동네 중학교 홈페이지 또는
족보닷컴이나 영어 학습 카페(기출비, 황인영의 영어 카페 등)을 찾아보면
기출문제 시험지를 내려받을 수 있습니다.

〈중고등 영어 라이팅 서술형 문제 유형 예시〉

단어 배열하기 / 빈칸에 맞는 낱말 선택하기 / 문법 오류 발견 및 수정하기 / 제시
단어를 문맥에 맞게 변형하기 / 본문의 내용을 요약하여 우리말로 20자 이상 작성
하기 / 질문에 대한 답을 완벽한 영어 문장으로 작성하기 / 다양한 조건에 부합하는
문장 쓰기 / 30단어 이상의 서·논술형 답안 작성하기 등

〈중고등 영어 수행평가 라이팅 유형 예시〉

장래 희망 소개하기 / 감상문 쓰기 / 일기 쓰기 / 편지 쓰기 / 우리나라 소개하기 /
축제나 행사를 소개하는 글 쓰기 / 음식점 추천 글 쓰기 / 여행지 소개하기 / 연구
조사 발표하기 등

초등 영어 문제집 200% 활용법

초등 영어 문제집, 잘 알면 체계적이고 효율적으로 공부할 수 있지만 선택과 학습이 잘못되면 오히려 부작용이 날 수 있는 양날의 검 같은 존재입니다. 그래서 초등 때의 영어 문제집 선택은 많이 어렵습니다. 애초에 선택지가 많기도 하고 시기별로 그 선택 기준이 달라야 하기 때문입니다. 그럼 우선 문제집 '선택'의 관점에서 살펴보겠습니다.

인터넷 서점에서 〈초등 영어 문제집〉으로 인기순 검색을 해보면 영어 교과서, 자습서 및 평가 문제집이 많이 나옵니다. 학교 영어 수업을 잘 따라갈 수 있도록 도와주는 보조적 성격을 띤 교재들이죠. 학부모님의 입장에서는 아이가 학교 영어 공부를 제대로 따라가고 있는지 확인하는 교재로 활용할 수 있습니다.

그 외의 초등 영어 문제집의 상당수는 문법 관련 교재입니다. 그런데 준비가 안 된 저학년은 절대로 시작하지 말라고 제가 누차 조언을 드렸죠? 빠르면 초 4, 보통은 초 5부터 시작하면 좋은 것이 문법입니다. 문법 문제집을 고를 때에는 어법 문제만 단순히 나열되어 있는 문제집은 좋지 않습니다. 그 어법 문제의 난도가 높지 않다고 해도 마찬가지로, 추천하지 않습니다. 그냥 어법 문제만 있는 문법 교재 말고 꼭 리딩 또는 라이팅과 연계된 교재를 선택하세요. 초 5, 6 시기의 문법으로는 좀더 정확하게 읽는 능력과 라이팅을 위한 기초 체력을 키울 수 있기 때문입니다.

단기간에 정확한 듣기 실력을 키우고 싶다면 〈초등 듣기 문제집〉도 활용해 볼 수 있습니다. 듣기 문제집은 단순히 답을 고르는 방식의 교재보다는 일부분이라도 'dictation', 즉 받아쓰기가 가능한 교재가 좋습니다. Dictation은 짧은 시간에 듣기 실력을 크게 향상할 수 있는 효과적인 방법이거든요. 또 단어와 문장을 써보는 연습도 할 수 있습니다. 다만 파닉스를 거치고 난 후, 최소한 단어를 쓸 줄 아는 단계에서 본인의 수준에 맞는 교재를 선택해야 합니다. 가급적 아이 수준보다 쉬운 문제집을 선택하세요.

초 5, 6 때 꼭 경험해야 하는 문제집이 있습니다. 바로 영어 독해(리딩) 문제집인데요, 중등을 대비하기 위해서 최소한, 지문과 문제 유형을 경험해 놓는 것이 좋기 때문입니다. 또 독해 문제집을 통해서 현재 아이의 독해 수준과 취약한 부분을 어느 정도는 객관적으로 파악할 수 있습니다. 다양한 주제의 글을 접할 수 있기 때문에 비문학 중심의 배경지식에도 도움이 됩니다.

문제집 선택보다 더 중요한 것은 바로 문제집을 어떻게 활용하느냐입니다. 우선 자기주도 또는 엄마표 영어라면 채점은 무조건 부모님이 해주시기 바랍니다. 아이가 직접 하는 것보다 학습에 훨씬 더 유익한 점이 많습니다.

만약 아이가 채점을 한다면 틀린 문제의 답을 미리 알게 됩니다. 답을 보는 순간 "아, 이건 줄 알았어." 하고 단순한 실수로 치부하면서 대강 넘어가는 습관이 들기 쉽죠. 이렇게 객관식 답만 맞히면 스스로 '알고 있다'고 믿는 습관은 어떤 공부든 치명적인 실패로 이어집니다.

이것이 바로 부모님이 채점해 주셔야 하는 가장 큰 이유입니다. 또한 부모님이 채점해 주시면 아이의 답이 진짜 알고서 맞힌 답인지 찍어서 맞힌 답인지를 가벼운 질문으로 파악할 수 있습니다. 리딩과 리스닝에서는 지문과 대화의 '주제'를 파악하는 능력이 가장 핵심 역량인데요, 아이에게 말로 간단히 주제를 설명해 보라고 하면 아이의 대답을 통해 대략적으로 파악할 수 있습니다. 만약 아이가 아예 말을 하지 못한다면 찍어서 맞힌 것이라고 봐도 무방합니다. 솔직히 영어에서는 답을 맞히는 것이 중요하지 않습니다. '틀린 문제가 선생님'이기 때문이에요. 틀린 선지 하나를 지우고 새로 시작해서 스스로 답을 찾는 과정을 다시 경험하는 것, 그 자체가 공부입니다.

문제를 푸는 과정과 받은 점수보다 훨씬 더 중요한 공부는 채점 후에 시작됩니다. 바로 '오답을 어떻게 처리할 것이냐'인데요, 수학처럼 영어에서도 오답은 매우 중요한 학습 지표가 됩니다. 예를 들어, 리딩 문제집에서 '대의', 즉 주제를 묻는 문제 위주로 틀리는 아이라면 문장 위주로만 해석하는 데 급급하고 단락 단위로는 독해를 잘 못하고 있다는 것을 파악할 수 있습니다. 아이 수준에 안 맞는 문제집을 풀고 있거나 독해 습관이 잘못되었다는 걸 알 수 있는 증거죠. 이런 일이 반복되고 있다면 필요한 조치를 해야 합니다. 또한 글 속에서 팩트 등의 정보를 묻는 문제를 자주 틀린다면 글을 성급하게 읽거나 글 읽을 때 집중하지 않거나 어휘가 부족한 상태라는 증거입니다. 마찬가지로 아이 상황에 맞는 조치가 필요합니다.

영어에서 오답 문제의 처리는 그 문항 자체가 아니라 해당 지문에 대한 이해의 문제입니다. 즉 문제 문항 자체에 집착할 필요가 없습니다. 어차피 지문만 잘 이해하면 다 해결되기 때문이죠. 영어 문제집으로 공부한다는 것은 그 속에 나온 지문과 문장을 잘 독해하는 연습을 하는 것입니다. 따라서 문제집을 복습하는 경우에 문제를 다시 보는 것은 큰 의미가 없습니다. 지문 또는 문장 해석이 매끄럽게 잘되는지, 잘 들리는지 위주로만 빠르게 보면 됩니다. 문법 교재도 마찬가지고요.

영어 문제집은 영어를 좀더 체계적으로 학습할 수 있게 도와주는 수단입니다. 그래서 실제 영어 공부보다도 더 재미가 없죠. 그러니 아이가 아직 실력이 부족하거나 영어 공부 습관이 많이 부족하다면 수준에 맞지 않는 영어 문제집을 많이 풀게 하지 마세요. 부모님이 해주셔야 할 가장 중요한 역할은 아이 수준에서 어렵지 않은 쉬운 문제집을 찾아 주시는 것과 또 그런 교재로 엄마표나 학원에서 공부하는 환경을 만들어 주는 것입니다.

오늘 배운 내용을 적용해 볼까요?

Q1) 오늘 배운 내용을 바탕으로 판단한 우리 아이 영단어 공부 성향은 무엇인가요? 지금 그에 맞는 영단어 학습을 하고 있는지도 점검해 보세요.

Q2) p.267에 있는 '잘못된 리딩'의 대표적인 4가지 사례에 우리 아이가 해당하는 것은 없는지 파악해 보세요. 그리고 지금 우리 아이는 '가장 효과적인 리딩 코칭 스텝의 3단계' 중 어느 단계에 있는지 판단해 본 후 리딩 학습 방향성을 점검해 보세요.

Q3) 영어 라이팅 지도법을 참고하여 우리 아이의 영어 라이팅 학습 계획을 세워 보세요.

Q4) 우리 아이는 영어 문제집을 잘 활용하고 있나요? 오늘 배운 내용과 함께 p.173에서 소개하는 '학습 도구를 점검하기 위한 몇 가지 질문'도 함께 참고하면 좋습니다.

◯━ DAY 14. ━◯

초등 5, 6학년의 수학 공부, 왜 그렇게 하세요?

수학은 초 5, 6부터 고등학교까지 아이들의 학습과 성적, 입시 등에 여러 가지 의미로 가장 큰 영향을 미치는 과목입니다. 동시에 영포자, 국포자 등 과목 이름을 딴 포기자라는 신조어가 수포자에서 시작됐듯이 아이들이 가장 먼저 포기하고 어려워하는 과목이기도 하고요. 특히 초 5 수학은 초등 때 수학을 포기했다면 십중팔구 초 5일 정도로 아이들의 체감 난도가 가장 높은 과정입니다. 그래서인지 국어, 영어 등 다른 과목을 잘하는 아이들 중에서도 수포자가 적지 않습니다.

수학은 공부하지 않고는 잘할 수 있는 방법이 전혀 없습니다. 그 대신에 방향만 제대로 되었다면 열심히 하는 만큼 성적이 오르고 실력도 쌓이는 정직한 과목이죠. 또한 수학은 짧은 시간 공부했다고 해서 바로 성적이 나오는 과목이 아닙니다. 공부 시간과 수학 성적 간의 상관관계는 1차 함수 그래프가 아니라 계단식 그래프여서 실력이 쌓이지 않았을 때에는 결과가 눈에 보이지 않지만 일단 실력이 축적되기 시작하면 그때부터는 성적이 폭발적으로 상승하는 쾌감도 느낄 수 있는 매력적인 과목입니다. 그런 이유로 목표 성적이 빨리 나오지 않아도 포기하지 않고 노력하는 '끈기'가 수학 학습에서만큼은 꼭 필요합니다.

실제로 초 5의 수학은 초 1~4의 수학에 비해 단기간 공부해서는 절대 좋은 성적을 받을 수 없습니다. 그렇기 때문에 끈기를 보인 경험이 없었던 아이(보일 필요가 없던 아이)는 어렵다며 쉽게 포기하는 경향이 있죠. 하지만 초 5, 6의 수학을 제대로 공부하지 않으면 지금까지 해왔던 수학 학습의 구멍도 메꿀 수 없고 그 기초를 바탕으로 중등 수학 이상으로 나아갈 수도 없습니다. 다시 말해 초 5, 6은 지난 학습 과정을 되돌아보고 중등 이후까지 필요한 효과적인 학습 방법을 익혀서 제대로 된 수학 학습의 방향성을 세워야 하는 중요한 시기이죠.

초 5, 6이라면 우리 아이 수학, 이것만큼은 꼭 점검하세요

아이들 저마다 엄마표든 학원이든 정해진 진도에 따라 수학 공부를 잘하고 있을 겁니다. 하지만 아이의 공부를 큰 틀에서 조망하고 방향성을 결정지어야 하는 엄마 코치의 입장에서 초 5, 6을 앞둔 시기에 수학 학습 상황에서 꼭 점검하고 가야 할 것이 있습니다.

1. 연산 공부 상태를 '객관적으로 점검'하기

연산은 미취학 때부터 지금까지 쭉 진행해 온 초등 수학의 루틴 학습입니다. 지금까지 한 번도 쉰 적이 없었다면 이제는 지금까지 해온 연산 공부의 효율을 점검하고, 앞으로 1~2년 동안의 연산 공부의 방향성을 재고할 때입니다.

우선 연산 공부의 목표는 '정확성'과 '속도'를 극대화하는 것이고, 이를 통해 진짜 수학 문제를 해결하기 위한 든든한 도구를 장착하여 우리 아이의 수학에 대한 자신감을 얻게 하는 것입니다. 만약 아이가 연산 문제집을 풀 때 정확도 90%, 속도는 문제당 1분을 넘기지 않는다면 이제부터는 연산 문제를 지금까지 해온 분량 및 시간 대비 50%로 확 낮춰서 조정하세요. 예를 들어, 하루 2장 4페이지의 연산 학습을 해왔다면, 연산 학습 계획을 이틀에 한 번씩으로 조정하거나 또는 분량을 매일 1장씩으로 줄여도 된다는 겁니다. 만약 연산 문제집을 풀고 있지 않다면 기존 교과 문제집의 단순 연산 문제도 같은 기준으로 체크하셔도 되고요.

지금까지 잘해 왔으니 도구 연습은 이제 그만해도 되고, 앞으로 수학 문제를 풀 때 '지장을 주지 않는다'는 확신을 이제는 가지셔도 된다는 말입니다.

2. 사고력 또는 심화의 경험 그리고 효과 점검하기

'사고력은 미취학 때부터 조금씩, 심화는 이제 조금씩 최상위를 해

보려고 한다거나 또는 해왔다'는 정도가 일반적인 '사고력, 심화 좀 해봤다'는 아이의 상태입니다. 만일 이 두 개를 다 아직 경험해 보지 않은 아이라면 이제부터는 최소한 그 경험을 시작해 봐야 하는 시점입니다. '새삼 초 5, 6인데 지금껏 안 했던 사고력을 이제 와서 하라고요?'라고 생각하시죠? 일단, 제 말을 끝까지 들어보세요.

지금부터 사고력 문제집을 사서, 1권부터 쭉 풀게 하라는 얘기가 아닙니다. 아이 학년에 맞는, 또는 한 단계 낮은 문제집 중 아이가 자신 있어 하는 영역 (연산, 도형 그 무엇이든지요) 1권만 정해서 하루 1페이지씩 그냥 꾸준히 풀어보는, 부담 갖지 않는 선에서의 학습을 해보라는 겁니다. 물론 '대놓고 사고력 문제집'이 조금 부담스럽다면《문제해결의 길잡이 원리》,《최상위 S》,《수능까지 이어지는 초등 고학년 수학 개념편》등을 풀게 하셔도 됩니다. 포인트는 평소 교과 문제집에서 풀어보지 않은 난도가 있는 문제집의 문제를 하루 3~5개씩만, 생각해 가며 풀어보는 경험을 꼭 하게 해야 한다는 것입니다.

이렇게 하면 쉬운 것만 풀려고 하는 아이에게 부담 없이 심화를 접근시킬 수 있습니다. (이 문제집들은 각 문제집의 주된 난도보다 낮습니다.) '어? 이거 어려운 문제집이라는데 해볼 만하네? 나도 생각하면 어려운 문제를 풀 수 있구나?'라는 경험을 최소한 중등 전에는 꼭 해봐야 하기 때문입니다. 이 방법을 통해 수학을 잘하는 아이들의 가장 중요한 특징 중 하나인 '문제 집착력'을 조금씩이라도 키워갈 수 있습니다. 아이들은 해볼 만하다고 느낄 때 집착하기 시작하니까요.

3. 하루의 수학 공부 시간 점검하기

우리 아이의 하루 수학 공부 시간은 얼마나 되나요? 물론 공부 계획을 세울 때, 시간 기준이냐 분량 기준이냐고 물어본다면 둘 중 하나의 답은 당연히 '분량 기준'입니다. 하지만 최소한 아이 역량에 맞춘 대략적인 시간은 알고 계시겠지요?

초 5, 6이 되면 기존보다 최소한 수학 공부 시간을 1.5배는 늘려야 합니다. 분량 및 체감 난도가 급상승하기 때문에 평소와 같은 분량을 공부해도 이해하는 데 시간이 한참 더 걸리고 실제로 해야 할 것도 많아졌기 때문인데요, 하지만 한 번에 늘리면 아이도 부담스러우니 조금씩 늘려가는 것이 좋습니다. 작은 팁을 드리자면 자투리 시간을 활용해서 늘리는 것이 아이의 거부감을 낮추는 데 큰 도움이 됩니다.

예를 들어, 하루 2시간 정도 수학학원 숙제 및 복습, 학교 복습, 문제집을 푸는 아이의 공부 시간을 1.5배 늘려서 3시간으로 만들 계획이라면, 우선 매일 15분씩 2번, 총 30분을 늘려보세요. 15분은 앞에서 말한 사고력, 심화 문제집 1페이지를 푸는 시간, 또 15분은 오답 봉투 (p.312) 풀기 이런 식으로, 2시간 하던 수학 공부 시간을 2시간 30분으로 늘리는 겁니다. 그럼 목표까지 이제 30분만 더 늘리면 되는 거네요? 처음에는 1.5배 공부 시간을 늘리는 것이 현실적으로 가능할까라는 의심이 드셨겠지만 이제는 가능하다고 생각되실 겁니다. 공부 시간의 증가가 절대적으로 아이 성적과 비례하는 시간에 가까워지고 있습니다. 부담스럽지 않고 또 잘 적응할 수 있는 선에서 공부 시간을 꼭 1.5배까지 늘려주세요.

4. 최소한의 '쓰는 수학 공부' 시작하기

수학 공부를 할 때는 최소한 3번의 쓰기가 필요합니다. 1) 아는 개념, 용어 등을 정리하는 개념 노트 작성 2) 풀이 과정을 쓰는 풀이 노트 작성 3) 오답을 정리하고 새로 풀어 내는 오답 노트 작성이 그것인데요, 물론 부모님의 욕심 같아서는 다 하면 좋겠지만 지도하는 게 만만치 않으실 겁니다. 하지만 최소한 아이의 수학 공부 효율과 중고등이후의 서·논술형 내신 시험 및 수행평가를 대비하기 위해서라도 쓰는 수학 공부를 시작해야 하는 타이밍이 바로 지금입니다.

우선순위는 '풀이 과정을 적는 풀이 노트 작성'부터입니다. 처음에는 '줄이 없는 연습장을 마련하고 세로로 반을 접으셔서 한 페이지에 2문제씩 줄 맞춰 예쁘게 풀기'를 기대하기보다는 막 휘갈겨 쓰거나 구석에 조그맣게 쓸지라도 교과서나 문제집이 아니라 연습장에다 푸는 것 자체를 훈련시켜 주세요. 그다음 단계는 문제집의 '서술형 문제'의 풀이 과정만은 꼭 노트에 적는 것입니다. 그런데 이것도 잘 안되는 아이라면 해설지의 '서술형 답안'을 그대로 옮겨 적는 연습을 시켜주시기 바랍니다. 그리고 그다음 단계는 연습장을 4등분해서 한 칸에 한 문제(한 페이지에 총 4문제)를 어떻게든 풀어내게끔 하시고, 마지막으로는 줄글 노트에 풀이 과정을 쓰게 하는 방식으로 정돈해 가시면 됩니다.

초등 수학 구멍, 그대로 넘어가도 될까요?

선행, 현행이라는 단어는 자주 써도 후행이라는 단어가 어색한 분은 많으실 겁니다. 상대적으로 많이 언급되는 단어는 아니니까요. "당장의 시험 때문에 지금 학교에서 배우는 공부는 중요해." 이게 '현행'이고요. "중고등 때 배우는 수학은 양도 엄청 많아지고 어렵대. 그래서 미리미리 해둬야 한대." 그래서 배우는 것이 선행입니다. 수학은 나선형으로 위계성을 가진 과목입니다.

"탑을 쌓듯이 아래쪽 공사가 제대로 안 되어 있으면 결국 윗부분이 무너지게 되어 있다. 그러니 기초와 개념을 탄탄히 다지고 가야 한다."

이것이 수학 공부의 기본 계획이어야 합니다. 그런데 잘 알고 계시면서도, 이 아래쪽을 두드리며 탄탄하게 다지고 가는 것, 즉 복습(=후행)은 소홀히 하시는 경우가 많습니다. 지금은 비록 구멍이 작아 보여도 막지 않으면 그 구멍이 점점 커질 텐데도 말이지요.

아이들은 학년이 올라갈수록 친구나 선생님은 물론이고 부모님한테도 자존심이 상해서 "수학이 어려워. 그러니 기초부터 공부할래."라는 말을 못 합니다. 그냥 수학이 싫다고만 말하죠. 아이들이 수학을 싫어하는 이유는 개인에 따라 다를 수 있지만 진짜 이유는 결국 딱 하나라고 봅니다. 수학이 어렵기 때문입니다. 각자의 이해 속도에 맞춰서 천천히 쉽게, 제 학년의 것을 소화하면서 공부하지 않고 빨리 배우기에만 급급했기에 어쩌보면 너무나 당연한 결과입니다. 그럼에도 누군가에게 이 후행은 절실히 필요하기에, 지금부터는 후행과 관련해서 학부모님이 가장 많이 하시는 질문 위주로 설명해 드리겠습니다.

1. 후행은 지난 과정 전체를 다 해야 하나요?

아닙니다. 초 6은 초등 전체를 복습해야 하는 때라고 하지만 그때마저도 그동안 우리 아이가 어려워하고 부족했던 영역과 단원만 다시 보게 하면 됩니다. 예를 들어, 초 5 이후 자연수의 사칙연산, 혼합 계산을 모두 배우고 나서도 연산 실수가 잦을 수 있습니다. 이때는 받아 올림이나 받아 내림의 원리를 잘 알고 있는지, 문제에서 나누는 수와 나뉘는 수를 제대로 구분할 수 있는지 등을 질문이나 문제를 통해서 파악해 보세요. 만약 잊어버렸거나 헷갈려 한다면 그 부분만 집중적으로 익히고 갈 수 있도록 후행 설계를 해 주시면 됩니다.

2. 부족한 영역의 기초 단원은 어떻게 찾나요?

옆에 있는 QR 코드*를 통해서 〈수학 연관단원맵〉을 내려받으세요. 이 맵은 한마디로 수학 단원 '지도'라고 생각하시면 됩니다. 각 수학 영역을 초중고까지 쉽게 후행과 예습, 선행을 할 수 있도록 연결해 놓았습니다. 수학 교과서가 국정에서 검정으로 바뀌어도 각 학년군에서 배워야 하는 내용, 성취 기준은 동일하니 연관된 단원을 찾아보시면 됩니다.

3. 후행은 어느 정도 분량으로 공부하면 될까요?

후행은 방학을 이용하는 것이 좋습니다. 꼭 단기간에 핵심만 보세요. 부족한 부분이 특정 학년의 일부 영역에 한정된다면 앞에서 설명 드린 대로 그 단원만 복습하시면 되고요. 한 학기 전부라면 전체 내용을 빠르게 복습할 수 있는 얇은 교재를 선택해야 합니다. 각 '학년의 후행'은 3주 이상의 시간이 소요되면 안 됩니다. 그러니 단원의 일부라면, 한 학기만이라면 3주 이내로 더 짧게 끝내야겠죠? 이 집중 기간에는 다른 과목 공부 시간은 조금 줄여주시고 수학만 빠르게 학습할 수 있는 공부 계획을 세워주시면 아이에게 도움이 됩니다.

4. 어떤 교재로 후행을 하면 될까요?

이미 배웠던 내용이고, '이왕 후행을 할 것이면 제대로 해야겠다'는 생각에 간혹 현행 때는 풀지도 않았던 '심화 문제집'으로 후행을 시키는 분이 있는데요, 매우 잘못된 방법입니다. 후행을 하는 목적은, 이미 배웠지만 잘 모르는 부분을 다시 짚고 넘어가는 것입니다. 모르는 부분을 난도까지 높여 다시 공부한다면 제대로 풀 수 있을지도 모르겠고, 아이는 후행 학습 자체를 거부하게 될 겁니다. 스트레스로 인해 수학 공부 전체를 하지 않겠다고 할 수도 있어요. 이는 빈대를 잡으려다가 초가삼간을 다 태우는 격입니다.

그보다는 우리 아이가 학기 중에 풀었던 응용 수준의 문제집에서 부족한 부분만 발췌하여 빠르게 풀게 하세요. 단, 풀었던 문제집은 이미 버려서 없거나 다시 새것으로 복습하게 하고 싶을 때에는 '기본 문제'로 구성된 문제집을 고르시면 됩니다. 적당한 수준의 문제집으로 필요한 부분만 빠르게 진행하는 것이 후행의 기본 목적을 살리고 공부 부담도 더하지 않는 중요한 포인트입니다.

5. 현행 때 풀었던 어려운 문제를 지금은 못 푸는데, 그것도 다시 풀어야 하는 후행의 대상이 될까요?

아니요. 다시 풀게 하지 마세요. 현행의 심화라면 다음 학년, 즉 선행에서 또 나올 가능성이 있습니다. 앞서서 수학은 나선형이고, 위계성을 가지고 있다고 말씀드렸잖아요. 그러니 비슷한 내용을 묻는 난도 높은 문제는 앞으로 공부하면서 또 나오게 되니 그때 다시 풀어도 충분합니다. 만약 나오지 않는다면 앞으로도 영영 볼 일이 없는 문제니 잊어버려도 되고요. 후행의 목적은 구멍을 메우고 넘어가는 것이기 때문에 심화 후행까지 할 필요는 없습니다.

마지막으로, 후행을 결심하신 분들께 드리고 싶은 말씀은, 후행 학습의 가장 큰 걸림돌은 무엇을 어떻게 해야 할지가 아니라 사실 학부모님과 아이의 '마음가짐'이라는 점입니다. 보통 어떤 문제가 생겼을 때는 문제의 원인을 철저하게 분석해서 그 부분을 중점적으로 개선해야만 문제가 해결되지 않나요? 우리 아이들의 공부도 마찬가지입니다. 문제는 초 5인 아이가 초 3의 문제집을 다시 푸는 것에 대해 긍정적으로 생각하기가 쉽지 않다는 것입니다. 그렇지 않아도 친구들과 비교하고 예민한 시기여서 '중등 선행은 못 할 망정 초 3 공부라니!' 하면서 스스로에게 실망할 수 있죠. 하지만 이 걸림돌을 치워버려야 다음 단계로 나아갈 수 있습니다. 만일 아이가 끝내 거부한다면 문제집을 편집해 주세요. 제가 항상 말씀드리지만 책이나 교과서 등은 학습 도구입니다. 필요할 때는 뜯고 잘라서 학습에 도움이 된다면 오히려 그렇게 하시라고 권장할 정도예요. 그러니 편집된 문제집 표지에 '훈련 도구', '시크릿' 등의 이름을 붙여서 의미를 부여하고 우리 아이만의 공부 비법으로 승화되게 해주세요. 아이들의 마음도 한결 가벼워질 것입니다.

잘못하고 있는지도 모르는 수학 공부법, 점검하기

많은 사람이 수학 공부 방법을 간단하게만 생각합니다.

새로운 학기의 수학 공부를 시작할 때 직전 학기에 풀었던 문제집을 생각하며 비슷한 수준의 문제집을 사서 풀고, 틀리면 다시 풀거나 모르면 질문을 하고 또는 답지를 본 후에 넘어가는 식이죠.

어떤가요? 거의 이렇게 수학 공부를 하셨죠? 여기까지의 설명에서 '도대체 무엇이 잘못됐다는 거지?' 하고 생각하신 분이 있을 겁니다.

하지만 분명히 4가지나 잘못된 부분이 있어요. 제가 잘못된 이유와 함께 제대로 된 수학 공부법이 무엇인지 하나씩 설명해 드리겠습니다.

1. 수학 공부의 순서가 잘못되었습니다.

제가 처음에 새로운 학기의 수학 공부를 시작할 때, "문제집을 사서 풀고"라고 말씀드렸는데요, 대부분의 학생이 이 '수학 문제집'으로 첫 공부를 시작합니다. 물론 수학 문제집에는 많은 종류가 있습니다. 그 중에는 개념을 좀더 깊이 있게 이해할 수 있도록 개념 설명에 많은 페이지를 할애하고, 문제의 양은 상대적으로 적게 실린 '개념서'도 있죠. 하지만 기본적으로 문제집은 '천천히 읽고' 한 단계씩 이해하도록 만들어진 것이 아니라 교과서의 내용을 핵심만 요약 정리해 놓은 것이기 때문에 정답에 가까운 설명만 볼 수 있습니다. 다시 말해 교과서를 공부하는 과정이 등산할 때 내리막길도 걷고 가파른 길도 걸으면서 정상에 오르는 것이라면 문제집은 헬리콥터를 타고서 곧바로 정상에 안착하는 것과 좀 비슷합니다. 그래서 문제집으로만 공부한 아이는 문제집에 쓰인 대로의 개념만 달달 외우는 경우가 대부분이라서 특히, 유형 문제의 경우에는 비슷한 문제를 곧잘 풀지만 극단적으로 개념의 본질에 가까운 아주 쉬운 문제는 전혀 풀지 못합니다. 그러다 보니 풀었던 문제집을 벗어나 처음 보는 새로운 유형의 문제에도 약하죠.

이런 문제를 잘 풀기 위해서는 교과서, 즉 개념을 이해했던 과정을 기억해 내며 본질로 접근하면 쉬운데, 문제집에만 익숙한 아이는 '유형식 접근' 외에는 생각도 해보지 않은 경우가 대부분이라서 당연히 쉽지 않은 것입니다. 그러니 아이들은 수학 공부를 시작할 때, 문제집부터가 아니라 교과서부터 읽도록 지도하셔야 합니다. 정답을 바로 알려주지 않아서 불친절한 교과서는 그래서 막연할 수 있지만, 천천히 수학적 개념을 쌓아갈 수 있는 든든한 가이드가 되어 줍니다. 그리고 그렇게 이해한 개념을 문제집으로 확인하며 가는 것이 수학 공부의 올바른 순서이죠. 이제 아셨다면 지금부터라도 우리 아이의 새 과정 수학 공부는 교과서부터 시작하시기 바랍니다.

2. 개념 정리 과정이 없습니다.

사실 이 '개념'이라는 것이 설명하기가 좀 어렵습니다. 누군가는 개념을 그냥 정의, 뜻이라고 쉽게 설명하기도 하죠. 저는 제 수학 책에서 "개념이란 한마디로 표현된 '정의'만이 아니라 머릿속에 있는 추상적인 생각을 '문제를 푸는 수학적 경험'을 통해 저절로 터득한 원리"라고 표현했습니다. 예를 들어, 초 6의 원주와 원주율 문제를 풀기 위해서는 이미 배웠던 원과 반지름 개념을 떠올리고 새로 배운 원주, 원주율 개념을 적용한 뒤, 그 값을 계산하는 과정에서는 이미 배웠던 소수의 곱셈, 반올림을 활용해야만 합니다. 즉, '원'이라는 도형과 소수의 계산, 어림하기 등 여러 학년에서 배웠던 개념을 하나로 엮어서 문제를 풀어내야만 하는데요, 만약 그중 하나만이라도 잘못 알고 있거나 모른다면 문제를 풀지 못합니다. 정말 쉬운 초등 문제인데도요.

만약 우리 아이가 내신 시험의 변별 문제로 난도가 극상인 신유형 문제를 출제하는 학교에 다니고 있다면, 또는 수능 킬러형 문제를 풀어야 한다면 이보다 훨씬 더 복잡하고 많은 개수의 수학적 연결고리를 단시간에 떠올려야만 합니다. 이 능력은 상당한 양의 연습과 시간이 투자되어야만 체득할 수 있고요. 타고난 수학적 감각이 있는 아이가 아니라면 어릴 때부터 연결 개념을 정리하는 습관을 만들어 주어야 합니다. 그래야 수학적 재능에 버금가는 실력을 발휘할 수 있습니다.

초등 때부터 이 습관을 만든 아이는 그 습관을 고등학교까지 이어 가며, 개념 노트의 권 수를 늘려가고 자신만의 요약 방법, 복습 방법까지 터득하는 등 '개념 연결력'을 수능 1등급을 위한 도우미로 키워냅니다. 이것이 진짜 제대로 하는 수학 공부죠! 저는 모든 습관은 아주 쉽고 사소한 것으로 시작해야 한다고 생각합니다. 아무리 좋은 습관도 쉽게 시작할 수 없을 정도로 너무 어렵거나 복잡하면 그 누구도 시작하지 못할 테니까요. 애초에 시작하지 못하면 당연히 습관도 되지 못합니다. 그러니 우리 아이들이 지금부터라도 조금 어려운 문제를 풀 때는 이 문제를 풀기 위해 어떤 개념이 쓰였는지 생각해 보고 문제 위에 간단하게 적어보는 연습을 했으면 합니다. 아이가 쉽게 써낼 수 있고 잘하는 영역부터요. 처음부터 잘하지 못해도 괜찮습니다. 지금은 개념을 떠올리며 수학 문제를 풀어야 한다는 것을 아는 것만으로도 충분하니까요.

3. 새 학기 문제집 선택에는 피드백이 필요합니다.

'직전 학기에 풀었던 문제집을 생각하며 비슷한 수준의 문제집을 정한다'고 얘기했는데요, 어디가 틀렸을까요? 바로 이 부분입니다. 새로운 학기 공부를 시작할 때의 기준은 직전 학기 수준이 아니라 '직전 학기의 결과'에서 새로운 기준을 정해야 합니다.

보통 일반적인 수학 교과 문제집은 기본-응용-심화로 나뉩니다. 만일 지난 학기 문제집을 우리 아이가 쉽게 풀었다면 새로운 학기를 시작하는 문제집은 그보다는 한 단계 높은 것으로 정해도 됩니다. 즉, 일반 수준보다 높은 수준의 아이는 첫 시작을 무조건 '기본 교재'로 시작할 필요가 없다는 말이지요. 물론 '교과서로 시작'하는 것은 모든 아이에게 동일합니다. 기초 수준의 아이는 당연하고요. 문제집의 난도가 높을수록 문제집 안에서 개념 설명 비중이 줄어들기 때문에 심화부터 공부하는 아이에게는 교과서가 더 필요하기 때문입니다.

4. '틀리면 다시 풀거나 모르면 질문을 하고 또는 답지를 본 후 넘어가'
면 안 됩니다.

틀린 문제는 최소 2번 이상 복습해야 합니다. 단순한 실수로 틀린 문제는 다시 풀었을 때 맞았다면, 또다시 풀지 않아도 됩니다. 하지만 모르는 문제의 설명을 보거나 듣는 것은 그 자체로 복습이 아닙니다. 당연히 그 내용을 바탕으로 스스로 문제를 풀어봐야 하죠. 또 적어도 하루 이상의 시간이 흘렀을 때 (문제를 보았을 때 5초만에 풀이법이 기억나지 않을 때, 즉 단순 암기 상태가 지났을 때) 다시 한번 풀어보면서 온전히 자신의 것으로 소화하는 과정도 필요합니다. 설명을 들을 때, 또는 답안지를 보았을 때는 '알겠다'고 생각했던 문제도 다시 풀어보면 제대로 못 풀 확률이 높기 때문이죠.

수학 공부를 할 때, '안다'의 기준을 높이는 것은 굉장히 중요합니다. 이 기준이 높으면 높을수록 진짜 알 때까지 그 문제를 놓지 못하기 때문입니다. 일종의 문제 집착력을 아이에게 심어 주실 필요가 있습니다. 결국 문제 하나하나의 이해도를 높이는 것이 여러 문제를 빠르게 많이 푸는 것보다 훨씬 더 중요한 일이니까요.

초등 수학의 핵심 연산 정복하기

초등 연산 문제집 풀이가 중요하다고 하는 사람도 많고, 또 굳이 연산 문제집을 풀지 않아도 된다고 하는 사람도 있습니다. 무엇이 정답일까요? 저는 개인적으로 '연산 문제집 풀이는 중요하다, 연산 훈련은 필요하다'고 생각하는 편이에요. 그럼에도 '굳이 연산 문제집을 풀지 않아도 된다'는 말도 틀리지 않다고 봅니다. 왜 그런 말이 나왔는지 간단하게 짚어 볼게요.

연산 문제집 학습이 필요하다는 관점은 이렇습니다. 연산은 초등과정에서 배우고 평가하는 가장 많은 수학 '문제'의 대상이며 중고등학교에 올라가서도 결국엔 답의 맞고 틀림을 결정하는 도구라는 것이 첫째 이유입니다. 충분히 숙달되지 않으면 실력이 있는 아이도 느린 연산 속도나 부정확한 연산 실력에 발목을 잡히는 경우가 생각보다 많거든요. 둘째 이유는 이 연산 문제집이 무엇보다 초등 아이들에게 수학 공부의 습관을 만들어 주는 강력한 수단이기 때문입니다.

반면에 필요 없다고 주장하시는 분들은 '기계적인 반복, 과다한 분량의 문제풀이는 바람직하지 못하다, 교과 문제집만으로도 충분히 실력을 쌓을 수 있다, 중고등 과정까지 올라가면 세부적으로 초등 때 중요하게 다룬 가분수, 진분수 변환이나 소수의 나눗셈과 같이 아이들을 괴롭히던 것은 안 나온다, 그렇게까지 중요하지 않다'고 말씀하십니다. 이도 맞는 말입니다. 단, 전제가 붙겠죠. 1) 어느 정도 수학 공부 습관이 있고, 2) 교과 문제집을 푸는 과정 중에만 연산 공부를 해도 문제 풀이에 지장이 없는 아이라면, 연산 문제집을 굳이 풀 필요는 없다는 말에 저도 동의합니다. 그래서 모든 학년의 아이들이 똑같이 연산 학습을 하기보다는 시기별로 그리고 개인별로 단계적인 연산 학습이 필요한 것이죠.

〈단계별 연산 학습〉

1) 연산 원리 학습 단계: 교과서 읽기, 교구를 통한 이해, 재미있게 계산하는 법
익히기(예: 인도 베다 수학), 수학 동화 같은 스토리로 접근

2) 숙달 단계: 원리를 익힌 후에 구몬과 같은 드릴형 문제집을 테스트지로 활용
하는 것 추천

3) 응용·독해 단계: 특정 원리를 묻는 문제를 다양한 방법으로 접하는 단계, 수학
독해, 신유형 문제집 활용

기본적으로 연산 문제집의 난도는 크게 다르지 않습니다. 특히 구
성이 같을수록 난도는 거의 같다고 보시면 맞아요. 학부모님들이 주
로 풀게 하는 연산 문제집에는 《기적의 계산법》, 《쎈연산》, 《빨강연
산》, 《수력충전》, 《최상위연산》, 《상위권연산》 등이 있는데요, 모든 교
재에 장단점이 있고 또 선생님마다 경험과 취향이 다르기 때문에 추
천 교재가 다른 것뿐입니다.

요즘은 특정 단계나 단원을 강조한 문제집도 출간되고 있습니다.
《바빠수학》, 《초능력(학년, 주요-시계 달력, 구구단, 분수)》, 《초등분수 개념
이 먼저다(분수, 소수 연결고리학습)》와 같은 문제집을 예로 들 수 있어
요. 아이들마다 취약한 단원, 즉 집중 학습해야 하는 단원이 다르기 때
문에 부족한 영역을 보완할 때 이런 문제집을 활용하시면 좋습니다.

자, 이번엔 연산과 관련된 학부모님들의 고민에 대한 해결책입니다.

1) 실수가 잦은 아이에게 순간 집중력을 높이기 위해서 '블라인드 테스트'를 추천합니다. 이 방법은 제가 아이들을 가르칠 때 꽤 여러 명의 아이들을 연산 실수의 늪에서 건져낸 방법이에요.

우선 아이가 자주 실수하는 파트의 문제를 20개 정도 추려냅니다. 20 문제 정도이니 손으로 써서 직접 시험지를 만들어 주세요. 그러고 는 시간의 한계를 두지 말고 최선을 다해서 실수하지 않도록 노력해 서 문제를 풀라고 이야기합니다. 자, 아이가 다 풀었다면 이제 채점할 차례인데요, 절대 틀렸다, 맞았다는 기호 표시를 시험지에 하지 마시 고 눈으로만 채점해 주세요. 어떤 기호 표시도 하지 마세요. 그러고 나서 아이에게 시험지를 다시 돌려주며 총 20 문제 중 틀린 문제의 개수를 말해 줍니다. 그리고 모든 문제의 답을 다 맞힐 때까지 이 행 동을 반복하겠다고 말씀하시는 거죠.

아이는 처음에 황당해합니다. 보통의 시험은, 풀고 난 후 채점해서 틀린 문제를 고치고 끝내는 순서로 진행하는데 이 시험은 본인이 어 떤 문제를 틀렸는지 모른 채로 틀렸다는 문제의 숫자만큼 틀린 문제 를 일일이 찾아야 합니다. 당연히 아이는 반발을 하겠죠? 처음부터 미리 이야기하지 않았다고 거부하는 아이도 있을 수 있습니다. 그러 니 반드시 시험을 보기 전에 약속을 합니다. '오늘 연산 공부는 이것 만 하겠다'고요. 그리고 분명 '최선을 다해서 틀리지 않게 풀기'로요.

처음에는 아이가 화를 낼 수도 있지만 이 부분은 우리 아이를 가장 잘 아는 학부모님께서 잘 지도해 주시기 바랍니다.

어찌되었든 처음에는 황당하지만 이 테스트가 반복되면 아이는 20 문제 블라인드 테스트가 앞으로도 이렇게 진행된다는 것을 인식하게 됩니다. 그리고 다음 시험에서는 20 문제를 한 번에 통과하기 위해 애 쓰게 되지요. 한 번에 통과하지 못하면 직전 시험처럼 어떤 문제를 틀렸는지를 찾다가 처음부터 모든 문제를 다시 풀게 될 수도 있으니까요. 이해되셨나요?

이 활동은 '메타인지력'을 키우는 방법으로도 활용할 수 있습니다. 아이들이 연산 문제를 풀고 나서 내가 이 문제를 틀렸는지 맞았는지를 수학적 감(感)으로 판단하는 것 또한 메타인지력의 일부니까요. 이 훈련은 아이들의 메타인지력 상승에도 도움이 되니 꼭 해보시기를 추천드립니다.

2) 특정 영역을 종적으로 공부한 아이, 예를 들어 분수 연관 단원을 모두 공부한 아이가 있다고 해보겠습니다. 그러면 특히 초 5 과정의 많은 단원을 한 번에 정리할 수 있었을 거예요. 이 종적 학습의 장점은 하나의 원리와 개념을 쭉 연결해서 완성할 수 있다는 데 있지만 단점은 다른 단원과의 분절이 일어날 수 있다는 점입니다. 특히 소수와의 연결고리가 약해질 수밖에 없으니 그 부분의 학습은 또 따로 이루어져야 합니다. 그런데 종적 학습이 아니라 교과서 순서대로 배우

면 그 부분이 보완됩니다. 교과서는 기본적으로 횡적 학습으로서, 연관 있는 단원을 이해하기 쉽게 구성되어 있기 때문입니다. 그러니 만약 종적 학습으로 공부했다면 교과서의 흐름을 따라 다시 공부하며 혹시 연결고리를 놓친 것이 없는지를 살펴보아야 합니다.

3) 검산은 꼭 해야 할까요? 시간적인 여유가 있다면 해야 하지만 집중해서 풀었다면 생략해도 됩니다. 만일 아이가 실수를 자주하는 타입이라면 풀었던 방식과 다른 방식으로 검산하는 습관을 들여주세요. 이 검산 단계를 싫어한다면, 검산하지 않으려면 한 번에 꼼꼼하게 풀도록 노력해야 한다는 말도 꼭 덧붙여 주시기 바랍니다.

오늘 배운 내용을 적용해 볼까요?

Q1) 우리 아이의 수학 연산 학습 상태는 어떤가요? 오늘 배운 내용을 참고하여 점검해 보세요.

Q2) 그동안 사고력 수학이나 심화 수학 학습을 하지 않았다면, 구체적인 학습 계획을 세워 보세요. 단, 아이의 현재 수학 학습 상황을 미리 파악하고, 아이와도 충분한 대화를 통해 '작은 목표'부터 세우시기를 바랍니다.

Q3) p.293의 '잘못하고 있는지도 모르는 수학 공부법'을 참고하여 우리 아이 수학 공부법을 총체적으로 점검해 보세요. 그리고 개선해야 할 점이 있다면 적어 보세요.

DAY 15.

초등 5, 6학년의 수학 공부는 이렇게 합니다

초등 수학, 이렇게 지도하고 있다면 중고등 수학은 답이 없습니다

요즘 아이들은 공부의 깊이가 너무 얕다고 합니다. (이걸 밀도가 낮다고 표현하기도 하더군요.) 문제를 끝까지 풀어내는 끈기, 즉 공부력이 부족해서 아주 간단한 문제는 곧잘 풀어내지만 문장으로 되어 있고 조금이라도 긴 문제나 풀이 과정이 조금 긴 문제 그리고 평소 풀던 스타일과 다른 문제 등을 만나면 애초에 시작하려고도 하지 않는다는 거죠. 또 잘 풀다가도 문제 풀이의 후반으로 갈수록 집중력이 급격하게 떨어져서 문제 풀이는 흐지부지되어 결국 오답을 쓰게 된다는 것입니다. 이런 경우가 실제도로 많습니다. 앞서 설명해 드린 연산도 그렇습니다. 매끄럽고 정확한 풀이 연습이 되지 않아서 계속 실수를 하는 아이가 많죠.

사실 이 모습은 저학년 때부터 눈치를 챌 수 있는 여러 가지 징조가 있었습니다. 저학년 때는 문제를 풀다가 울거나 계속 모르겠다고 엄마를 찾아대고, 초등 고학년과 중등으로 올라가면서는 수학 공부가 싫다, 쓰기 싫다는 말로 거부하는 것이 바로 전조 증상이었습니다. 그럴 때마다 "하지 말아라. 엄마가 해줄게", "그럼 학원으로 가자" 등의 방법으로 해결하신 여러분, 그리고 나서 과연 그 문제가 해결되었나요? 지금 "우리 아이의 얘기야." 하면서 고개를 끄덕이시는 분이 많을 것 같습니다.

초등 때 깊이 없이 너무 '느슨한 학습'을 해온 아이는 앞으로 절대 수학을 잘할 수 없습니다. 왜냐하면 초등 때 만들어진 수학 공부 습관이 아이의 능력치가 되어 학년이 올라갈수록 학습 격차를 벌리는 주된 원인이 되기 때문이에요. 그렇다고 오해는 하지 마세요. 심화 수준이 안 되는 아이는 영영 끝이라는 얘기가 아니라 자신보다 한 단계 위의 문제를 수준에 맞게 충분히 조금씩 접해 보면서 6년에 걸쳐 레벨업을 하는 장기 플랜이 필요하다는 말씀입니다.

이미 벌어진 아이들 간의 수학 학습 격차를 뛰어넘으려면 우선 아이의 수학에 대한 심리적 장애물을 제거하는 것부터 시작해서 제대로 된 학습 방법을 찾고 아이에 맞게 적용시키는 등 상당히 많은 단계와 시간이 필요합니다. 하지만 아시다시피 고학년으로 갈수록 수학 공부 외에도 할 것이 너무나 많기 때문에 '처음부터 하자'는 결정을 하기가 쉽지 않지요. 그렇지만 사실 대입까지 수학은 정말 중요합니다. 수학에 발목을 잡히면 전 과목의 밸런스가 무너지죠. 그러니 가능한 한 어릴 때 수학 공부의 고삐를 어느 정도 단단히 잡아 두실 필요가 있습니다.

아이들이 공부의 깊이가 얕아진 데에는 여러 원인이 있겠으나 큰 원인 중 하나는 '아이의 저항을 이겨내지 못한 탓'입니다. 수학 공부를 시키려고 붙잡아 두는 동안 계속 지우개 떨어뜨리고 화장실 들락거리고, 냉장고 문 여닫고, '쓰는 공부' 안 하려고 자꾸 암산하다가 틀리고 몸을 배배 꼬아도, 즉 학부모님의 스트레스가 극에 달하고 아이와 싸우는 한이 있더라도 계획한 시간 동안 정해진 분량은 꼭 하도록 지도하셨어야 했던 겁니다. 그리고 이 과정에서 반드시 필요한 것은 우리 아이의 타고난 성격에 맞는 학습 방법을 찾는 것입니다.

예를 들어, 아이가 왜 그렇게 가만히 앉아서 공부하는 것을 거부하는지, 왜 10분도 집중하지 못하는지 등의 이유를 찾는 거죠. 이유를 찾으면 방법을 찾을 수 있습니다. 집중력이 너무 낮다면 1시간으로 계획한 수학 공부 시간을 하루 3번으로 나누어서라도 공부하도록 했어야 하고요. 아이가 글씨 쓰는 걸 싫어한다면 그림이든, 말이든 문제 풀이 과정을 표현하도록 지도하셨어야 합니다. 끝내면 어떤 달콤한 휴식이 있는지도 아이 특성에 따라서 찾아 주셔야 하고요. 또 시작은 '시켜서'일 수 있지만 매일 조금씩 공부하는 습관이 자리 잡고, 그 과정에서 수학 실력이 늘었다는 것을 아이가 직접 느낄 수 있는 방법도 찾으셔야 합니다. 예를 들어, 만점 받기 쉬운 간단한 테스트, 칭찬, 끝낸 결과물, 문제집 한 권 완북과 같은 것 말이지요. 수학을 잘하게 하고 싶다면 이 초반의 장애물을 잘 넘으셔야 합니다. 이걸 못 넘으면 그 이후는 없어요.

둘째는 빨리빨리 속도전, 물량전 때문입니다. 학년이 올라갈수록 봐야 할 문제집이 종류별로 난도별로 학부모님의 머릿속과 수첩에 빼곡히 들어차 있을 거예요. 사실 반드시 해야 하는 공부는 없는데도 말입니다. 학부모님의 입장에서는 우리 아이의 공부에 좋다는 것을 포기하는 것이 쉽지는 않죠. 이해합니다. 하지만 이건 기억하세요. 해야 할 공부, 과제의 양이 많으면 시간이 없기 때문에 아이는 대충대충 할 수밖에 없습니다. 그렇다고 속도전, 물량전을 하지 말라는 얘기를 드리는 것은 아닙니다. 이런 공부가 필요한 타이밍이 있기 때문이에요. 중등 이후 내신 대비 기간에, 이미 1차적인 공부를 다 하고 난 후 시험 감각을 연습하고 싶을 때라든가, 고 3 때는 시중의 8절 모의고사 문제집 또는 수능 기출문제를 반복해서 풀면서 실전감을 익히는 것처럼 속도전과 물량전이 필요한 타이밍이 있습니다.

하지만 초등 때는 속도전, 물량전을 최대한 지양하시는 게 좋아요. 그래도 필요한 경우를 찾아보자면, 연산 개념-숙달-정확도를 완성한 후에 속도 연습을 할 때라든가, 지난 학기나 지난 학년의 복습을 하기 위해 쭉 훑고 넘어가는 총정리 문제집을 풀릴 때를 제외하고는 평소에 적게 풀어도 아이가 성의를 보이며 정확하게 푼다면 괜찮다, 훌륭하다고 생각하셨으면 합니다. 문제집은 학기마다 정확하게 정성껏 푼다는 기준으로 2권 정도면 충분하기 때문입니다.

셋째는 선행 때문입니다. (일반적으로 행해지는) 최소 2~3년 전에 선행을 시작하면 아이는 그 내용을 정말로 이해하는 데 상당히 많은 시간이 걸립니다. 그런 사정을 잘 알기 때문에 학원에서는 일부러 처음에는 수박 겉핥기식으로 가르치기도 합니다. 나중에 여러 번 반복하면서 보충하겠다는 계획으로요. 그 과정에서 개념이 이해되지 않는 아이들은 주요 공식을 이용한 기초 문제 풀기에만 익숙해지는 경우가 많습니다. 제대로 된 선행이라면 최소 응용 정도까지는 완성 되어 기출문제를 풀게 해도 80점 이상이 나와야 정상이지만, 공식 암기로 기초문제만 풀 수 있는 아이는 실제 기출문제에서 풀 수 있는 문제가 거의 없습니다. 특히 중 2 이상의 과정은 거의 대부분 그런 사례라고 봐야 해요.

그런데 더 큰 문제는 이런 식으로 선행을 해 놓고, 아이는 '난 선행을 했으니까 이 부분은 이미 알고 있다'고 착각한다는 것입니다. 이것이 중하위권 아이들의 가장 큰 문제입니다. 모르면서도 얼핏 듣기로 배운 것 같은 느낌이기 때문에 당연히 학교 수업 시간에 집중해서 듣지 않습니다. 그 결과, 당연히 좋은 성적을 기대하기도 어렵겠죠. 절대로 선행은 너무 일찍 시키시지 마세요! 사실 중등 선행은 초 6부터 하서도 괜찮습니다. 늦지 않았어요. 그리고 선행의 기준은, 한 번 봤다는 수준이 아니라, 최소 응용 정도의 난도까지는 하셔야 합니다. 문제집으로 설명을 드리자면 초등 기준으로는《디딤돌 초등수학 기본+응용》, 중등 기준으로는《쎈》까지는 해야 아이가 제 학년 수학을 학기 중에 배울 때도 그 위에 심화를 쌓을 수 있습니다. 그래야 비로소 고등 수학도 할 만한 아이가 되고요.

초등 때 반드시 들여야 하는 수학 학습 습관 3가지

수학 공부를 잘하기 위해, 즐겁게 하기 위해, 제대로 하기 위해 갖추어야 한다고 말하는 학습 습관은 참 많습니다. 그중에서 지금부터 말씀드릴 이 3가지 습관만 갖출 수 있도록 지도하신다면 중고등 수학, 어렵지 않게 공부할 수 있습니다.

1. 읽기 습관

읽기요? 수학인데요? 하시는 분이 있으시죠. 네, 읽기 맞습니다. 그것도 '교과서 읽기 습관'입니다. 교과서는 아이들과 학부모님들도 그냥 학교에서 배우는 교재 그 이상도 이하도 아닌 것으로 생각하기 쉽습니다. 그래서 수업 시간 외에는 거들떠도 보지 않는 경우가 많죠. 그런데 이 교과서 안에, 수학 수업을 쉽게 이해하고 또 시험에도 강해질 수 있는 비밀이 숨겨져 있습니다.

우선 교과서 읽기로 예습하세요. 예습의 중요성은 다들 알고 계시지만 '예습은 곧 선행'으로 오해하는 분도 있고 또 방법을 모르겠다고 하는 분도 많습니다. 학교 수업에 대한 예습은 그냥 교과서 읽기면 충분합니다. 그것도 기왕이면 소리 내서 읽도록 지도해 주세요. 막히는 부분은 잠깐 멈춰 생각하고 한 번 더 읽고 가는 것이면 충분합니다. 아이들이 공부한 내용이 기억 나지 않거나 또 암기가 되지 않는 대표적인 이유는 바로 소리가 익숙지 않은 경우입니다. 소리에 익숙해지면 선생님의 수학 용어 설명부터 들리기 시작할 거예요. 그러면 '들리는 수업'이 되고, 자연스럽게 수업에 깊게 참여하게 됩니다.

또 교과서 읽기는 시험을 대비하는 방법이기도 합니다. 이제 초등에서도 수학 교과서에서 검인정 교과서를 도입하고 있습니다. 국정 교과서와는 달리 다양한 예시로 수학 개념을 익힐 수 있도록 각 출판사에서 굉장히 신경 쓴 교과서가 나오고 있는 거죠. 각 교과서마다 지면을 채울 용도(?)처럼 보이는 '읽을 거리'라는 구성이 있는데요, 이 부분은 실생활과 접목하여 수학 개념의 이해를 돕기도 하고, 또 각 교과서에 수록된 예시를 활용한 문제를 풀 수 있는 배경지식이 되기도 합니다. 따로 시간을 내서 수학 동화를 읽히려고 하신다면 일단 수학 교과서를 읽게 해보세요. 수학 동화 못지않은 효과가 있을 테니까요.

이렇게 자연스럽게 교과서 읽기가 익숙해진 아이들은 다른 과목 교과서 읽기로 공부법을 확장할 수도 있습니다. 중고등 내신 시험에서 서·논술형 문제에 대한 적응력도 높여갈 수 있지요. 긴 수학 문제를 읽는 것 자체도 서·논술형의 대비로서 효과적이지만 같은 교과서를 쓰는 학교의 내신 서·논술형 문제가 교과서 구석에 있는 〈이야기로 배우는 수학〉이라는 코너를 활용한 문제로 출제되고 있는 경향을 보면, 실제 시험 대비에도 효과적이라는 것을 알 수 있습니다. '어? 문제집에 없던 처음 보는 문제 스타일이야!'라고 생각하지만 알고 보면 교과서에 실린 예시인 경우가 많거든요. 바쁜 수업 시간에 차마 다루지 못하고 넘어갔던 것이죠. 이건 다년간 아이들을 지도한 제 경험에서 우러난 팁입니다.

2. 노트 쓰기 습관

수학 공부에서 필요한 노트는 총 3가지입니다. 앞에서도 설명드린 것처럼 개념노트, 오답노트, 풀이노트예요. '우선순위'는 풀이노트 → 오답노트 → 개념노트 순입니다. (풀이노트의 설명은 p.288을 참고해 주세요). 여기서는 오답노트와 개념노트 순으로 설명을 드릴게요.

오답 공부는 반드시 필요합니다. 그런데 저는 일반적으로 알려진 오답 공부의 정석(?)인 오답노트보다 '오답 봉투'를 추천합니다. 오답 봉투란, 말 그대로 틀린 문제를 넣어두는 봉투를 의미해요. 준비물은 틀린 문제를 오려내는 도구와 종이봉투면 충분합니다. (뒷쪽의 문제를 사용할 필요가 없다면 그대로 오리고, 그렇지 않다면 복사해 주세요. 최근에는 블루투스로 작동하는 모바일 프린터기가 있어서 휴대폰으로 문제를 사진 찍고 쉽게 인쇄할 수 있습니다.) 그런데 봉투에 넣을 오답 문제를 준비할 때 주의할 점이 하나 있습니다. 오려낸 문제 뒷면에 어느 문제집의 몇 페이지, 몇 번 문제인지를 정확하게 써 두는 거예요. 문제만 오려내기 때문에 나중에 채점을 하려면 이 과정이 꼭 필요합니다. 그리고 서류 봉투나 못 쓰는 휴지곽을 준비해서 오려낸 문제를 모두 그 안에 넣습니다. 이때 주의할 점은 문제를 'XX문제집 1, 2단원(단원)', '10. 10. ~ 12. 2.(날짜)'처럼 분명한 기준에 맞춰 넣어야 한다는 거예요. 그 기준이 없으면 1, 2단원 '단원 평가' 대비를 위해 오답 풀이를 하고 싶은데, 봉투 안에는 지난달에 공부한 것, 지난 학기 문제도 섞여 있게 됩니다. 또 양도 엄청나게 쌓여서 봉투도 빵빵해지겠죠. 그 양에 압도되어 아이는 오답 봉투를 풀고 싶어 하지 않을 가능성이 높습니다. 그러니 오답 봉투를 풀이 목적이나 기간, 범위에 따라 따로따로 만드세요. 이렇게 오답 '봉투'가 준비되었다면 자투리 시간이나 계획한 복습 시간에 이 봉투에서 문제를 무작위로 꺼내어 풉니다. (풀이를 할 때에는 풀이 노트를 사용하면 더 좋겠습니다.)

오답 봉투는, 만드는 과정도 오답노트에 비해 편하지만 추가적인 학습 효과도 있습니다. 바로 무작위로 문제를 뽑아서 풀기 때문인데요, 이 방법은 유형 암기식 공부를 해온 아이들에게 저절로 시험에 대비하게 해주는 효과가 있습니다. 학교 시험은 암기한 유형 문제처럼 보자마자 기계적으로 풀 수 있는 것도 있지만 내가 풀어보지 못한 유형의 문제나 신유형 문제도 출제되기 때문에 낯선 문제를 만났을 때의 적응력을 키워야 합니다. 그런 의미에서 무작위로 문제를 뽑아 푸는 오답 봉투는, 오답노트가 틀린 순서대로 붙어 있어서 위치로 답을 떠올리게 하거나 유형을 떠올리게 하는 것과 달리 힌트가 없기 때문에 그 문제 자체에 집중할 수 있게 해줍니다.

개념노트는 현실적으로, 모든 아이에게 권장하기는 어렵습니다. 다만 쓰는 공부를 거부하지 않는 아이나 수학 개념과 용어를 너무 어려워하는 아이에게 영단어 공부할 때처럼 〈수학 개념 카드〉를 만드는 정도로 추천합니다. 또 수학 사전을 활용해서 하루에 용어를 하나씩 아이 손으로 필사하는 훈련을 시켜도 됩니다. 내 손으로 무언가를 정리한다는 것은 머릿속을 정리하는 것과 같은 효과가 있으니까요.

3. 풀기 습관

문제를 읽자마자 달려들 듯이 빠르게 문제를 푸는 아이, 즉 연필부터 움직이기 시작하는 그런 아이, 있죠? 이럴 때 학부모님은 어떤 마음이 드시나요? '와! 우리 아들, 딸 수학 잘하는구나! 그동안 열심히 가르친 보람이 있구나!'라며 흐뭇하게 생각하시는 분이 많으시죠? 하지만 수학 교육 전문가로서 볼 때 지금 이 아이는 조금 위험합니다.

일단, 수학 공부를 하는 이유가 무엇인가요? 여러 현실적인 대답과 정답에 가까운 말이 있지만 일차적으로는 '주어진 문제를 잘 풀어내기 위해서'라고 해보겠습니다. 문제를 잘 풀기 위해서라면 문제를 보자마자 달려들어 푸는 아이를, 집중력과 도전 의식이 좋다고 오히려 칭찬해야 하는 것이 아니냐고 하실 테죠? 물론 평소에 잘 풀던 단순한 연산 문제나 교과서 수준의 단순한 문제 풀이를 할 때는 칭찬해야 합니다. 잘하고 있는 겁니다. 그런데 제가 말씀드리는 상황은 아이 수준보다 어려운 문제, 평소에 잘 풀어보지 못했던 새로운 문제, 사고력이라든가 문장제같이 평소에 어려워하던 유형을 접할 때에도 이런 행동을 보이는지를 살펴보셔야 한다는 겁니다. 이런 문제를 풀 때도 달려든다면 사실은 그 속에 위험이 도사리고 있기 때문입니다.

아이들이 문제에 달려드는 때는 몇 가지 경우가 있습니다. 우선은 문제가 너무 쉬워서 보자마자 어떻게 풀어야 할지 너무 잘 알고 술술 풀려서인데요, 이 경우는 앞에서 말한 대로 그래도 됩니다. 칭찬해 주세요. 하지만 그럴 만한 문제가 아닌데도 일단은 손부터 움직이는 것은 수학 공부의 본질인 이 문제를 '이해'하고 또 '해결'하는 전략에 대한 고민 없이 그저 문제를 풀어 답을 내야 한다는 강박이 만들어낸 행동입니다. 그렇게 달려들었다가 만약 우연히라도 풀어서 답을 냈다면 그나마 다행이지만(이것도 사실 문제죠) 대부분 생각처럼 풀리지 않기 때문에 (대부분 이렇게 해서는 안 풀립니다) 별다른 고민 없이 '못 풀겠다'는 별표 표시를 하거나 답지를 보는 행동을 합니다. '생각해 보아야 할 수준의 문제'는 절대로 그렇게 달려들어선 안 됩니다. 학부모님이 그런 아이의 행동을 보면 즉각 저지하셔야 해요. 초등 때 달려드는 습관이 든 아이는 중고등 때도 그 습관을 버리지 못하기 때문입니다.

수학은 문제 풀이 이전과 그 순간, 그 이후가 순차적으로 이루어져야 진짜 공부라고 할 수 있습니다. 영어와 비교해 보면, 영어는 명시적인 학습 단계인 초등 고학년 이후부터는 상황이 조금 다르지만 초등 저학년까지는 듣고 읽는 그 과정 자체가 바로 '공부'입니다. 예를 들어, 간단한 챕터북 원서를 읽는데, 읽기 훈련을 하기도 전에 거의 모든 단어를 완벽하게 공부하고 난 후, 책을 읽으면 아이가 과연 그 학습 과정을 지루하지 않게 잘해 낼 수 있을까요? 준비 과정에서 쉽게 지칠 가능성이 높겠죠? 영어는 언어인 탓에 사전 준비 없이 듣고 읽는 과정 속에서, 맥락 안에서 습득하면서 배움을 쌓아가는 것만으로도 괜찮을 때가 있습니다. 이때는 오히려 단계적 학습 방식을 권하지 않기도 하죠.

하지만 수학은 다릅니다. 수학 문제를 풀기 전에 미리 개념을 학습해야 하고, 또 적용할 때에도 여러 기본 문제를 통해 문제 풀이 방식을 배워야 합니다. 그리고 배운 대로 적용이 되는지 '확인'의 의미를 가진 문제 풀이가 이루어져야 하죠. 예를 들어, 삼각형을 처음 배울 때, 어떻게 생기고 어떤 성질을 가진 것이 삼각형인지를 먼저 공부하고 (때로는 어떤 도형이 왜 삼각형이 아닌지도) 그렇게 배운 내용을 바탕으로 기본 문제를 풀면서 '삼각형' 문제를 푸는 방법을 배웁니다. 그러고 나서 응용 문제를 반복해서 풀며 삼각형과 관련된 개념을 더 견고하게 익혀 나갈 수 있게 되죠.

수학은 문제 풀이 이전의 '사전 이해 단계'가 매우 중요한 과목이고 우리는 그 과정을 '개념 학습'이라고 부르고 있습니다. 하지만 잘 아시는 것처럼 초등에서는 이 과정이 많이 생략되며, 아주 간단한 정의 정도만 익힌 후에 바로 문제 풀이에 들어가는 경우가 많죠. 그렇게만 해도 별 문제가 없다고 생각하는 사람이 많은 이유는 이 방식이 초등 기본 수준(교과서 정도) 문제 정도를 푸는 데는 전혀 문제가 없기 때문입니다. 그래서 아이가 혼자 선행을 하거나 예습할 때 문제 풀이로 시작해도 별 문제가 없더라는 말이 나오는 것이죠. 하지만 이런 식으로만 학습해서는 절대로 어려운 내신 문제나 수능 문제를 제대로 풀어낼 수가 없습니다. 그저 많이 풀어서 거의 외우다시피 문제만 기억에 의존해서 풀어내고는 '수학 공부를 잘하고 있다'고 착각하기 쉽죠.

우리 아이가 문제를 보자마자 달려드는 모습을 보이고 있다면, 그 문제가 그래도 되는 문제인지, 아닌지를 먼저 살펴봐 주세요. 만약 그러면 안 되는 문제 같은데도 그런 행동을 한다면 일단 한 템포 천천히, 문제를 좀더 자세히 보고 어떻게 풀지를 생각해 보는 시간을 주셨으면 합니다. 아이에 따라서는 이 시간 동안 머릿속으로 어떻게 풀면 될지 시뮬레이션을 돌리기도 해요. 또 어떤 아이는 눈으로 확인하면서 스스로 정리도 합니다. 아주 좋은 습관이에요. 나중에 고등 수학으로 가면, 이런 연습을 일부러라도 해야 합니다. 유명 고등 수학 전문 학원에서도 문제 전략, 해석을 따로 적고 고민하는 연습만 시키는 특강이 따로 개설될 정도거든요. 그때 가서 전혀 없던 습관을 만들려면 얼마나 많은 시간과 노력이 필요할까요? 지금부터 간단하게 습관만 만들어 놓으면 나중에 그런 특강을 듣지 않아도 됩니다.

오늘부터는 문제 풀이보다 개념 이해에 더 큰 시간을 할애하게 하시고, 문제를 보자마자 달려들기보다는 어떻게 풀면 좋을지를 고민해 보는 시간을 꼭 주시기 바랍니다. 이때 딱 하나 주의하실 점은 우리 아이의 계획된 하루 수학 공부 시간에 이런 여유도 가져야 하니 지금 하고 있는 분량을 조금씩 줄여 주시면 좋겠습니다. 시간에 쫓긴 아이는 생각하고 말고 할 겨를이 없습니다. 이 '시간 싸움'이 아이들에게 달려드는 습관을 만든 주범이라는 것을 꼭 기억해 주세요.

수학 문제집에 대한 모든 것을 알려드립니다

수학 공부는 문제 풀이가 절대적인 비중을 차지합니다. 그리고 어떤 문제를 어떻게 푸는지에 따라 아이의 수학 성적이 판가름 나죠. 학부모님들이 수학 문제집에 대해서 가장 많이 하는 질문은 크게 다음과 같이 두 가지예요.

1. 무슨 문제집이 좋아요? (유사 질문으로) 이 문제집 어때요?
2. 한 학기에 문제집 몇 권이나 풀게 하는 게 좋아요?

즉, 문제집을 '고르는 과정'과 관련된 질문이 90% 이상을 차지합니다. 그런데 이렇게 열심히 고른 문제집을 효과적으로 잘 풀게 하면 좋은데, 대부분이 그렇지가 못합니다. 가장 대표적인 사례가, 아이 수준에 맞지 않는 문제집을 풀게 하는 경우, 풀면서 아이와 싸워서 다 풀지도 않고 그냥 방치해 버리는 경우, 반대로 쉬운 문제만 그냥 습관적으로 풀게 하는 경우, 오답이 하나도 해결되지 않는 경우, 문제집의 권 수만 늘어 아이가 문제를 외우는 지경이 되는 경우 등이 있습니다.

문제집은 선택부터 푸는 과정, 채점, 오답까지 명확하게 지켜야만 제대로 공부하게 되는 '기준'이라는 것이 있습니다. 지금부터 하나씩 따져 볼게요.

우선 문제집의 선택입니다. 어떤 기준으로 수학 문제집을 선택하냐고 물으시면 저는 딱 2가지만 보라고 말씀드려요.

1. 대중적인 문제집 중에서 고르실 것: 어느 정도는 문제의 퀄리티가 보장된 것입니다.
2. 정답률이 70% 정도 되는 문제집을 고르실 것: 아이 수준에 맞는 문제집을 고르시는 기준이에요. p.144에서 소개해 드린 방법으로 아이 수준을 파악하셔도 되고요. 아니면 서점에서 한 페이지 정도 아이에게 눈으로 풀게 하셔도 됩니다. 정답률이 70%는 되어야 아이도 문제집을 풀 만하다고 느끼고, 모르는 문제에만 집중해서 정복할 수 있습니다.

이번에는 푸는 과정입니다. 설마 문제집을 한 번만 푸는 아이는 없겠죠? 문제집은 오답의 완성도가 90%가 될 때까지 틀린 문제는 반복해서 풀어야만 효과가 있습니다. 수학 공부는 누가 많은 문제집을 푸는지를 보는 경주가 아니기 때문입니다. 10권을 한 번씩 푸는 것보다 한 권을 3번만 정확히 푸는 것이 훨씬 더 효과적입니다. 수학 문제집을 반복해서 여러 번 알차게 푸는 방법은 아래의 QR 코드*를 통해 영상을 확인하세요. 실제 문제집을 가지고 자세히 설명해 놓았으니 도움이 되실 겁니다.

채점으로 가 보겠습니다. 문제집 채점은 보통 누가 하시나요? 어릴수록 부모님이 하시고 학년이 올라갈수록 아이가 하는 경우가 많은데요, 원칙을 말씀드리겠습니다 채점의 시점은 반드시 문제를 푼 당일이어야 하고, 바로 그 자리에서 1차 오답 풀이를 해야 합니다. 워킹맘이시면 주말에 몰아서 채점해 주는 경우가 있지요? 상황은 이해합니다만, 아이의 수학 공부의 연속성 측면에서 결코 좋은 방법은 아닙니다. 되도록이면 당일에 늦게라도 채점해 주시고, 부모님의 여건이 안 되신다면 아이가 스스로 하도록 훈련시키는 것이 좋습니다. 아이를 믿지 못해서 해설지를 못 주겠다는 분도 계시죠? 이해는 하지만 사실 해설지를 안 주셔도 아이들이 마음만 먹으면 인터넷에서 답지를 찾는 것은 일도 아닙니다. 그것보다는 해설지의 진짜 활용 이유를 잘 설명해 주시고, 만일 답을 베끼고 싶은 충동을 아이가 이기지 못할 거라고 생각되신다면 빠른 정답만 주는 대신 문제마다 반드시 풀이 과정을 적어야 한다는 원칙을 주셔야 합니다. 그리고 채점을 본인이 하는 아이도, 답이 아닌 해설은 2차 오답 이후에만 볼 수 있다는 규칙을 같이 만드세요. 1차 오답을 풀 때까지는 본인의 힘으로 열심히 고민해 가며 풀도록 해야 합니다.

간혹 아이가 문제를 풀 때 바로 앞에 앉아서 문제를 하나하나 풀 때마다 바로바로 채점해 주시는 경우도 있습니다. 아이에 따라서는 바로바로 나오는 결과 하나하나에 심적으로 크게 (보통은 안좋은) 영향을 받을 수도 있습니다. 저는 그때그때 받는 피드백이 생각을 확장하고 집중할 수 있게 한다는 측면에서 좋다고 생각하는 쪽이지만, 멘털이 약한 아이에게는 좋은 방법은 아니니 주의하시기 바랍니다.

마지막으로, 오답입니다. 오답은 좀 전에 말씀드린 것처럼, 1차 오답은 채점 직후에, 2차 오답은 1일 후에, 2차 오답은 5일 안에 하면 가장 좋습니다. 1차 오답은 오답노트나 오답 봉투까지 할 필요는 없습니다. 때로는 문제를 잘못 읽어서, 계산 실수를 해서 틀리는 경우도 있으니까요. 하지만 1차 때 못 푼 문제의 2차 풀이는 다음 날에 한 번 더 기회를 주시되, 혼자 힘으로 풀지 못하면 그제서야 해설지를 볼 수 있게 하시고, 그 즉시 오답노트를 만들거나 오답 봉투로 문제를 넣어 두도록 루틴을 만들어 주세요.

앞서 정답률이 90%가 될 때까지 반복해서 오답을 해결해야 한다고 말씀드렸는데요 그 90% 이상의 완성도에 대해서 이런 질문을 자주 하시더라고요. "처음 문제를 풀 때는 50~60%밖에 못 맞히다가 다시 풀 때는 누구의 도움도 없이 해설지도 안 보고 풀어서 맞혔다면, 이건 정답인가요? 아니면 오답인가요?" 자, 여기서 중요한 것은 '누구의 도움도 없이 해결한 것'입니다. 만약 이 말이 사실이라면 '정답'입니다. 물론 왜 처음부터 맞추지 못했는지에 대한 분석은 분명히 필요합니다. 실수로 문제를 잘못 읽었거나 중간에 계산 실수가 있었다면 이런 행동이 습관이 되지 않도록 정확도를 높이는 연습을 해야 하고요. 시간만 있었으면 맞힐 수 있었다면 평소 아이의 학습량에 대한 진지한 고민이 있어야 합니다. 천천히 풀면 맞힐 수 있는데 많은 문제를 짧은 시간 안에 급히 푸느라 틀렸을 테니까요. 그런 식으로 공부하는 것은 고득점과는 거리가 먼 방법입니다. 속도는 정확도가 갖춰졌을 때 시도할 수 있는 거거든요. 결과적으로 성적을 만드는 것은 속도가 아니라 정확도라는 것을 꼭 기억하셔야 합니다.

이런 방법으로 수학 선행을 한다면 학원에 안 가도 됩니다

초 5, 6의 수학 선행 때문에 처음으로 학원에 발을 들여놓는 아이가 많습니다. 대부분의 아이들이 그런 이유로 학원에 다니다 보니, 우리 아이만 안 보내면 뒤처질까 봐 걱정이 되는 것도 어찌 보면 당연하겠죠. 하지만 학원을 보내는 이유가 딱 '선행' 때문이라면, 지금부터 제가 드리는 말씀을 듣고 선택하셔도 늦지 않을 것 같습니다. 학원에서 선행 학습이 진행되는 형태를 살펴보고 그 방법을 집에서도 할 수 있도록 조언해 드릴 예정이니까요. 만약 제 말대로 한번 시도해 보았는데, '우리 애는 못하겠다! 나는 죽어도 이렇게는 지도하지 못하겠네'

라는 생각이 드신다면 이 방법을 학원 선택의 기준으로 삼으시면 됩니다. 하나씩 살펴볼게요.

학원 선행은 가장 대표적인 법칙은 2가지입니다.

1. 2개월 1학기 완성! 선행 진도의 법칙

일반적으로 2~3개월 동안 한 학기 선행을 마치는 법칙입니다. 아이들의 수준에 따라서 또 학원에서 세팅한 선행 수준의 기준에 따라서 약간씩 다를 수 있지만 저 정도는 해야 특히 중고등학교에서 학교 시험을 대비하는 기간을 빼고, 쭉쭉 진도를 뺄 수 있는 기간이 나오기 때문에 많은 학원에서 기준으로 삼아 진행하고 있습니다.

2. 3회 반복은 기본! 반복 선행의 법칙

학원에서는 직전 학기 선행만 하고 현행에 몰두한다! 저는 개인적으로 나쁘지 않은 방식이라고 보지만, 이렇게 했다가는 선행 진도를 쭉쭉 빼주는 학원으로 원생을 다 빼앗겨버리는 것이 현실입니다. 그래서 중상 수준의 반은 1.5년 정도의 선행이 일반적이에요. 그런데 1.5년 전에 배운 선행을 과연 아이들은 얼마나 기억하고 있을까요? 지금 배우는 것도 이해하지 못하는 건 바로 잊어버리는 것이 현실인데, 당연히 거의 기억하지 못합니다. 기억하더라도 일부 공식과 쉬운 문제 유형 정도죠.

그래서 빠른 선행에는 짝꿍처럼 '복습'이 붙어 있습니다. 아예 처음부터 3회 반복 선행 계획을 세우고, 처음 배울 땐 개념만, 두 번째 복습 땐 응용, 세 번째는 심화, 이렇게 교재 세팅을 마친 곳이 대부분입니다. 계획은 아주 그럴 듯하고, 큰 틀에서 보면 에빙하우스의 망각곡선을 만족하는 것처럼 보입니다. 하지만 '새로운 학습 이후에 20분이 지나면 절반은 잊어버리고, 1시간이 지나면 40%만 기억하며, 하루가 지나면 30% 정도만 기억한다'는 이 법칙에 대입해 보면 어떨까요? 학원에서 기획한 3회 반복 선행은 1회 선행을 마치고 바로 2회차 선행 복습을 하는 형태가 아니기 때문에, 아이들은 실제 2회차 선행 복습을 하는 시기에는 1회차 때 배운 내용 중 기본적인 공식 외에는 거의 잊어버립니다. 그래서 또다시 새로 학습을 시켜야만 하죠. 즉, 3회나 복습을 해도 기초-응용-심화로 아이들의 학습 수준이 업그레이드 되는 것이 아니라 '기초-기초+응-기초+응요' 이 정도의 느낌이랄까요? 미리 공부하는 것이 큰 의미가 없을 정도로 다시 처음부터 가르쳐야 한다는 이야기입니다..

그런데 이 이야기를 거꾸로 해보면, 학원에서는 여러 가지 상황 때문에 앞서 소개한 방식으로 선행을 할 수밖에 없겠지만 여유 있게 천천히 이해할 수 있는 속도로 진도를 나가고, 한 번 배울 때 깊이 있게 공부한다면 어떨까라는 생각이 드실 겁니다. 바로 그 지점이 집에서 하는 선행 학습의 장점입니다.

선행 학습은 누가 빨리 많이 배우느냐는 경쟁이 아닙니다. 선행의 끝은 어차피 누구나 고 3, 수능 대비거든요. 누구에게나 도착점은 똑같습니다. 그렇다면 누가 빨리 가느냐가 중요한 것이 아니라 누가 제대로 가느냐가 관건인 것이죠. 제 학년 수업을 학교에서 배울 때, 미리 공부했기 때문에 선생님의 수업도 더 잘 들리고, 문제도 잘 풀리고, 그동안 선행한 내용과 지금 다시 배우는 내용을 잘 엮어서 좀더 어려운 문제도 고민해 볼 수 있는 여유를 갖기 위해서 하는 것이 선행입니다. 그러니 그 명확한 목적을 위해서라도 빨리 여러 번 반복하는 선행을 하며 안심하실 것이 아니라 아이의 수준에 맞는 맞춤형 진도, 또 특정 단원이나 학기가 조금 이해하기 어렵거나 내용 자체가 어려워서 집중해야 한다면 그 부분은 좀더 오래 공부해도 된다는 식의 시간적인 여유가 꼭 필요합니다. 그런데 이런 방식은 일반 학원에서 일일이 아이에게 맞춰 주기에는 한계가 있을 수밖에 없겠죠. 그래서 저는 제대로 선행을 하려면 집 공부를 기본으로 하고 부족한 부분만 사교육, 즉 학원이나 인강의 도움을 받을 수 있는 융통성을 갖춰 주실 것을 추천합니다.

집 선행의 핵심은 '반복을 최소로 하는 심화'입니다. 심화, 말은 쉬운데 진짜 심화에 대해서 생각해 보신 적이 있나요? 심화의 진짜 의미는 '최상위', '에이급' 이런 류의 소위 심화 문제집으로 불리는 문제집을 푸는 것이 아닙니다. 바로 우리 아이의 수준보다 1~2단계 높은 수준의 문제집을 '시간을 들여 충분히 고민하여 푸는 것'을 말합니다. 예를 들어, 우리 아이가 교과서 수준이 빠듯한 아이라면 응용, 유형 문제집이 아이에게는 심화가 될 수 있고요. 최상위까지 거뜬히 푸는 아이라면 경시대회 대비 문제집이 심화서가 될 수 있습니다. 다시 말해 그냥 보자마자 풀 수 있는 문제가 아니라 30분~2시간은 고민해서 끙끙대며 푸는 경험, '문제 집착력'을 발휘할 만한 문제집을 찾아서 그 상황을 만들어 주시라는 겁니다. 이런 식으로 한 학기씩만 심화 수준으로 선행을 한다면, 실제 학기(현행)가 되었을 때, 아이는 바로 직전에 공부했던 내용이니 1.5년, 2년 전에 했던 선행보다 훨씬 더 많이 기억할 수 있고, 심화까지 했으니 더 깊이 있게 고민해 봤을 겁니다. 이것이 진짜 선행으로써 현행에서 최적의 효과를 얻는 바람직한 상황이죠.

간혹, 그렇게만 하면 수학 공부 시간이 너무 남는다고 걱정하시는 분이 있습니다. 그런 분들께는 이렇게 여쭙고 싶습니다. "부모님, 우리 아이에게 수학 공부만 시키고 계신 건 아니죠?" 수학 공부의 학습 부담이 줄어든 아이는 다른 과목에 더 몰입할 수 있는 여유가 생깁니다. 그렇게 몰입한 과목에도 이런 법칙이 적용되어 여유가 생긴다면 아이는 책도 더 읽고 때로는 예체능도 즐기며, 자신이 무엇을 좋아하는지 스스로 찾는 여유를 누릴 수 있을 거예요. 아이에게 소중한 이 청소년기가 공부한 기억밖에 없는 학창 시절이 아니라 하고 싶은 것은 무엇이든 마음껏 하며 꿈을 꾸었던 시기로 기억될 겁니다. 상상만 해도 부모로서 너무 뿌듯하고 기쁘지 않으신가요? 저는 수학 강사로서 수학이 중요하다는 것은 항상 강조해 드리고 있지만 수학으로 인해 아이들의 공부 지옥이 시작되는 모습을 너무 많이 봐 왔기에 드리는 솔직한 말씀입니다.

오늘 배운 내용을 적용해 볼까요?

Q1) 우리 아이는 지금 수학 '읽기 습관'을 가지고 있나요? 만약 미흡한 부분이 있다면 그 부분을 보완할 계획을 세워 보세요.

Q2) 우리 아이는 지금 수학 '쓰기 습관'을 가지고 있나요? 만약 부족한 부분이 있다면 그 부분을 보충할 계획을 세워 보세요.

Q3) 우리 아이는 지금 제대로 된 수학 '풀기 습관'을 가지고 있나요? 만약 잘못된 부분이 있다면 그 부분을 고칠 계획을 세워 보세요.

Q4) 우리 아이의 수학 선행은 제대로 진행되고 있나요? 우리 아이의 수학 선행 상황을 점검하고, p.322를 참고하여 앞으로의 선행 계획에도 반영해 보세요.

DAY 16.

초등 5, 6학년의 사회, 과학 공부는 이렇게 합니다

초중고 학생은 물론이고 일반인도 사회 과목에 대한 편견이 있습니다. 가장 대표적으로 '양이 방대하고 외울 것이 많다'는 것이죠. 어떤 부분은 맞고 어떤 부분은 틀렸는데요, 일단 양이 방대한 것은 맞습니다. 우리를 둘러싼 (자연환경을 제외한) 모든 환경이 '사회'의 범주에 속하기 때문에 모든 것이 학습에 도움이 되는 배경지식인 동시에 배워야 할 대상이기 때문이죠. 하지만 사회 과목을 무조건 '외워야만' 하는 것은 아닙니다. 가장 대표적인 암기 영역으로 불리는 역사도 사람과 사람 사이에서 일어난 일이기 때문에 인과관계가 있어서 맥락을 이해하면 저절로 암기되는 부분이 있습니다.

게다가 초등 사회 교육의 목적 자체가 단편적인 지식의 암기가 아니라 고등 과정으로 가는 사회과(科) 기초 지식의 함양이면서, 동시에 사회 공부에 흥미를 느끼게 하는 것입니다. 그러므로 큰 틀의 흐름을 이해하고 세부적인 내용은 중등 이후의 학습을 통해 메꿔 가는 것이 올바른 학습 방향성입니다. 초등 사회 교과 내용은 지리, 역사, 일반 사회 영역으로 나뉘어 우리 고장 → 우리 지역 → 우리나라 → 세계 여러 나라로 그 범주를 확장합니다. 초중고 사회 교과는 큰 틀에서는 같은 내용을 배우기 때문에 초등 때 배운 사회 교과는 중등과 고등으로 올라가면서 심화 학습을 하게 되는데요, 다시 말해 지금 배운 내용은 언젠가 다시 배울 기회가 있기 때문에 특정 사건이 벌어진 연도처럼 세부적인 것을 암기하는 학습에 너무 집착할 필요가 없습니다. 그럼에도 초 5, 6의 사회 교과는 내용도 많고 어려워서 아이들에게 공포의 대상입니다. 어떤 아이는 수학보다도 사회가 더 싫다고 할 정도이니 학부모님의 역할은 아이들이 사회를 보다 쉽게 받아들이면서 흥미를 갖도록 그 방법을 찾아주시는 겁니다.

사회 교과서는 다른 과목에 비해서 그 중요성이 특히 강조됩니다. 교과서에 담긴 모든 이야기가 함축된 문장으로 구성되어 있고, 한 줄 한 줄 의미 없는 문장이 없다시피 하기 때문이에요. 그렇기 때문에 쉽고 흥미롭게 사회 공부를 하기 위해서는 교과서 학습 이전에 흥미 위주의 학습 도구와 많은 체험이 필수입니다.

초등 5, 6학년임에도 여전히 흥미로운 사회 공부 방법

초등 사회는 세부 영역에 따라서 쉽고 흥미롭게 접근하는 방법이 다릅니다.

1. 지리

우선 초 5의 1학기, 초 6의 2학기에 배우는 지리 영역을 재미있게 배울 수 있는 방법은 지도 읽기를 포함한 사회과부도 학습, 우리나라 및 세계 여러 나라를 알 수 있는 책, 영상, 여행 등이 가장 대표적입니다. 우선 가장 쉽게 생각할 수 있는 '여행'을 통한 현장 체험 학습을 살펴볼게요. 평소에 아이와 얼마나 여행을 자주 다니시나요? 각 가정의 사정에 따라 다르지만 요즘은 굳이 여행을 직접 가지 않아도 랜선으로 하는 여행이 어느 정도는 가능한 시대입니다. 여행 관련 영상, 다큐멘터리, 영화 등을 찾아보면 볼 만한 자료가 넘쳐나기 때문이죠. 게다가 유튜브 전성시대에 여행 유튜버가 많이 늘어났고 각자가 경쟁적으로 다양한 영상을 만들어 내기 때문에 특정 유튜버의 영상, 지역별 영상, 목적별 영상 등 아이의 흥미를 잡아끌 수 있는 다양한 간접 체험 기회가 많습니다.

지리 영역의 흥미는 보통 그곳에 살고 있는 사람, 그곳에서 일어나는 일을 알게 되면서 증폭되지만 시작은 '위치 인식'에서 비롯되는 경우가 많습니다. 한마디로 자주 가던 가족 여행지, 다른 지역에 있는 친척집, 뉴스에서 들어본 지역이나 나라 이름 등이 지도 위에서 실재

하고 있다는 것부터가 흥미를 자극하는 요소이지요. 어른도 그렇지만 아이들은 특히 더, 지리 감각이 없는 경우가 많은데요, 자주 오가던 지역도 지도에서 찾으라고 하면 잘 못 찾는 경우가 많습니다. 그럴 때 활용하면 좋은 것이 바로 '사회과부도'입니다. 사회과부도는 초 5, 6 용 교과서로 분류되지만 선생님에 따라서 수업 시간에 잘 활용하지 않고 넘어가는 경우도 있습니다. (5학년 때만 쓰고 사회과부도를 버리시는 분도 종종 있어요. 사회과부도는 6학년 때도 쓰므로 절대 버리시면 안 됩니다.) 하지만 잘만 활용하면 흥미로운 배경지식을 쌓을 수 있는 것은 물론이고 예습·복습용으로 활용하면 학습 효과도 좋은 책입니다.

　사회 교과의 배경지식은 기사를 통해 접하는 경우가 많습니다. 러시아-우크라이나 전쟁부터, 항저우 아시안게임, 호주와 하와이의 산불 등 전 세계에서 일어나고 있는 크고 작은 사건의 실제 장소를 찾아보는 것은 꽤나 흥미로운 일이죠. 사회과부도에는 세계 전도가 크고 작은 다양한 크기로 실려 있기 때문에 지역 및 나라를 찾는 연습을 하기에 좋습니다. 또한 '지리 주제도'와 '역사 주제도'를 통해서 우리나라의 행정 구역과 지형, 기후, 인구, 교통, 세계의 자연환경과 생활 모습, 다양한 문화, 역사적 사건 등을 요약적으로 살펴볼 수도 있습니다. 또 각 사건과 관련된 지도와 사진, 그림 자료가 교과서나 문제집에 비해 사이즈도 크고 해상도도 좋게 실려 있어서 공부할 때 참고용으로 사용하기에도 좋지요.

　이처럼 아이가 여행이나 사회과부도 등을 통해서 지리에 관심을 갖게 되면 《그래서 이런 지명이 생겼대요》, 《세계 지도 인문학》, 《세계 지도를 바꾼 탐험가》, 《세계의 시장 구경, 다녀오겠습니다!》와 같이 지리에 대한 흥미를 깊이 있는 지식으로 연결할 수 있는 추천 도서를 읽게 하는 것이 좋습니다. (추천 도서는 교집합 밴드에서 자주 소개합니다.)

지리라는 과목 특성상 학생 때는 외워야 할 것이 많다는 생각에 큰 흥미를 느끼지 못합니다. 하지만 어른이 되면서는 기후, 지형, 지역 정보만 해도 오늘의 날씨, 여행 계획, 이사할 지역 찾기 등 다양한 실제 경험에 배운 지식을 활용하기 때문에 이렇게 유용한 정보를 학교에서 배운다는 것이 감사하다는 생각이 들 정도입니다. 우리 아이들도 내가 사는 지역과 우리나라 그리고 다른 나라에 지속적인 관심을 가지고 성장한다면, 학교에서 배운 지식을 생활 속에서 100% 이상 써먹는 즐거운 경험을 할 수 있습니다. 이것이 바로 배움의 진짜 목적이 아닐까요?

2. 일반 사회

초 5, 6 때 배우는 일반 사회 영역은 인권, 법, 정치, 경제입니다. 어른이 되면 살아가는 데 꼭 필요한 지식이지만 아이들에게는 낯설고 재미없는 영역이죠. 그러다 보니 의도적이 아니라면 접할 기회가 많지 않습니다. 부모님도 당장의 교과 성적에 영향을 미치는 분야가 아니다 보니 관심을 덜 갖게 되죠. 그래서 이 영역도 학습으로 끌어들이기보다는 최소한의 배경지식을 갖추는 것을 목표로 초 5, 6 시기를 보내는 것이 전략적으로 옳은 선택입니다.

일반 사회 영역은 현장 학습보다는 라디오, 신문 등의 뉴스, 특정 주제와 관련된 도서를 통해서 조금은 쉽게 접근할 수 있습니다. 일단 가장 편안한 접근은 아침 식사 시간이나 저녁 시간 등 아이와 부모님이 함께 있는 시간에 아이들도 알 말한 최신 시사 뉴스에 대한 대화를 나누는 겁니다. 여의치 않다면 매일 같은 시간에 뉴스를 틀어 놓는 방법도 괜찮습니다. 일반적으로 아이들이 학교에 갈 준비를 하는 아침 시간에 TV보다는 라디오를 틀어 놓는 거죠. (라디오 앱 또는 팟빵과 같은 오디오를 블루투스 스피커와 연결해서 틀어 놓으세요.) 가끔씩, 들리는 만큼만 그 주제를 화제로 삼아 아이와 대화를 나누세요. 아이의 관심을 끄는 대목이 없는 날도 있을 테니 매일 그런 대화를 해야 한다는 강박만 없다면 자연스럽게 우리 집만의 아침 루틴이 될 수 있습니다. 아주 작은 루틴이지만 아이는 그렇게 무의식적으로 들었던 뉴스의 내용을 학교에서 배울 때 좀더 흥미를 갖고 수업에 집중하게 될 겁니다.

배경지식 쌓기에 아이들의 시간과 교육비를 좀더 본격적으로 투자하실 계획이라면 초등용 시사 이슈를 모아 발간하는 어린이용 신문(《알바트로스 미래인재신문》,《어린이 동아》,《어린이 경제 신문》,《어린이 조선일보》)이나 시사 잡지(《시사원정대》,《위즈키즈》)를 정기 구독하는 것도 괜찮습니다. 요즘은 문해력이 이슈이기 때문에 대부분의 어린이 신문과 잡지가 문해력 학습이 가능한 구성으로 되어 있어서 일석이조의 효과를 거둘 수도 있습니다. 관련된 추천 도서는 해당 이슈의 키워드를 가지고 포털 사이트나 도서관 사이트(국립 어린이 청소년 도서관 등)에서 검색한 후, 서점이나 도서관에서 직접 보고 고를 수 있도록 지도해 주세요. 아이가 흥미를 갖는 책이라면 수준은 큰 문제가 되지 않습니다. 초 5, 6이 되었다면 본인이 읽을 수 있는 책과 없는 책을 구분할 수 있고, 만약 볼 수 없는 책인데도 너무 읽고 싶은 마음이 든다면 그만큼 노력해서라도 보게 될 테니까요.

3. 역사

마지막으로, 역사 학습을 돕는 배경지식 쌓기 도구로는 학습 만화, 도서, 영상, 다큐멘터리, 사극 드라마, 영화 등 정말 많은 종류가 있습니다. 종류가 많은 만큼 선택지도 많아서 오히려 어떤 것을 선택해서 보게 해야 될까가 걱정될 정도이죠. 그런데 답은 의외로 간단합니다. 아이가 흥미를 갖는 것, 즉 보고 싶어 하는 것이에요.

우선은 역사적 사실을 정확하게 반영한 책, 다큐멘터리, 학습 만화 같은 것이 좋지만 만약 역사적 설정만 가져와서 새로 만든 이야기, 즉 픽션, 사극 드라마, 영화에 흥미를 갖는다면 실제 사건과 어떻게 다른지를 반드시 알려주셔야 합니다. 큰 틀에서 흐름이 맞다면 세부적인 설정, 고증 등은 문학적(?) 허용으로 받아들이라고 말이지요. 어차피 반드시 알아야 할 역사적 사실은 중고등학교에서 더 심화하여 정확하게 배우게 될 테니까요. 지금은 그저 아이가 역사에 흥미를 갖고, 학교 수업 시간이 어렵지 않다고 느끼는 것을 목표로 삼을 때입니다.

"그건 보면 안 돼! 이건 꼭 봐야 해!"라며 아이의 흥미를 자르거나 만들려고 애쓰실 필요는 없습니다. 초 5, 6 시기는 한국사 검정 시험을 준비하는 것 마냥 지엽적인 부분까지 공부하지 않아도 되는 때입니다. 역사는 사람들 사이에서 일어난 일을 기록한 것이기 때문에 사건에는 인과관계가 있고 그들의 행동에는 이유가 있습니다. 세세한 사건이나 연도를 외우는 것보다 오히려 그런 부분에 관심을 갖는다면 주요 사건을 더 잘 이해하고 결국에는 더 잘 기억하게 될 것입니다.

그리고 지리와 역사에 흥미가 있는 아이들이 더 즐겁게 체험할 수 있는 곳인 국립중앙박물관엔 꼭 데리고 가주세요. 국립중앙박물관(+ 어린이 박물관)은 초등 사회 교과서에 등장하는 모든 유물이 있는 곳으로, 아이들을 위한 다양한 체험 행사도 진행하곤 합니다. 거리상 방문이 어려우신 분은 '디지털 실감 영상관'과 '온라인 전시관'을 통해서 간접 체험을 하실 수도 있습니다. 단, 아이와 방문할 때에는 '오늘 아예 끝장을 보자!'라는 마음으로 아이를 지치게 하지 마시고, 총 7개의 전시관 중에서 특정 전시관의 특정 유물을 보는 것을 목표로 여유롭게 '관람'하세요. 하지만 전시 해설은 필수입니다. 간단한 팁을 드리자면 주말이나 방학 중에는 아무래도 사람이 많아서 관람이 쉽지 않을 수 있으니, 학교에 체험 학습 신청을 해서 평일에 방문하는 것도 좋은 방법입니다. 한 번 방문으로 모든 것을 다 보겠다는 생각만 내려 놓으신다면 아이가 원하는 만큼 보고 싶은 것을 충분히 즐길 수 있는 좋은 시간이 될 것입니다. 그리고 국립중앙박물관을 방문할 때 한 가지 추천하고 싶은 일정은 '뮤지엄숍'을 방문하는 것입니다. 예술성을 갖춘 의미 있는 기념품이 많아서 저도 핀란드로 수학 교육 출장을 준비하며 그곳에서 선물을 잔뜩 사갔던 적이 있어요. 아이들도 오늘 인상깊게 봤던 유물과 관련된 기념품을 하나 사면, 오늘의 경험을 좋은 기억으로 남길 수 있을 것입니다. 그러니 아이와 함께 꼭 방문해 보세요.

어려운 사회 교과서 정복, 이렇게 합니다

초 5, 6의 사회 교육의 목적 중 하나는 '중고등 사회 교과의 기초 지식 습득'이라는 걸 기억하시지요? 앞서 소개한 여러 방법으로 우리 아이가 사회 과목에 일부라도 관심을 갖기 시작했다면 이제는 교과서를 정복할 차례입니다. 아이들이 초 5, 6의 사회를 어려워하는 가장 큰 이유가 바로 이 교과서 때문이거든요. 예를 들어, 초 5의 2학기 사회 교과서는 역사 영역으로서 고조선(B.C. 2333)부터 6.25전쟁(A.D. 1950)까지 굵직굵직한 사건만으로도 충분히 방대한 내용으로 구성되어 있습니다. 사실 얼마든지 재미를 느낄 수 있는 역사 이야기인데, 정해진 교과서 페이지와 수업 시수로 인해서 수업은 스토리 중심보다는 사건 중심으로 상당히 축약적이고 함축적으로 진행됩니다. 잠시 한눈을 팔면, 지금 어느 시대 무슨 제도 얘기를 하고 있는지 놓쳐 버리기 일쑤죠. 상황이 이렇다 보니 학기가 시작되기 전에 미리 어느 정도 역사의 흐름을 알고 학기를 시작한 아이와 준비 없이 교과서를 배우는 아이 간에는 당연히 편차가 생길 수밖에 없습니다. 당장 교과서 한 페이지만 봐도 모르는 용어가 한두 개가 아닌 데다가 스토리로 배우면 이해할 수 있는 내용도 앞뒤 상황이 생략된 채 쓰여 있다 보니 이해가 아니라 암기를 할 수밖에 없죠. 아이의 교과서를 들춰 보시면 무슨 이야기인지 단박에 알 수 있습니다.

그렇다고 미리 준비하지 못한 것을 탓하고만 있을 수는 없습니다. 준비 없이 초 5, 6을 시작했더라도 '적어도 교과서는 이해하겠다'는 목표가 불가능한 것은 않거든요. 어떻게요? 지금부터 설명드릴 테니 하나씩 따라와 주세요.

1. 용어를 먼저 공부하기

사회 교과는 사실 용어 이해가 거의 전부입니다. 필수 어휘만 제대로 알아도 교과서가 술술 읽히고 교과서가 술술 읽힐 정도가 되면 꼭 외워야 하는 일부 내용을 제외하고는 따로 시험 공부를 할 필요도 없죠. 문제는 이 용어의 대부분이 한자어로 되어 있고 초등학생으로서는 자주 사용할 기회가 없다는 데 있습니다. 예를 들어, 초5의 1학기 법 영역을 배울 때, '삼권 분립, 입법, 재정, 정의' 같은 용어를 배우게 되는데요, 어른들은 뉴스를 보면서 또는 대화를 나누면서(?) 가끔씩은 사용할 수 있는 단어이지만 초등 아이들에게는 그저 책 속의 단어에 불과합니다. 그래서 이 '용어'를 따로 공부해야 합니다. 용어를 공부하는 방법에는 여러 가지가 있어요. 첫째로, 영단어를 암기하듯이 용어의 한자를 찾아보고 한자어 뜻과 정의를 사전 찾듯이 찾아서 암기하는 방법이 있고요. 둘째로, 이 용어를 잘 설명해 놓은 쉬운 책으로 배경지식을 쌓는 것입니다. 그리고 이렇게 알게 된 용어를 잊지 않도록 교과서에 적어 두거나 노트나 암기장 같은 곳에 적고 자주 들여다보게 해야 합니다. (포스트잇을 사용하여 공부하는 책상 앞에 붙여두고 교과서 읽을 때 활용해도 좋아요.) 그래서 사회 공부를 할 때에는 교과서 예습이 반드시 필요합니다. 용어를 이해하는 만큼 선생님의 설명이 잘 들리고, 수업 내용을 잘 따라갈 수 있기 때문이죠.

여기에, 사회 현상을 설명하는 방식으로 사회 교과서에 많이 등장하는 도표를 읽는 방식도 미리 학습해 두세요. 초 4의 수학에서 이미 배우긴 했지만 풀기 위한 수학 문제 속 그래프가 아니라 사회 현상을 반영한 실제 그래프를 해석하는 능력은 중고등학교 때까지 아주 요긴하게 쓰입니다. 이를 통해 반대로 수학 '통계' 단원을 어렵지 않게 받아들일 수도 있어요. 이게 바로 윈윈이 아닐까요?

2. 디지털 교과서 사용은 선택이 아닌 필수

디지털 교과서, 사용해 보셨나요? 한 번도 안 써 보셨다고요? 집에서 교과서를 봐야만 하는 상황인데, 아이가 학교 사물함에 두고 와서 한 번 사용해 보셨다고요? 만약 디지털 교과서의 기능을 제대로 보셨다면 '다 필요 없고 이걸로 공부시켜야겠다'는 생각이 드셨을 거예요. "절대 안 본 사람은 있어도 한 번만 본 사람은 없다." 딱 그 상황이거든요. 디지털 교과서는 사회, 과학에서만큼은 예습·복습 측면에서 필수적이고 강력 추천하는 학습 도구입니다.

디지털 교과서란, 말 그대로 PC나 패드, 폰으로 볼 수 있는 교과서로서 기존 종이 교과서 내용에 용어 사전, 멀티미디어 자료, 평가 문항, 보충 학습 자료 등 교육용 콘텐츠가 연계된 교재입니다. 초등3~6학년 사회, 과학, 영어 교과서 172종이 서비스되고 있고요. 실감형 콘텐츠 기능도 있어서 잘만 활용하면 VR, AR을 통해 체험 학습 일부를 대체할 수도 있고, 선생님의 수업 자료 형태를 지닌 것부터 퀴즈 쇼, 재난 가방 싸기 등 참여형 콘텐츠도 담겨 있어서 학교 수업 시간에 활용하기도 좋으며 또 자기주도학습도 가능합니다.

디지털 교과서를 펼치면 가장 눈에 띄는 것이 파란색 글씨인데요, 바로 주요 용어의 사전 기능입니다. 글씨에 마우스를 가져다 대면 용어의 뜻을 사전식으로 설명해 주기 때문에 일일이 용어의 의미를 찾느라 사전을 뒤져볼 필요가 없습니다. 또 부연 설명이 필요한 문장 옆에는 참고 영상이나 그림 자료를 연결해 놓았고요. 교과서 읽기가 끝난 후 평가 문항으로 배운 내용을 확인해 볼 수도 있어요.

이 부분에서 아이의 중고교 시절에 학습을 도와주기 위해 유일하게 (?) 해줬던 것이 내신 기간 '교과서 빈칸 만들기'였다고 고백하신 분이 생각납니다. 교과서 빈칸을 만들려면 우선 교과서를 복사해서 주요 용어에 화이트를 칠하고 또 복사해야 하거든요? 화이트만 칠해서는 뒷면에 지운 글씨가 보이기 때문인데, 굉장한 정성을 들여야 하는 작업이라서 그분을 대단하게 봤던 기억이 있습니다. 그런데 디지털 교과서만 있으면 여러분은 그런 수고를 하지 않아도 됩니다. 디지털 교과서가 그 기능을 제공해 주기 때문에 아이는 필요할 때 그냥 활용하기만 하면 되거든요.

디지털 교과서의 용어 설명, 보충 자료를 보면서 예습을 하고, 학교 수업 후에는 문제 풀이로 복습을 완료할 수 있습니다. '교과서'만 정복할 계획이라면 이보다 더 좋은 교재는 없다고 봐야죠. 에듀넷 티클리어*에서 뷰어를 내려받아서 활용할 수 있는데, 활용 방법은 홈페이지 내부와 유튜브 등을 통해 확인할 수 있습니다. 꼭 활용해 보세요.

사회 문제집, 반드시 풀어야 할까요?

교과서 학습을 마쳤다면 마지막 단계(?)로 문제집 풀이를 해야 합니다. 제가 '마지막 단계'에 물음표를 넣은 것은 이 단계가 필수는 아니기 때문인데요. 시중에는 몇몇 초등 사회 교과 문제집이 있지만, 풀더라도 교과서 내용을 잘 이해했는지 점검하는 용도로 써야지 답을 맞히기 위한 용도로 쓰면 안 됩니다. 그보다는 목차를 중심으로 핵심 낱말을 추려내고 낱말들 사이의 관계에 집중하여 내용을 말할 수 있도록 지도하는 것이 훨씬 더 좋은 방법입니다. 그러니 사회 교과는 배경지식과 교과서, 딱 두 개만 기억하시고 중고등 사회를 위한 기초 지식과 흥미만 잘 유지할 수 있도록 지도해 주시기 바랍니다.

완전히 달라져야 할 초등 5, 6학년의 과학 공부 방법

재미있고 흥미로운 과학 실험 덕에 초등 과학을 싫어하는 아이는 별로 없습니다. 그런데 당장 중 1부터는 외울 것도 많고 양도 방대해져서 곧바로 과학을 싫어하는 아이가 많아져요. 최애 과목이었다가 한순간에 극혐 과목이 되는 과학, 도대체 왜 이런 일이 벌어지는 걸까요?

초등 과학은 쉽고 재미있습니다. 우리 주변의 사물과 현상을 관찰하는 것은 흥미롭고, 마치 마술 같은 실험 결과물이 눈길을 사로잡기 때문이죠. 교육과정의 목표도 자연현상과 일상생활 속의 문제를 과학적인 눈으로 탐구하는 것이라고 명시되어 있기도 하고요. 그런데 초 5, 6 정도 되었다면 이제는 과학 공부에 대한 다른 접근이 필요합니다. 그동안 관찰하고 손으로 만지며 경험했던 '직접 경험'의 바탕 위에 독서를 통한 '간접 경험'을 더해 중고등 과학을 준비해야 하는 시기이니까요.

중등부터는 과학을 암기 과목의 범주로 넣는 학생이 많습니다. 그도 그럴 것이 중 1 과학은 암석과 광물, 중 2 과학은 원소부터 배우기 시작하니까 주변에 널린 돌에 각각 붙여진 수많은 이름을 외워야 하고, (학부모님들도 어쩌면 지금까지 외우고 계실지도 모르는) 원소 주기율표를 보다 보면 당연히 암기 과목이 맞다는 생각이 들겁니다. 하지만 과학은 암기 이전에 이해해야 할 것이 정말 많은 과목입니다. 암석과 광물은 초등 때 '지표의 변화', '지층과 화석' 단원의 심화 내용인데요, 초등 때 이미 관찰하며 배웠던 내용에 용어와 개념을 정리하여 다시 배우는 과정인 거죠. 왜 암석이 만들어졌고, 각각 어떤 특징을 가지고 있는지를 이해하게 되면 그저 외워야 할 것만 같았던 암석들을 분류하게 되고, 좀더 쉽게 기억할 수 있게 됩니다. 대부분의 아이들은 중등 과학을 용어와 정의를 암기하는 식으로만 학습합니다. 그렇기 때문에 초등 과학과는 완전히 성격이 다른 것이라고 생각하게 되죠. 그 결과, 이해는 생략된 채 암기할 것만 남게 되고 정작 고등 때 풀어야 하는 심화 문제는 손도 대지 못하게 됩니다. 단순한 암기만으로는 과학 개념을 제대로 구분하지도, 알지도 못할 뿐만 아니라 문제 이면에 숨겨진 진짜 의미를 파악할 수도 없기 때문입니다.

그래서 흥미 위주의 초등 과학과 이해와 암기가 공존하는 중등 과학을 연결하는 초 5, 6의 과학은 문제집을 통해서 요약 정리된 내용을 얼마나 잘 외웠는지를 평가하는 식의 학습이 아니라 문제집을 탈피하고 관찰과 실험 과정에서 '왜 그렇지?'라는 호기심과 질문에 대한 답을 찾아가는 과정이어야 합니다.

초등 때 실험을 종종 접하는 아이들도 이미 설계된 실험 단계를 안전하게 밟아가며 정답에 가까운 결과물을 만들어 내는 단계에만 머물러서는 안 됩니다. (그 과정을 통해서 '과학은 재밌구나!'라고만 느껴도 충분한 시기는 이미 초등 저학년 때 끝났기 때문이에요.) 실험 활동을 재미있게 했으면서도 실험과 관련하여 배운 내용, 나의 생각, 실험 결과 이후에 생긴 호기심 등 그 어떠한 것도 정리(쓰거나 생각)하지 않았다면 과학 공부를 반만 한 것이나 다름이 없기 때문입니다. 또한 초 5, 6이면 저학년, 중학년 때에 비해 상대적으로 시간적인 여유가 부족해서 실험은 하지 않고, 실험 결과만 요약 정리한 것을 보고 넘어가는 경우도 많은데요, 만약 직접 실험을 하지 못하는 상황이라면 실험 설계에서부터 결론 도출에 이르기까지 그 과정을 하나씩 따라가며 궁금한 것은 질문할 수 있는 환경을 조성해 주시고, 질문할 기회를 주셔야 합니다. 실험의 본질이 질문에 질문을 이어가는 과정과 같기 때문입니다.

이런 여러 가지 현실적인 이유로 초 5, 6에게는 이해력을 높이고 호기심과 질문을 해결할 수 있는 도구로서 '과학 독서'를 추천합니다. 초 5, 6에서 다루는 과학 영역 중 지구 과학은 범위가 우주로 확장되는데, 그 내용이 다소 추상적이어서 어렵게 느끼는 아이들이 많습니다. 이럴 때 '왜 그런지, 이건 어떻게 일어난 현상인지, 그다음은 어떻게 될지' 등 꼬리에 꼬리를 무는 질문의 답은 독서뿐만 아니라 다큐멘터리, 영상, 영화 등 멀티미디어 자료로 해결해야 합니다.

과학 독서가 중요한 이유가 또 있는데요, 학년이 올라가면서 '실험 관찰' 교과서, 즉 탐구 노트가 중요해지기 때문입니다. 일단 '실험 관찰'은 수업 시간에 배운 과학적 지식을 자신의 생각으로 얼마나 잘 정리하고 기록했는지를 볼 수 있는 교과서입니다. 실험 관찰 결과를 기록하고, 그것에 대한 자신만의 생각을 정리하여 확인 문제까지 풀기 때문에 웬만한 과학 문제집보다 활용도 측면에서 더 낫죠. 그런데 이 실험 관찰을 제대로 활용하지 못하거나 하고 싶어도 어려워하는 아이가 많습니다. 앞서 설명한 사전적 정의와 결과만 배운 아이들에게 '자신의 생각'을 정리해서 적어낸다는 것이 참 어렵기 때문입니다.

또 초등 과학 교과서에는 초 3부터 초 6까지 '탐구 단원'이 가장 앞에 배치되어 있습니다. 초 3 때는 기초 탐구 과정(과학자는 어떻게 탐구할까요?)이 무엇인지를 배우기 시작해서, 초 4 때는 그 배운 내용(과학자처럼 탐구해 볼까요?)을 적용해 봅니다. 그리고 초 5, 6 때는 통합 탐구 과정(과학자는 어떻게 탐구할까요? 과학자처럼 탐구해 볼까요?)을 배우고 적용하도록 교과서가 설계되어 있습니다. 특히 초 3과 초 5의 2학기 탐구 단원에서는 직접 자신만의 탐구 문제를 정해서 계획하고 실행한 후, 결과를 발표하는 것까지를 권장하고 있죠. 말 그대로 참여 수업의 좋은 모델이라고 할 수 있습니다. 다만, 언뜻 생각해 보았을 때, 저학년 때부터 실험 관찰 기회가 있었던 아이들에게는 흥미로운 수업이겠지만 그렇지 않았던 아이들에게는 다소 어려울 수 있겠다는 생각이 드실 겁니다. 예상대로 이 단원은 아이들 간에 호불호가 확연히 나타나는 과정입니다. 그만큼 결과물의 차이도 극명하게 갈리죠.

실험을 종종 해보았던 아이도 논리가 필요한 가설 설정 과정과 실험 설계 부분을 어려워합니다. 그렇다 보니 결과가 이미 나와 있는 쉬운 탐구 과제를 설정하는 경우가 많죠. 이 탐구 과제를 제대로 설계해서 멋지게 발표하는 아이들은 평소 과학 독서(+멀티미디어 독서)가 바탕이 된 아이들입니다. 과학이란 과학자들이 꽤 오랫동안 실험하고 관찰했던 결과물을 배우는 것인데 독서 과정에서 그것을 배울 수 있었기 때문이지요.

이 탐구 단원의 취지는 고등까지 계속 이어집니다. 다만 고등 때는 내신에 영향을 주는 수행평가와 비교과 활동으로 확장되기 때문에 초등 때 그 방법을 제대로 익혀 두면, 두고두고 써먹을 수 있는 우리 아이만의 경쟁력이 될 것입니다.

남는 과학 독서는 이렇게 합니다

막상 과학 독서를 시키려고 하니, 과학이 워낙 분야도 다양하고 추천 도서도 많아서 무엇부터 보게 해야 할지 막막해하시는 분이 많습니다. 그래서 저는 크게 2가지 방향성을 추천드리고 싶습니다.

첫째, '학습 만화로 시작하는 것'입니다. "학습 만화요? 저희는 지금까지 학습 만화를 못 보게 하느라 얼마나 애썼는데, 과학 때문에 이제와서 보게 해야 되나요?"라며 걱정하는 분이 있으시다면, 필수는 아니라고 말씀드릴게요. 실제로 여러분이 잘 아시는 것처럼 학습 만화는 흥미 유발 측면에서는 좋고, 또 '책을 안 읽는 것보다는' 나은 선택지일 수 있습니다. 그렇지만 장기적인 독서 습관의 관점에서는 좋은 방향이 아닐 수도 있죠. 다만, 다른 과목에 비해 '과학' 분야 학습 만화만큼은 긍정적인 요소가 더 많다는 것을 말씀드리고 싶습니다. 기본적으로 초등 과학은 관찰과 실험을 바탕으로 하고 있습니다. 그리고 이때의 시각적인 자료들이 아이들의 이해 과정에 얼마나 큰 역할을 하는지는 공감하실 거예요. 과학을 주제로 한 도서 중에는 올 컬러로 큼지막한 사진과 그림이 들어가 있는 것도 많지만, 초 5, 6 아이들이 볼 만한 글밥 있는 책에는 그 비중이 많이 줄어듭니다. 이때 학습 만화가 올 컬러 과학 도서와 글밥 많은 책의 징검다리 역할을 할 수 있습니다. 또 사진보다는 만화의 섬세한 펜 터치가 아이들에게 더 와 닿을 수도 있고요.

게다가 요즘 출간되는 학습 만화는 수준이 많이 높아졌습니다. 예전에는 책의 뒷부분에 책 내용을 감수한 과학 전문가의 첨언이 1~2페이지만 실렸던 것에 비해서 요즘은 만화책인지 아닌지를 구분할 수 없을 정도로 만화책의 구성을 벗어난 만화책도 있습니다. 교과 연계로 페이지마다 교과 지식을 꽉꽉 채워 놓는 형태도 있죠. 게다가 아이들이 좋아하는 애니메이션 바탕의 과학 유튜버(고구마머리 '만약' 유튜버, 사물궁이 잡학지식 등)의 책은 영상과 함께 보며 흥미와 이해도를 더 높일 수 있는 장점이 있습니다.

그럼에도 학습 만화를 본 후의 독후 활동으로 최소한 '용어' 정리 정도는 필수입니다. 만화 부분만 보는 것은 전혀 의미가 없으니까요.

초등 과학 용어는 중학교 입학 전에 반드시 한 번은 정리해야 합니다. 중학교 때는 초등학교에 비해 훨씬 더 많은 과학 용어를 배우는데요, 이때 기초 용어(초등)도 모른다면 훨씬 부담이 가중되기 때문입니다. 일단 교과서 용어는 앞서 소개했던 '디지털 교과서'를 활용(p.339)하시는 것이 가장 간편합니다. 독서를 하면서 새로 알게 된 것은 포스트 잇, 수첩, 노트 등을 활용해서 반복적으로 노출시켜 주세요. 또 요즘에는 과학 용어 학습을 위해서 영단어 교재처럼 교재나 일력 형태의 책이 다수 출간되고 있습니다. 모든 과목의 용어 학습을 동시에 하는 것은 부담될 수 있으므로 한 과목을 끝내면 다음 과목으로 연결하는 식으로 잘 배분해 주세요. 그래서 전 과목의 기초 용어 때문에 학습에 지장을 주는 일만은 없도록 학습 계획을 세우면 좋을 것 같습니다.

둘째, 주제 중심의 책을 읽는 것입니다. 특히 추천하고 싶은 시리즈는 《과학자가 들려주는 과학 이야기》(전 143권)이에요. 예를 들어 '엥겔만이 들여주는 광합성 이야기'는 초 6의 1학기 '식물의 구조와 기능'의 '광합성'을 배울 때 개념을 이해하고 배경지식을 쌓는데 도움이 됩니다. 이 책은 '초 4-1 식물의 한살이 → 초 4-2 식물의 생활'처럼 이미 지난 과정의 복습은 물론이고 중등 과학과 고등 생물 교과의 내용까지 다루고 있어서 선행 아닌 선행 학습까지 가능합니다. 특히, 책이 주제로 다루는 개념과 가장 관련이 깊은 과학자가 직접 이야기해

주는 방식으로 구성돼 있기 때문에 '과학자의 고민'을 엿볼 수 있다는 것이 가장 큰 장점입니다. 앞서서 우리가 배우는 모든 과학 이론은 과거 과학자들의 고민과 노력, 즉 탐구의 결과물이라고 말씀드렸죠? 그러니 이 시리즈의 책을 읽으면 배경지식을 기초부터 심화까지 종적으로 학습할 수 있으면서 과학자의 탐구 방법에 자연스럽게 익숙해지는 이중 효과가 있습니다. 이 시리즈와는 조금 다른 관점에서의 주제 관련 독서가 하고 싶다면, (위의 예에서 '광합성') 관련 키워드를 포털 사이트, 유튜브 등에 검색해서 추천 도서 및 영상 자료 등을 참고할 수도 있습니다.

한마디로 과학 독서는 한 분야의 깊이 있는 독서가 가능합니다. 하지만 이런 주제 독서를 했다고 해서 독후 활동을 너무 빡세게는 시키지는 말아주세요. 학습 만화에 비해 일반 책은 그냥 두어도 남는 독서가 가능한 영역입니다. 게다가 각 책에 담긴 내용 중에는 초 5, 6의 수준을 벗어난 것도 있기 때문에 큰 틀에서 이해할 수 있는 정도면 충분합니다. (이해가 안 가는 선행 파트라면 과감하게 뛰어넘어도 괜찮습니다.) 다시 한번 말씀드리지만 과학도 중고등학교에 올라가면 같은 내용을 또 한 번 배우며 심화 복습하게 되니까요. 벌써부터 세부적인 것을 이해하고 암기하느라 힘을 뺄 필요는 전혀 없습니다.

추가로, 과학 교과 문제집이나 《어린이 과학동아》와 같은 과학 잡지는 필수가 아닌 선택 사항입니다. 문제집은 사회의 경우처럼 큰 틀에서, 지금 학교에서 배우는 내용을 얼마나 잘 이해하고 있는지를 점검하는 용도로만 활용하시는 것이 좋고요. 과학 잡지는 각 월 호의 주제에 대해 아이가 흥미를 보인다면 선택적으로 빌리거나 구입해서 보는 것으로 충분합니다. 요즘 도서관에는 어린이용 과학 잡지도 꽤 다양하게 여러 권 비치되어 있더라고요. 또한 각 잡지의 온라인 사이트에도 기본적인 내용은 게재된 경우가 많으니 즐겨찾기를 해두시고, 평소 학부모님이 관심 있게 보시거나 아이의 루틴으로 '과학 잡지 사이트 방문'을 만들어 주시는 것도 좋습니다.

마지막으로, 독서로 간접 경험을 늘려가는 과정에서 기회가 된다면 중등까지는 체험, 견학, 탐방 등의 외부 과학 행사에 적극 참여하도록 독려하시는 것이 좋습니다. 특히 박물관에서 방학 때마다 개최하는 행사 중에는 초 5, 6부터 중등 아이가 참여할 만한 꽤 수준 있고 의미 있는 행사가 많거든요. 이와 관련된 정보는 p.198를 참고하시면 좋습니다.

오늘 배운 내용을 적용해 볼까요?

Q1) 오늘 배운 내용을 바탕으로 사회 과목의 흥미를 높이기 위한 영역별 학습 계획을 세워 보세요.

Q2) 디지털 교과서의 유용성 충분히 이해하셨나요? 지금 바로 아이와 함께 디지털 사회 교과서를 열어 보세요. 살펴보신 후 앞으로의 활용 계획을 적어 보세요.

Q3) p.342를 바탕으로 한 과학 학습 계획을 작성해 보세요.

Q4) 초등 5, 6학년 과학 독서 및 체험 활동에 대한 계획을 세워 보세요.

5장

초등 5, 6학년
학습 코치가 알아야 할
똑똑한 사교육 & 입시 정보

DAY 17.

똑똑한 사교육
활용 노하우

#하우스푸어, #카푸어와 더불어 3대 푸어(poor)로 불리는 것이 바로 #에듀푸어입니다. 과다한 교육비 지출로 인해서 살기가 어려워진 계층을 일컫는 말이죠. 최근 발표된 사교육비 총액은 26조 원 규모로 전년 대비 10.8%나 급증하여 사상 최고치를 찍었다고 해요. 심지어 이 통계에는 유아와 N수생의 사교육비는 포함되지도 않았다고 합니다. 아무튼 날이 갈수록 학령인구는 줄어들고, 가계당 자녀 수도 역시 줄어들지만 사교육비는 눈에 띄게 감소하지 않고 있습니다.

대한민국 학부모라면 누구나 '공부를 잘하고 난 후'여야 어떤 직업을 갖든 사회적으로 인정을 받는다는 인식이 강합니다. 그래서 뚜렷한 꿈과 소신이 없는 아이일수록 특히 인생에서 첫 번째 단추라고 인식되는 '대학'만큼은 잘 보내고 싶어 하죠. 그리고 고백하건대 꽤 오랫동안 현장에서 아이들을 가르치고 지켜보아도 현실적으로 많은 아이의 학습적 성공 뒤에는 사교육이 있었습니다. 물론 사교육의 도움을 일절 받지 않고도 좋은 입시 결과를 받은 아이도 많지만요.

그래서 아이 교육에 진심인 분일수록 입시가 복잡해져서 자신의 경험만으로 자녀 교육의 방향성을 잡는 것이 두렵고, 교육 정보를 수집할 때마다 따라붙는 온갖 '카더라'의 유혹에서 매번 흔들리고 조바심이 날 수밖에 없습니다. 게다가 초 5, 6 시기는 여러 가지 의미로 중요한 때여서 최소한 영어·수학만이라도 학원에 보내야 하지 않을까라는 걱정이 드는 것도 사실이기 때문에 이럴 때일수록 학부모님의 현명하고 분명한 기준이 필요합니다.

그 기준이란, 우리 아이에게 지금 과연 학원이 필요한 타이밍인지, 보낸다면 어떤 학원을 골라야 할지, 아이가 어떤 행동을 보일 때 학원을 그만두게 해야할지 등 사교육과 함께 가기로 결정한 이상, 최선의 선택을 도와줄 수 있는 것이어야 합니다. 그래서 다년간 학원 원장님을 대상으로 교육을 진행했던 '학원 전문가' 입장에서 초 5, 6의 학부모라면 반드시 알고 있어야 할 그 최소한의 기준을 남김 없이 풀어드리려고 합니다.

정말 학원을 안 보내도 될까요?

제가 받는 질문 중에 "엄마표 교육은 한계에 이른 것 같아요. 이제는 학원에 보내야 할까요?"라는 질문이 굉장히 많습니다. 경제적인 이유든 교육철학 때문이든 초 1, 2 때부터 엄마표를 선택해서 진행하면서도 마음 한 편에는 '학원에 보내야 하는 것은 아닐까?'라는 생각에 찜찜해하거나 못 보내는 것에 대한 일종의 죄책감 같은 것을 갖고 계신 경우를 많이 봐왔습니다. 학원에 보내는 것이 정말 더 좋은 선택일까요?

학원에 보내는 것이 더 나을지도 모른다는 고민을 하시는 분에게는 만약 지금부터 설명드릴 상황이라면 '그렇다'고 말씀드릴 수 있습니다. 그 이유는 아주 간단합니다. 바로 학원은 공부 자체를 하게끔 만들어 주기 때문인데요, 솔직히 말씀드리면 초등 아이 중 많이 잡아야 10% 내외의 아이들만 제대로 된 '공부'를 합니다. 고등학교 등급 기준으로 따지자면 1, 2등급 정도(9등급 기준으로 11%)에 해당하죠. 이것도 사실은 많이 잡은 수치예요. 이 아이들을 제외한 나머지는 공부 습관 자체가 잡혀있지 않습니다. 초등 때는 학원으로 대표되는 사교육의 '공부 환경'에 많이 노출될수록 일시적일지라도 실력이 쌓이고 성적도 오릅니다. 아이러니하게도 잘 가르치는 학원이 아니라도 이 같은 효과가 발생하죠. 왜냐하면 학원이 공부 자체를 하게 만드는 자극이기 때문입니다.

또한 엄마표 학습을 하던 중에는 중요한 시기의 점프 도약에 실패하는 경우가 많습니다. 예를 들어, 새로운 영역이나 과목, 학년 공부를 시작하는 시기이거나 하던 공부라도 확 어려워지는 시기에는 집에서 하던 대로만 학습하는 것보다는 차라리 학원을 보내는 게 더 나은 선택일 수 있습니다. 예를 들어, 영어 원서 읽기 독립을 할 때, 파닉스를 처음 접할 때, 초3 교과서를 처음 볼 때, 초5 문법 구문 학습을 시작할 때, 어려운 비문학 지문을 읽기 시작할 때 등이죠. 수학이라면 나눗셈이나 분수와 연관된 단원, 비와 비율, 중등 선행을 할 경우, 방정식, 함수 등 낯설거나 어려운 개념을 처음 배울 때나 까다로운 내용이 문장제 문제와 결합할 때 등 여러 경우가 있을 수 있습니다. 이때는 기존에 그냥 하던 대로만 해서는 안 됩니다. 평상시에는 학습 수준이 한 계단씩 올랐다면 이때는 두 세 계단을 동시에 오르는 어려움을 겪기 때문입니다. 이런 것을 학습하기 시작할 때 좀더 집중하고 좀더 케어해 줘야 하는 이유가 바로 그것입니다. 만약 이 중요 시기를 학부모님이나 아이 스스로 잘 모르거나 혹은 놓쳤거나 또는 케어가 잘 안됐다면 진도가 늦어지는 것은 물론이고 기존에 잘 쌓아왔던 학습 자신감까지 놓게 됩니다. 사실 이것이 훨씬 더 중요한 이유이죠. 살짝만 밀어주면 나아갈 수 있고 한 발짝만 더 가면 되는데, 어떤 이유에서든 놓치면 뒤로 줄줄이 밀리는 안타까운 상황이 발생하니까요.

학원은 일부 보육의 기능도 담당하는 곳입니다. 특히 워킹 맘인 경우, 아이와 많은 시간을 보내기가 어렵기 때문에 어쩔 수 없는 선택지가 되기도 하지요. 더욱이 공부까지 케어해 주기가 힘든 상황에서는 현실적으로 좋은 대안이 될 수도 있습니다. 아시다시피 공부를 떠나서도 아이가 초등학교 생활을 제대로 하기 위해서는 학부모님이 신경 써 주어야 할 일이 참 많습니다. 챙길 것도 많고요. 이것만으로도 벅찬데 학업까지 체계적으로 케어해 주는 일은 사교육의 도움 없이는 힘든 것이 현실입니다.

또한 다른 문제가 없어도, 아이가 부모의 말을 잘 안 듣고 공부도 안 하는 폭주 시기가 있습니다. 사춘기나 중 2 때 등 우리가 익히 알고 대비하고 있는 공통된 시기뿐만 아니라 개별적인 상황에서 문제가 발생하는 경우도 많죠. 이때는 오히려 아이와의 충돌을 최소화하는 수단으로 학원에 보내는 것이 해결책이 될 수 있습니다. 부모의 말은 안 들어도 선생님, 즉 부모가 아닌 다른 어른의 말은 그나마 듣기 때문이죠.

지금까지 학원 등 사교육의 도움을 받는 것이 차라리 나은 대표적인 상황을 말씀드렸습니다. 이 말을 반대로 하면 상황적으로 이런 문제가 없거나 적은 상황이라면 또는 개선되고 있는 상황이라면 굳이 학원에 보낼 필요가 없다는 말도 됩니다.

조금은 희망이 생기셨나요? 지금 학원에 반드시 보내야 할 것 같아도 언젠가는 오히려 아이가 스스로 학원을 의존하던 데서 벗어나야 하는 시기가 옵니다. 그러니 반드시 학원을 보내야 한다는 생각은 조금 내려놓고, 우리 아이의 객관적인 상황에 주목하시는 편이 좋겠습니다.

좋은 학원 찾는 현명한 상담법

여러분은 학원 상담을 통해 어떤 것을 알고 싶으신가요? 학원 커리
큘럼을 비롯한 그 학원의 장점? 재원생들의 실력? 그런 것은 굳이 묻
지 않아도 대부분 상담자가 소개해 줍니다. 그것보다는 학원을 보내
야겠다고 생각했던 이유를 이 학원에서 어떻게 보완해 줄 수 있는가,
나아가 해당 과목의 큰 틀에서의 로드맵을 물어보셔야 합니다. 지금
부터는 좋은 학원을 찾기 위해 상담 시 반드시 해야 하는 질문을 알
려드리겠습니다. 바로 활용해 보세요.

1. 학원 숙제

이미 수업 방식 및 교재에 대해서는 상담자의 설명을 들으셨을 테
니 학부모님은 수업 못지않게 중요한 '숙제'에 대한 질문을 가장 먼저
하시기 바랍니다. 세부적으로는 숙제의 양과 숙제 수준 그리고 숙제
가 끝난 후의 관리 시스템(오답 관리 등)입니다.

일단 '숙제 양이 많을수록 좋은 곳'이라는 기준은 틀렸습니다. 그보
다는 하루 학원 수업 시간과 분량에 비춰봤을 때 그 양이 적절한지와
우리 아이가 소화할 수 있는 정도인지를 판단해 보셔야 합니다. 그러
자면 평소 아이의 학원 외 공부 시간 중에서 해당 학원 숙제를 할 시
간이 충분한지를 따져 보셔야 합니다. 만약 겨우 학원 수업을 들을 여

유만 되고, 따로 숙제할 시간이 없다면, 원점으로 돌아가서 사교육의 필요성을 다시 생각해 보아야 합니다. 아시다시피 듣는 학습 그 자체는 '진짜 공부'라고 할 수 없기 때문이고 숙제뿐만 아니라 학원 수업을 복습할 수 있는 최소한의 시간이 보장되어야만 학원에 다니는 의미가 있기 때문입니다. 숙제 수준은 어때야 될까요? 당연히 우리 아이가 '충분히 해결할 수 있는 수준의 문제 + 많은 고민을 해야 할 문제 몇 개'로 구성되어야 합니다. 무조건 어려운 숙제만 내주는 학원이 있으니 반드시 질문하셔야 합니다. 마지막으로, 숙제 후 관리 시스템에 대해 물어보세요. 만약 아이가 (어렵든, 양이 많든) 하지 못한 숙제를 끝까지 해결해 주지 못하는 학원이라면 결코 좋은 곳이라고 할 수 없습니다.

숙제에 생각보다 훨씬 많은 시간을 쏟아야 하는데도 아이의 힘으로 해결할 수 없는 수준과 양을 내어주는 곳이라면 지금 배우고 있는 수업이 아이 수준보다 너무 높거나 공부의 질보다 양을 우선하는 곳입니다. 그런 학원은 장기적으로 보았을 때 아이에게 이로울 것이 전혀 없는 곳입니다. 초중고를 지나다 보면 양치기(많은 양을 짧은 시간에 학습하게 하는 것)를 해야 하는 때도 가끔 있지만, 초등 때의 양치기 경험은 공부 정서를 망가뜨리는 주범으로서 득보다 실이 훨씬 많은 방법입니다. 그리고 해결하지 못하고 쌓이는 과제가 결국에는 큰 구멍으로 바뀌어 아이 발목을 잡게 될 것이고요.

2. 테스트

학원에서 테스트를 얼마나 자주 하는 것이 적당하다고 생각하시나요? 저는 초 5, 6 시기라면, 가능한 한 자주 하는 것이 좋다고 생각합니다. 왜냐하면 테스트도 공부의 연장이기 때문이에요. 테스트를 하면 아이들은 평소 수업에서 익혔던 내용을 밖으로 인출하는 경험을 하게 됩니다. 그때 자신이 무엇을 얼마나 알고 또 모르는지를 눈으로 확인할 수 있게 되죠. 또 학원 테스트이기 때문에 그 결과에 따라 적절한 피드백도 받을 수도 있습니다. 중간·기말고사처럼 성적표에 기재되는 시험은 아이의 수준을 변별하는 용도이지만 평소 학원에서 하는 테스트는 부족한 부분은 보충하고 잘한 부분은 칭찬하기 위한 목적이어야 하기 때문입니다. 그런데 일부 학원은 테스트를 거의 하지 않는 곳도 있고, 매일 수업 전에 테스트를 하기는 하는데 굉장히 형식적으로만 하는 곳도 있습니다. 상담을 통해 테스트 빈도와 방식 그리고 예시 문항을 볼 수 있는지를 문의해 보시면 대략적으로 판단하실 수 있습니다.

또한 테스트 결과에 따라서 주기적인 반 편성이 이뤄지는 곳인지를 살펴 보셔야 합니다. 특히 선행 관련 수업을 중점적으로 진행하는 과목에서는 더욱 유의하셔야 하는데요, 처음부터 같은 진도를 나가는 아이들 간에도 선행 학습을 하다 보면 시간이 지남에 따라 편차가 생기는 경우가 많습니다. 이때 새롭게 반 편성을 해서 잘하는 아이는 더 빨리, 부족한 아이는 더 천천히 진도를 나가는 방식으로 조정이 필요하지만, 소규모 학원일수록 테스트 결과에 따라 새롭게 반 편성을 하는 것이 쉽지 않은 경우가 많습니다. 그래서 선행과 관련해서는 거의 테스트를 하지 않거나 하더라도 기초 문제로 형식적인 테스트만 합니다. 그러니 이 부분에 대해서도 질문해 보면 체계적인 수업이 이뤄지는 곳인지를 가늠하실 수 있습니다.

중등과 고등 학원 상담에서는 앞의 내용에 더해 몇 가지만 더 추가로 질문해 주시기 바랍니다.

중등은 1) 해당 과목의 수행평가 대비를 해주는지 2) 시험 기간의 운영에 대해 코칭을 하는지 3) 자기주도학습 방법을 코칭해 주는지 등을 물어보세요. 대한민국 사교육은 현재 상향 평준화되어 있기 때문에 교과 수업 외에 추가적으로 아이들의 내신 성적을 관리해 주는 학원이라면 믿고 맡겨도 괜찮을 가능성이 높습니다. 지필 시험에 자신이 없는 학원은 추가적인 것에 신경 쓸 겨를이 없거든요. '내신에 대한 자신감'이 더 좋은 교육 서비스를 제공한다는 것을 기억해 두면 학원을 고르는 데 도움이 되실 겁니다.

고등은 1) 우리 아이가 다니는 학교(다닐 학교)에 특화된 정보를 가능하면 많이 가지고 있는 학원이어야 하는 것이 기본 전제입니다. 수행평가부터 시작해서 학교 내신 시험은 어떤 식으로 출제되는지, 비교과는 어떻게 채워가는 것이 유리한지, 고교학점제 이후 이 학교의 특장점은 무엇인지 등을 말입니다. 2) 당연히 입시 정보를 많이 가지고 있는 곳이어야 합니다. 특정 과목 하나만으로는 대학에 갈 수 없기 때문에 입시 정보를 다양하게 알고 있는 곳일수록 복잡한 입시 환경에서 각 과목에 대해 어떤 로드맵을 가지고 준비해야 할지 제시해 줄 수 있기 때문입니다.

여기까지 보시면서 '이렇게 모든 조건을 다 갖춘 학원이 정말 있을까?'라는 의문을 드는 분이 있을 겁니다. 있을 수도 있고요, 있긴 한데 우리 지역에만 없을 가능성도 있습니다. 하지만 모든 내용을 갖추고 있지는 않더라도 기준을 알고 나면 그 기준 안에서 학부모님이 생각하는 우선순위에 해당되는 곳을 찾을 수 있습니다. 사실 학원의 장점은 다다익선이지만 '우리 아이에게 잘 맞는 곳', '우리 아이의 문제를 해결해 줄 수 있는 곳'을 찾는 것이 더 정확한 사교육 선택법이니까요.

큰 틀에서 '학원'을 선택하는 기준으로 설명드렸는데요, 이 기준은 학원 외의 사교육을 선택할 때도 참고하시면 좋습니다. 이 '사교육' 파트를 끝까지 꼼꼼하게 읽으면서 여러분만의 체크리스트를 작성해 보세요. 분명 도움이 되실 겁니다.

피해야 할 초등 영어학원은 이런 곳입니다

영어학원 중에는 좋은 커리큘럼으로 좋은 교육을 하는 곳이 참 많습니다. 하지만 그렇지 않은 학원도 많다는 것이 문제죠. 좋은 학원은 각 학원마다 특장점이 다양하지만, 피해야 할 학원은 몇 가지 공통점이 있습니다. 이것만 알아도 최악의 학원은 피할 수 있으니 하나씩 체크해 두시기 바랍니다.

첫째, 다음 학기나 내년의 커리큘럼 또는 교재가 딱히 없는 학원은 보내시면 안 됩니다. 이 말은 한마디로 로드맵이 부재하다는 증거예요. 사실 '예전의 과외 스타일'입니다. 요즘은 과외도 그렇지 않거든요. 어떤 학원이든 체계적인 로드맵을 가지고 있어야만 우리 아이를 믿고 맡길 때 2년 후, 3년 후의 모습을 떠올릴 수 있습니다. 그런 그림이 없는 곳이라면 준비가 덜 된 학원입니다. 보내시면 안 됩니다.

둘째, 라이팅, 스피킹을 전혀 신경 쓰지 않는 학원에는 보내지 마세요. 대한민국의 영어학원은 신기하게도 어학원과 입시 보습 영어학원, 이렇게 둘로 나뉘어 있습니다. 그래서 초 1, 2 때는 어학원을 많이 보내는 경향이 있죠. 어학원에서는 기초 수준이지만 스피킹, 라이팅에 신경을 씁니다. 그런데 문제는 초 5, 6에 옮겨 볼까, 보내 볼까 하고 고민하는 '입시 보습 영어학원'입니다. 입시 보습 영어학원은 대부분 스피킹과 라이팅을 다루지 않습니다. 그 대신 내신과 수능을 대비하기 위한 문법과 어휘 그리고 리딩을 중심으로 한 커리큘럼을 갖고 있는 것이 일반적입니다. 그래서 보통 이르면 초 4부터 어학원에서 입시 보습으로 옮기는 일반적인 패턴이 만들어졌죠.

그런데 이 선택에도 변화가 생겼습니다. 수행평가의 도입과 확대 그리고 지필고사 서답형, 서·논술형의 실질 비중 증가로 인해서 내신 평가가 다루는 내용이 달라진 것이죠. 리딩이 거의 전부였던 내신 시험에 라이팅의 중요성이 커진 것입니다. (앞에서도 말씀드렸죠?) 그러니 초 5 전후 시기에는 다음과 같은 잘못된 영어학원은 절대 선택하지 마시기 바랍니다.

1. 서·논술형, 중등 영어 내신을 대비할 수 있는 라이팅 관련 커리큘럼이 없는 학원

2. 우리 동네 중학교 내신 기출문제 정보, 수행평가 출제 스타일에 대한 정보 등이 없는 학원

⇨ 수행평가는 출제 방식이 워낙 다양할 수 있기 때문에 기출문제의 정보를 알고 미리 대비하는 것이 중요합니다. 중학교 때 연습을 잘 해 놓아야 고등 영어 내신 대비도 잘 할 수 있게 되니 꼭 이 기준을 참고하세요.

3. 리딩만 하는 영어 도서관 방식의 학원만 초 6까지 쭉 보내는 경우

4. 아직 영어 실력이 올라오지 않았는데 초 5에 빡센 입시 보습 영어학원에 보내는 경우

⇨ 학년이 높다고 해도 영어 학년이 낮다면 문법과 어휘 중심의 입시 보습 영어학원에는 천천히 보내셔도 됩니다. 현재 실력과 수업 수준의 격차가 크면 아예 영포자가 될 가능성이 높아지기 때문이죠.

셋째, 영단어 테스트를 너무 과하게 보는 학원(하루에 100개, 200개 등)을 저는 추천하지 않습니다. (자세한 근거는 p.245)

넷째, 초등 대상 학원인데 수업 일수 또는 수업 시수가 너무 적은 학원도 추천하지 않습니다. (자세한 근거는 p.248)

마지막 다섯째는 앞에서도 살짝 언급을 드렸는데요, 관리가 안 되는 학원입니다. 즉 지각, 결석을 하거나 학원 숙제를 안 해가도 특별한 피드백이 없는 학원이 있습니다. 바로, 수업하기에만 급급한 학원이죠. 초등을 대상으로 하는 학원이 '관리를 안 해준다'는 것은 그 학원에 보낼 이유가 전혀 없다고 봐도 무방합니다. 특히 학년이 낮아질수록 좋은 학원이 될 수 있는 대표적인 조건이 바로 관리입니다. 왜냐하면 우리 아이가 스스로 알아서 잘하면 좋겠지만 그게 안 되니까 학원에 보내는 것이고, 그게 안 되니까 초등학생이기 때문이죠. 그러니 조금은 섬세하게 아이들의 눈높이에 맞춰 관리를 잘해 주는 학원이 좋은 학원입니다.

아이는 학원에서 있었던 일을 부모님, 특히 엄마한테 전부 이야기하지 않습니다. 그렇다면 학원이 어느 정도는 학부모와 소통해야만, 우리 아이가 학원에 왔다 갔다 하고 숙제만 하는 것이 아니라 '어떤 모습으로 어떻게 공부하고 있겠구나.'를 짐작할 수 있겠죠. 초등 영어 학습은 성과도 중요하지만 기본적으로 태도와 자세가 더 중요하기 때문입니다. 물론 학원 입장에서도 그런 소통을 하려면 대단히 많은 노력과 인력, 시간이 필요합니다. 그럼에도 불구하고 너무 소통이 없는 곳이라면 관리적인 측면에서 문제가 있다고 판단할 수밖에 없습니다.

끊임없이 좋은 교육을 하려고 노력하는 학원 원장님도 정말 많습니다. 그런데 그렇지 않은 경우도 많이 있죠. 이럴 때 우리 학부모님은 진주를 찾아내는 눈, 즉 기준을 갖고 계셔야 합니다. 학원 하나를 고르는 것도 우리 아이의 영어 뿌리를 만드는 데 있어서 매우 중요한 선택이니 신중하실 필요가 있습니다. 지금 고민하는 학원이 또는 보내고 있는 학원이 아니다 싶은 부분이 있다면, 더 좋은 곳과 방법은 얼마든지 있으니 주변의 '카더라'와 화려한 포장에 속는 일이 없으셨으면 좋겠습니다. 현명한 여러분이 되실 거라 믿습니다.

'바람직한 수학 교육'의 관점에서 본 좋은 수학학원 고르는 법

어떤 학부모든 자녀가 초 5가 되면 자의든 타의든 수학학원에 대해서 진지하게 생각해 보게 됩니다. 그동안 아이와 '엄마표 수학'을 잘해 왔던 엄마도 더는 아이의 수학을 봐줄 수 없는 타이밍이라는 생각이 들 때이고, 사춘기에 진입하는 아이와 공부로 인해 실랑이를 하게 될까 봐 두려운 마음이 드는 시기이기 때문이지요. 게다가 주변 엄마들도 초 5는 중등 수학 선행을 해야 하는 상황이니까 '지금이 학원에 보내야 하는 적기'라고 말합니다.

그런데 지금까지 학원에 보낸 적이 없는 엄마, 또는 공부방이나 초등 전문 학원에만 아이를 보냈던 엄마는 중등 이상의 장기적인 관점에서 어떤 학원이 제대로 된 곳인지 보통 잘 알지 못합니다. 그래서 긴 고민 끝에 안전한 선택을 하게 되죠. 수학 잘하는 아이가 다니는 학원, 주변 엄마들이 추천하는 학원 또는 이름만 대면 아는 유명 학원, 상담하러 갔더니 친절하고 자세하게 설명해 주는 학원 말입니다. 우리 아이가 아주 유별나지는 않으니 학원에서 지도하는 대로 잘할 것이라는 믿음도 있습니다. 하지만 안타깝게도 우리 아이가 그 학원에서 잘 배우고 좋은 성적을 낼 확률은 25% 정도입니다. 왜냐하면 좋은 학원일 확률과 그렇지 않을 확률이 각각 50%씩인 데다가, 우리 아이와 맞을 확률과 맞지 않을 확률이 50%씩이니 두 조건을 동시에 만족시킬 확률은 25%이기 때문입니다. (이론적으로 그렇습니다.)

실제로도 우리 아이에게 잘 맞는 학원을 만나는 것은 어려운 일입니다. 하지만 학교는 선택할 수 없어도 학원은 선택할 수 있다는 장점이 있기 때문에 좋은 학원을 만날 수 있다는 희망을 가져볼 수는 있습니다. 학부모님에게 우리 동네 여러 학원 중 어떤 학원이 좋은 학원인지를 따져볼 기회가 있다면, 그중에서 명확한 기준에 따라 가장 좋은 학원을 선택해야 할 것입니다. 그 선택을 위해 좋은 수학학원을 선택하는 기준을 하나씩 알려드리려고 합니다. 그러니 주변 학원을 떠올리며 자세히 살펴봐주세요.

첫째, 개념 공부와 문제 풀이 공부의 균형을 잘 잡는 학원에 보내야 합니다. 수학 공부의 중요한 두 축은 뭘까요? 바로 개념 공부와 문제 풀이입니다. 대부분 학원에서는 특정 기간 안에 정해진 과정을 끝내야 하기 때문에 개념 학습이 생략되는 경우가 많습니다. 즉, 시간이 없는 거죠. 대표적으로 선행을 처음 시작할 때부터 3개월 완성을 목표로 개념서가 아닌 유형서를 가지고 진도를 나가는 학원이 있습니다. 그럴 경우, 아이들은 수학 개념이 아니라 문제 풀이 요령만 배우게 될 가능성이 높아요.

초등 수학은 상대적으로 개념의 난도가 낮은 편이기 때문에 문제 풀이만으로도 개념을 익힐 수 있지만 초등의 고난도 문제나 중등 수학부터는 개념 없이 문제 풀이 과정을 이해하는 것은 어렵습니다. 개념을 정확하게 인지하지 않아도 문제 풀이 연습을 많이 하면 문제를 푸는 데 지장이 없다, 문제를 풀면서 개념을 익힌다는 얘기는 아주 쉬운 경우를 제외하고는 개념에 신경 쓰지 않는 학원의 핑계일 뿐입니다. 그리고 더 큰 문제는 초등 때 이렇게 '수학 공부 = 문제 풀이'로만 배운 아이들은 고등학생이 되어서야 복잡하고 어려운 문제를 푸는 실마리이자 뿌리가 '개념'이고, 이것은 차근차근 공부해야만 한다는 것을 깨닫게 된다는 사실입니다. 초등학교 때부터 쌓아야 할 개념은 전혀 쌓지 못했고, 그 대신 사용하지 않으면 금방 잊어버릴 공식만 겨우 기억하고 있습니다. 개념만 제대로 잡혀 있다면 조금 더 고민해서 해결할 수 있는 문제도 어떻게 접근할지 몰라 틀리게 되죠. 그러니 상담 시 이 부분을 꼭 물어보셔야 합니다.

질문이 조금 막연하게 느껴지신다면 어떤 과정을 처음 배울 때 개념 공부에 할애하는 시간이 '있는 학원'인지를 확인하시면 됩니다. 예를 들어, 개념에 대해서 따로 테스트를 한다거나 "개념 연결이 매우 중요해서 저희는 이 개념 학습을 신경 써서 합니다."라고 대답을 한다면, 적어도 개념 학습의 중요성을 잘 알고 아이들을 지도하는 학원이기 때문에 일단은 괜찮은 수학학원일 가능성이 높습니다.

둘째, 바뀌는 평가 방식에 대비해 주는 학원이어야 합니다. 앞서 말씀드린 대로 지필 평가 서답형, 서·논술형, 수행평가의 쓰기 강조는 수학이라고 예외가 되지 않습니다. 그럼에도 학원에서는 여전히 중간·기말고사로 불리는 지필고사를 위한 대비만 해주는 곳이 많습니다. 물론 서술형 대비도 한다고는 합니다. 그런데 정말 제대로 잘 진행되고 있을까요? 이 서술형 대비는 지금까지 해오던 시험 대비와는 조금 달라야 합니다. 아이들의 서술형 답안지를 채점해 보면 본인이 알아서 잘하는 아이(극히 일부)도 있지만, 대다수는 제대로 작성하지 못합니다. 그래서 답은 맞았어도 감점을 당하는 경우가 많죠. 보통 남학생들은 너무 간결하게 쓰는 경우가 많고 여학생들은 너무나 길게 씁니다. 쓰는 요령을 전혀 모르는 것이죠. 그리고 글씨도 또박또박 쓰지 않아서 숫자 0이나 6을 오인하는 경우도 많아요. 풀이 과정에서 본인의 글씨를 잘못 보고 계산하는 경우도 있고요. 제대로 썼는데 선생님이 채점할 때 오인하기도 합니다. 조금만 서술형 작성 방법을 배운다면 감점 없는 답안지를 작성할 수 있을 텐데 그냥 서술형 문제를 푸는 연습을 시킬 뿐, A부터 Z까지 제대로 가르쳐주는 곳은 없습니다.

수학학원을 왜 보내나요? 수업만 받을 생각이라면, 요즘은 좋은 인강과 프로그램이 넘쳐나는 시대입니다. 아직도 현실을 모르고 예전 방식으로 가르치는 학원도 있지만, 발빠르게 아이들에게 필요하고 학부모님이 원하는 여러 교육 프로그램을 반영하고 있는 곳도 많습니다. 그런 곳을 찾으셔야 해요. 그러니 수학학원에 상담하러 가면 최소한 '서술형 대비는 어떻게 해주는지'에 대해서 꼭 질문하세요. 서술형은 배워야만 잘할 수 있습니다.

마지막으로 셋째, 요즘은 앞서 말한 대로 수행평가 비중이 점점 커지고 있습니다. 예전에는 숙제 형식의 평가가 많았다면 최근에는 수업 시간 중에 과정 중심 평가로 진행되는 경우가 많지요. 그래서 서술형 답안 쓰기가 수학 수행평가의 단골 유형으로 등장해요. 하지만 수학에서도 예외 없이 다른 과목에 자주 등장하는 쓰고 말하며 조사하고 발표하는 방식의 수행평가를 치르고 있습니다. 그런데 이것 역시 교육해 주는 곳이 없습니다. 예를 들어, 수학 수업 시간에 수학사와 관련된 책을 나눠주고 아이들 각자 본인이 맡은 부분을 요약해서 발표하는 수행평가를 한다고 해볼게요. (이것은 사실 자주 등장하는 중고등 수행평가 유형입니다.) 학생이 평소에 수학사에 대한 배경지식을 많이 가지고 있거나 유달리 요약문을 잘 쓰거나 발표를 잘한다면 크게 걱정할 것이 없습니다. 하지만 배운 적도 없고, 타고난 능력도 없다면 틀림없이 그 수업의 평가는 좋지 않을 겁니다. 그렇다고 요약문 작성과 발표를 잘하기 위해서 논술학원에 보내는 것이 답일까요?

가만히 생각해 보겠습니다. 이 학생은 지금 '수학 수행평가'를 보았습니다. 그리고 수학 선생님이 아이의 결과물을 평가합니다. 과연 어떤 부분을 중점적으로 볼까요? 얼마나 논리적으로 글을 잘 쓰고 자신감 있게 말하는지가 더 중요할까요? (태도 점수가 일부 있고, 수학 지식이 부족하다면 이 부분으로 점수를 만회할 수 있습니다.) 아니면 중요한 수학적 사실을 제대로 이해해서 발표하는지를 중점적으로 볼까요? 당연히 후자이겠죠. 그러니 수학 수행평가는 논술 학원이 아니라 수학학원에서 준비해 주어야 합니다.

물론 이 평가들은 중고등 때 이뤄지지만 결코 단기간에 생겨나는 능력이 아닙니다. 임박해서 대비하기에 어려운 부분이 많죠. 그래서 초등 아이들이 많이 다니는 초등 학원이어도 수학 학습을 큰 틀에서 중고등 수학까지 바라볼 줄 아는 곳에 보내야 합니다. 당장 눈앞의 연산 문제 하나, 사고력 문제 하나 푸는 것보다 어찌 보면 좋은 성적을 받기 위해서는 이런 부분이 더 중요할 수도 있으니까요.

학원을 그만두게 해야 할 타이밍도 있습니다

지금까지는 어떤 학원에 보내야 할지에 대해서 자세히 살펴보았습니다. 하지만 보낼 때가 있으면 그만두게 해야 할 때도 있겠죠? 특히 '충분히 배웠다, 앞으로는 혼자 할 수 있겠다'는 기특한 이유가 아니라 '아, 이건 아니다. 당장 관두게 해야겠다.'라고 생각하게 되는 안 좋은 상황이라면 더더욱 말입니다. 아이를 학원에 보내면서 아주 큰 기대까지는 아니지만 어느 정도의 학습 성과는 기대했는데, 별다른 수확 없이 '학원에 전기세만 내주고 있는 아이'는 어떤 특징을 보일까요? 만약 우리 아이가 다음과 같은 행동을 하고 있다면, 당장 그만두게 하셔야 합니다.

첫째, 1년 이상 학원을 다닌 아이가 성적에 변화가 없거나 오히려 떨어지는 경우입니다. 사실 이런 경우는, 결과론적인 것이기 때문에 아이나 학원도 어떤 핑계나 변명이 없습니다. 그런데 놀랍게도 아이는 학원 가는 것을 싫어하지 않을 수도 있어서, '그래, 조금만 조금만 더 보내보자.' 하고 버티다가 시기를 놓치기 쉽습니다 아이는 왜 학원에 가는 것을 싫어하지 않을까? 어떻게 보면 무기력의 습관화가 되어 있는 상태일 수 있습니다. 한마디로 나쁜 습관이 만들어졌다고 보시면 되는데요, 학원 선생님들과 친해져서 학원 가는 데는 부담이 없지만 성적은 그대로인 상태, 사실 굉장히 위험한 상태입니다. 학부모님이 문제를 제기하기 전까지는 누구 하나 문제라고 생각하지 못하지만 사실 실패하는 방향으로 나아가고 있는 상황입니다. 1년은 성적을 올리고 좋은 습관을 만들기에 결코 짧은 시간이 아닙니다. 하루라도 빨리 그만두게 하세요.

둘째, 학원 숙제를 상습적으로 안 하는 경우는 굉장히 위험한 신호입니다. 왜냐하면 학원에 다니기 시작한 처음 한두 달은 적응 기간이라고 해서, 특히 저학년은 봐줄 수도 있지만 그 이상이라면 나쁜 습관이 형성이 되고 있는 상황이니까요. 숙제도 하지 않는데 배운 내용을 자신의 것으로 만드는 자습 시간은 당연히 없겠죠? 이런 식이라면 절대로 실력이 늘 수 없습니다. 숙제를 안 한다는 것은 한마디로 학원에 다닐 필요가 없다는 것을 의미합니다. 여기에다가 학원도 숙제 안 해오는 상황을 심각하게 받아들이지 않는다? 첩첩산중입니다. 학부모님이라도 이 고리를 지금 당장 끊어주세요.

셋째, 공부보다는 친구 때문에 학원에 다니는 아이가 생각보다 정말 많습니다. 친구따라 학원 가기, 이 방법은 공부 자체를 싫어하거나 혹은 학원에 가는 것 자체를 싫어하는 아이를 학원 가게 만드는 방법으로 써 먹기에는 괜찮을 수 있습니다. 하지만 2~3개월 이상 지속되는 것은 절대 금물입니다. 친구와의 관계로 학원에 다니는 아이는 친구와 문제가 발생하면 바로 학원을 그만둡니다. 절친, 이성 등 학원을 하며 수도 없이 겪어본 정말 흔한 경우입니다.

넷째, 학원 시스템 또는 학원 강사와 우리 아이가 궁합이 안 맞는 경우가 있습니다. 학습 성향 및 진도 등이 전혀 맞지 않는데 그래도 '학원에 다니면 안 다니는 것보다는 낫겠지.'라는 생각으로 보내시는 분이 있습니다. 그런 식으로 억지로 학원에 다니는 것은 아이에게도 또 가정 경제에도 다 손해입니다.

공부를 잘 못하는 데는 반드시 이유가 있습니다. 특히 학원에 다니는 경우 100% 아이 탓만은 아니지요. 물론 공부를 열심히 해도 성적이 안 나올 수도 있지만 학부모님이 알지 못하는 어떤 이유로 인해서 성적이 안 나오는 경우도 있습니다. 대부분 성적이 안 나오면 단순하게 아이 탓 혹은 학원 탓을 하기 바쁘지만 근본적인 원인이 그게 아닌 경우가 상당히 많습니다. 학원에 다니면 분명히 안 다니는 것보다는 공부에 도움을 받겠지만 성적이 나오고 진짜 학습 실력이 쌓이는 것은 조금 더 들여다보셔야 되는 문제입니다. 학원에 보내는 것도 신중해야 하지만 학원을 그만두게 하는 것도 신중하게 고민하시기 바랍니다. 학원이 모든 것을 해결해 주지는 않기 때문입니다.

오늘 배운 내용을 적용해 볼까요?

Q1) 우리 아이는 지금 어떤 과목 학원에 다니고 있나요? 그 학원에
다니는 '진짜' 목적은 무엇인가요?

Q2) 내가 생각하는 좋은 학원의 특징은 무엇인가요? 오늘 배운 내용을
떠올리며 자유롭게 적어 주세요.

Q3) 좋은 영어 학원과 좋은 수학학원을 고르는 기준을 아는 대로
나열해 보세요.

Q4) 학원을 그만두게 해야 할 타이밍에 대한 나만의 기준을 작성해
보세요. 우선순위를 작성해 두면 결정을 내리기 훨씬 쉬워집니다.
과정은 신중히 하지만 결정은 단호하게! 이 원칙을 절대 잊지
마세요!

ᐯ DAY 18. ᐳ

똑똑한 입시 정보
_초급 편

    초 5, 6의 학부모 입장에서 가장 가깝게 느끼는 교육 정책 관련 주제는 단연 '고교학점제'가 아닐까 싶습니다. 대한민국 교육 역사상 가장 급격한 변화로 예상되는 제도이기 때문에 전면 도입의 원년인 2025년에 고 1이 되는 2009년생 부모님만큼은 아니지만 몇 년 후 우리 아이의 대입 유불리에 큰 영향을 미치게 될 이 정책이 궁금하신 분이 많죠. 실제로 입시는 아직 멀다고 느끼는 분도 불과 3~4년 앞으로 다가온 고교학점제에 대해서는 유독 관심이 많습니다. 오늘은 그 관심의 핵심인 고교학점제와 고교 선택 그리고 고교 정보를 샅샅이 살펴볼 수 있는 '학교알리미'를 활용하는 방법을 알려드리겠습니다. 그리고 입시 대비의 첫걸음이죠? 우리 아이의 실제 성적과 장단점을 알 수 있는 '성적표 읽기' 방법까지 순차적으로 설명하겠습니다. 시작해 볼게요!

초등 맘이 고교학점제와 고교 선택에 관심을 가져야 하는 이유

고교학점제는 2025년에 고 1이 되는 아이들부터 전면 시행 대상이 됩니다. 학생들은 각자 자유롭게 과목을 선택할 수 있고 3년 동안 누적 학점 192학점(교과 174학점, 창의적 체험 활동 18학점)만 이수하면 졸업할 수 있는 졸업 인정제가 도입되는 거죠.

아이들이 선택할 수 있는 과목은 크게 일반 선택 과목, 융합 선택 과목, 진로 선택 과목으로 나뉩니다. 현재 고등학생이 1학년에 공통 과목을 듣고 2~3학년부터 선택 과목을 듣는 것과 동일하지만 선택할 수 있는 과목의 폭이 훨씬 넓어져서 학생의 자율성과 선택권을 최대한 보장한 제도라는 평가를 받고 있죠. 그렇기 때문에 여러 가지 이유로 한 학교에서 소속 학생이 원하는 모든 과목을 개설하는 것은 사실상 불가능합니다. 그래서 학교 간 연계(방과 후 다른 학교에 가서 수업을 듣는 방식)를 하거나 지역 교육 시설을 활용합니다. 또한 심화 과목 실습 등을 위해서 지역 대학 협력 온라인 강의도 개설하고, 특히나 농촌과 어촌 등 인프라가 부족한 지역에서는 온라인 강의를 더 많이 활용한다는 계획이죠.

고 2, 3 때 듣게 될 선택 과목은 보통 고 1 여름방학 직후에 확정하게 됩니다. 이때 학교에 따라서 고 2의 2학기까지만 과목 선택을 확정하게 하는 곳도 있고, 고 3의 2학기 수업까지도 미리 결정하게 하는 곳도 있습니다. 상황이 이렇다 보니 고 1이라면 우리 학교에서 들을 수 있는 선택 과목이 무엇이고, 내가 희망하는 진로와 진학하고 싶은 대학이나 학과에 유리한 선택이 무엇인지를 미리 알아야만 그 선택의 때에 당황하지 않고 올바른 결정을 내릴 수 있습니다. 하지만 앞에서도 언급했듯이 진로는 짧은 시간에 확정할 수 있는 것이 아니기 때문에 p.188를 참고하여 초등부터 틈날 때마다 아이와 함께 진로 활동을 꾸준히 하는 것이 좋습니다. 최소한 고 1의 1학기에는 진로 방향성이 얼추 만들어져야 그에 맞춘 학업 설계가 가능하기 때문입니다.

고교학점제에서 기대할 수 있는 것은 천편일률적인 교육이 아닌 'The ONE'을 키우는 교육입니다. 유일한 존재인 우리 아이가 다양한 특성과 장점을 가진 많은 아이들과 함께 성장하고 만들어가는 사회를 기대하면서 말이지요. 부디 고교학점제가 기획 의도대로 아이들 개개인의 특성과 진로에 맞는 맞춤형 교육으로서 잘 정착되었으면 하는 바람입니다. 고교학점제에 대한 좀더 자세한 내용은 고교학점제 사이트* 에서 살펴보실 수 있습니다.

고교학점제가 전면 시행되면 사실상 진로와 진학에 있어서 과목 선택뿐만 아니라 고등학교 선택이 그 어느 때보다도 중요해집니다. 우선, 다양한 교육 프로그램을 운영하여 학생 부종합전형에서 경쟁력이 있고 우수한 학생을 뽑아 매년 수능으로도 좋은 입결(입학시험 결과)을 내고 있는 특목·자사고의 존치가 확정되었습니다. 고교학점제하에서 내신 등급 체제가 기존의 9등급제 상대평가가 아닌 새로운 방식으로 변화될 전망이기 때문에 한동안 주춤했던 고입 경쟁률이 조만간 높아질 것으로 예측되고 있죠. 또한 일반고 안에서도 특정 진로·진학 목표와 연관되는 교과목 개설이 많은 학교, 앞서 설명드렸던 '과학 중점 고등학교'처럼 일종의 거점학교 형태의 학교별 특화가 생겨날 가능성도 높습니다. 과거에는 특목·자사고와 일반고, 단 두 개의 선택지만 있었고 그 선택 기준은 '합격 가능성'이 최우선이었던 것과 다르게, 일반고 안에서의 고교 선택은 '학생 개개인에게 최적화된 전략을 준비할 수 있는 곳'을 찾는 것을 최우선으로 하여, 아이의 중등 시기부터 학부모님이 수집하는 교육 정보의 양과 질이 무엇보다 절실히 필요한 상황이 되었습니다.

정보가 힘! 학교알리미로 고교정보 한눈에 살펴보기

그렇다면 우리 아이가 갈 만한 고등학교 정보는 어떻게 찾아야 할까요? 우선 고입에 대한 일반적인 정보는 고입정보포털**에서 확인할 수 있습니다. 우선 메인 페이지의 '고등학교 유형' 항목에서 일반고, 특목고, 특성화고, 자율고, 영재교의 일반적인 입시 정보와 교육과정을 살펴볼 수 있고요. '학교 정보 조회'에 서는 각 학교의 위치와 홈페이지를 비롯하여 입학전형 요강 등 입시와 관련된 학교별 특화 자료도 확인할 수 있습니다. 특히 '자기주도학습전형'이라는 이름의 고입 전형을 시행하고 있는 외고, 과학고, 국제고, 자사고, 일반고의 명단을 공개하고 학교별 전형 방법과 준비 방법을 자세히 소개하고 있어서, 고입에 대한 기초적인 정보를 수집하실 수 있습니다. 하지만 좀더 자세한 내용은 각 학교 홈페이지에서 확인해야 합니다. 일부 학교는 (재학생, 재학생의 학부모가 아닌) 일반인에게 자료 공개를 하지 않기도 하고, 게시판에서 자료 찾기가 어려운 경우가 많아서 '학교알리미'*** 사이트를 통해 좀더 편리하게 다양한 자료를 수집하는 것을 추천합니다.

학교알리미는 사실, 많이 들어 보셨을 겁니다. 그런데 어떻게 활용하는지는 생각보다 잘 모르시더라고요. 그저 학교 홈페이지를 모아 놓은 곳이라고만 알고 계시는데요, 꽤 유용하고 깊이 있는 정보를 얻을 수 있는 곳입니다. 무엇보다 각 항목에 맞춰 학교의 정보를 공시하는 것이 의무이기 때문에 학교 홈페이지에 올라오지 않는 귀중한 정보도 시기별로 업데이트됩니다. 자세히 보려면 따로 시간을 내서 모든 항목을 살펴봐야 하지만, 시간이 부족하신 분을 위해서 주요 항목만 소개해 드리겠습니다. 메인 메뉴 중 '전국학교정보'의 '항목별 공시 정보' 중 '교육활동', '학생현황', '학업성취사항'의 일부입니다.

***

1. 교육활동: 학교교육과정 편성·운영 및 평가에 관한 사항, 교육운영 특색사업 계획, 교과별(학년별) 교과진도 운영계획

1) 학교교육과정 편성·운영 및 평가에 관한 사항: 학교 교육과정에서 가장 많은 정보가 들어있는 곳입니다. 학년별로 어떤 교육과정에 따라 수업이 편성되어 운영되는지, 어떤 과목을 듣는지, 주당 수업 시간은 얼마인지와 체험 활동 계획, 연간 학사 일정을 두루 살펴볼 수 있죠. 이 항목이 학교알리미 전체에서 1순위로 살펴보아야 할 항목인데요, 보통 4월 말에 당해 연도 계획이 업데이트됩니다. 교육과정이 크게 바뀌지 않는 한 같은 내용이 올라오기 때문에 아이가 입학 전이거나 신입생이라면 전년도 자료를 참고하셔도 괜찮습니다.

2) 교육운영 특색사업 계획: 교과교실제, 자율학교, 수준별 수업, 기타 특색사업을 진행하는 학교는 이 부분에 자료가 게시됩니다. 제가 살펴보니 2023년 기준 '교과교실제'를 지정 운영하는 비율이 전국적으로 30.6%, '자율학교' 지정 운영 비율은 32.2%, '수준별 수업' 운영 비율은 8% 정도 되는 걸로 나와 있네요. '과학 중점 고등학교'는 '기타 교육운영 특색사업' 부분에 자세한 자료가 올라옵니다.

고교학점제가 안정화되고 일종의 거점학교가 확산되면 이 부분에 자료가 올라오는 곳이 많을 테니 관심 있게 지켜보시면 좋겠습니다. 이 항목도 매년 4월 말에 업데이트됩니다.

3) 교과별(학년별) 교과진도 운영계획: 각 교과별 운영계획이 공시되는 공간입니다. 학년별로 차시별 학습 지도 계획을 통해 진도 파악, 수업 주제, 성취 기준 및 평가 자료를 확인할 수 있습니다. 학교별로 이곳에 '교과별(학년별) 평가계획에 관한 사항'을 같이 올리는 곳도 있으니, 뒤에서 소개하는 '교과별(학년별) 평가계획에 관한 사항' 자료와 함께 검토하시면 좋습니다. 이 항목은 연 2회, 4월 말과 9월 말에 업데이트됩니다.

2. 학생현황: 입학전형 요강, 졸업생의 진로 현황

1) 입학전형 요강: 특목고, 자사고, 일반고 및 자공고 중 학교장 전형실시교, 특성화 중고교의 입학전형 요강이 게시되는 공간입니다. 모집 인원, 지원 자격, 전형 일정 및 방법, 제출 서류, 사정 기준 등을 포함한 입학 안내 자료서라고 보시면 되는데요, 이 항목은 수시로 업데이트됩니다.

2) 졸업생의 진로 현황: 고교 졸업자 중 진학자(전문대학, 대학, 국외 진학자 포함), 취업자(1개월에 60시간 이상 근무, 소득이 있는 졸업생의 수), 기타(진학에 속하지 않는 경우, 대개 N수생)의 비율을 표시합니다. 연 1회, 11월 말에 업데이트되고요. 중학교의 경우에는 진학자 항목이 일반고, 특성화고, 특수목적고(과학고, 외국어고, 국제고, 예술고, 체육고, 마이스터고), 자율고, 기타(외국인학교, 특수학교, 영재학교 등)로 나누어 공시하기 때문에 해당 학교의 진학률을 판단할 수 있는 중요한 자료입니다.

학교의 자세한 이름을 알기 위해서는 학교에 직접 문의하거나 지역 맘카페, 재학생 학부모 등을 통해야 하지만 앞서 안내한 '특색사업 계획'과 함께 보시면 학교가 특별히 신경 쓰고 있는 진학 방향성과 면학 분위기 등을 대략적으로 짐작할 수는 있습니다.

3. 학업성취사항: 교과별(학년별) 평가계획에 관한 사항, 교과별 학업성취 사항

1) 교과별(학년별) 평가계획에 관한 사항: 학년별, 학기별, 과목별 평가계획에 따른 지필평가, 수행평가 계획을 공시합니다. 이 부분을 참고하시면 학기 초에 평가계획에 맞춘 학습 계획을 세우는 데 용이합니다. 특히 '수행평가 계획' 파트는 수행

평가 내용과 방법, 배점, 평가 기준 등이 자세하게 나와 있어서 과제 형태가 아닌 수업 중 이뤄지는 과정 평가라고 하더라도 충분히 대비할 수 있습니다. 그중 평가 기준은, 최하 점수(기본 점수), 항목별 배점 기준 등이 나와있는데요, 학교와 담당 선생님별로 자세한 정도에는 차이가 있습니다만 제 경험상 평가에 민감한 지역일수록 평가 시기, 평가 척도, 동점자 처리 방식 등이 구체적으로 기재되는 편이었습니다. '학업성적관리 규정'도 함께 공시되며, 연 2회, 4월 말과 9월 말에 업데이트됩니다.

2) 교과별 학업성취 사항: 평가계획에 근거한 지필평가와 수행평가 점수를 합산한 학기말 성적이 공시됩니다. 과목과 주당 수업 시간, 평균, 표준편차, 성취도별 분포 비율이 게시되는데요, 상대평가 과목은 5등급 기준으로, 절대평가 과목은 3등급 기준으로 표준편차 없이 평균과 성취도별 분포 비율만 표시됩니다. 이 항목은 연 2회, 4월 말과 9월 말에 업데이트됩니다.

표준편차가 기재되었을 때, 도표를 이해하는 법을 알려드리겠습니다. 표준편차가 크면 클수록 평균에서 아이들 점수가 멀리 퍼져 있고, 작으면 평균 근처에 많은 아이의 점수가 몰려 있다는 뜻인데요, 만약 아이들 전체적인 수준이 높은 소위 명문고인 A 학교의 한 과목이 평균은 높은데 표준편차가 작다면, 아이들 실력이 두루 우수해서 비슷한 성적의 아이가 많다는 뜻이고요. 동일한 결과지만 만약 A 학교보다는 아이들 전체 수준이 그리 높지 않은 B 학교도 마찬가지의 분포를 보인다면 시험이 굉장히 쉬웠겠다는 것을 짐작할 수 있습니다. 또한 평균이 낮으면서 표준편차가 큰 과목은 시험도 어렵고 아이들 간의 편차도 커서 변별력이 있는 시험이었다고 판단할 수 있고요. 이런 것은 학교 수준을 따져보면서 학교별로 내신이 어떤 식으로 출제되는지, 그 경향을 미루어 짐작해 볼 수 있는 중요한 지표이므로 이 부분을 꼼꼼하게 보시면 좋겠습니다.

물론 이 내용 말고도 우리 아이가 진학할 학교에 대해 더 많은 정보를 알고 싶으실 겁니다. 대표적으로, 실제 학교 분위기가 어떤지와 더 정확한 입결(입학시험 결과) 같은 것이겠죠. 하지만 오늘 우리가 함께 알아본 이 객관적인 정보가 있어야 추가 정보를 더해 해당 학교를 좀 더 정확히 분석할 수 있습니다. 그러니 일단 학교알리미부터 틈날 때마다 살펴보시고, 지침을 읽는 눈을 키우세요. 그것이 학부모님이 지금 당장 하셔야 할 일입니다.

점수만 보지 마시고, 성적표는 이렇게 읽으세요

지금까지 초등 아이의 성적표(생활통지표)를 어떻게 대하셨는지 궁금합니다. 올(All) '매우 잘함'에 폭풍 칭찬을 아끼지 않으셨나요? 아니면 일부 '노력 요함' 과목을 보고 그럴 줄 알았다며 아이에게 핀잔을 주고 때로는 실망하셨나요? 두 상황 모두, 부모로서 그럴 수 있고 또 자연스러운 감정입니다. 오히려 부모님에게 칭찬받기를 고대하는 아이나 매일 공부 때문에 티격태격하던 아이 앞에서 초등 성적은 별거 아니라는 듯 애써 태연한 척하는 것이 되레 어색한 행동이니까요. 다만, 학교에서 보내온 메시지에 대한 정확한 해석은 필요하다고 봅니다.

초등 성적표는 중고등 성적표가 시험 결과 중심으로 표시되는 것과 달리 아이의 수업 참여에 따른 성취도와 적극성, 즉 태도의 측면에 관해 기술되어 있습니다. 이 말은 초등 때 만들어진 수업 태도가 고등까지 가기 때문에 '노력 요함' 과목을 보고 '이 과목을 못하는구나.' 하고 넘길 것이 아니라 수업 태도에 분명히 개선할 점이 있다고 생각하셔야 한다는 겁니다. 반대로 좋은 평가를 받은 아이에게는 폭풍 칭찬과 함께 어떻게 해서 좋은 성적을 받을 수 있었는지를 스스로 생각해 보도록 질문해 주시는 것이 좋습니다. 그 방법을 스스로 알면 다음 학기에도 성실한 자세로 학교 수업에 참여할 가능성이 높아지기 때문이죠. 아마 이것만큼 강력한 학습 동기는 없을 겁니다.

중학교 성적표는 '성적통지표'로 불리며 초등학교에 비해 여러 항목이 추가됩니다. 우선 큰 틀을 살펴볼게요.

〈성적통지표〉

2000학년도 O학기말 O학년 O반 OO번 이름:OOO　　　　　　담임교사 : OOO

과목	지필/수행	고사/영역명 (반영비율)	만점	받은 점수	합계	성취도 (수강자 수)	원점수/ 과목평균
국어	지필	1학기 중간고사(37.5%)	100.00	93.00	93.38	A(259)	93/80.1
	지필	1학기 기말고사(37.5%)	100.00	92.00			
	수행	주장하는 글쓰기(13.0%)	13.00	12.00			
	수행	포트폴리오(12.0%)	12.00	12.00			

사회	지필	1학기 중간지필(35.0%)	100.00	90.00			
	지필	2학기 중간고사(35.0%)	100.00	88.00	88.3	B(259)	88/72.5
	수행	UCC 제작 및 발표(15.0%)	15.00	14.00			
	수행	보고서 작성(15.0%)	15.00	12.00			

중학교 성적표의 '성적' 항목은 등수가 아닌 성취도로 표시됩니다. 이런 평가 방식을 '성취평가제'라고 하는데요, 성취평가제란 누가 더 잘했는지, 줄 세우기식 평가가 아니라 교과목별 성취 기준을 준거로 아이들이 어느 정도 성취했는지를 A-B-C-D-E[또는 A-B-C/P(Pass, 통과)]로 평가하는 제도입니다. A는 원점수 기준으로 90점 이상, B는 80점 이상 90점 미만, C는 70점 이상 80점 미만, D는 60점 이상 70점 미만, E는 60점 미만입니다.

1. 지필/수행

일반적으로 알고 있는 중간·기말고사를 '지필평가', 과제 형태나 수업 중 과정 평가로 진행되는 평가를 '수행평가'라고 합니다.

2. 고사/영역명(반영 비율)

이 항목은 중간고사, 기말고사, 주장하는 글쓰기, 포트폴리오처럼 각 평가의 명칭을 기재하는 곳입니다. 예시와 같이 각 고사의 반영 비율의 합은 100%여야 하고요.

> **국어 과목**: 37.5%(중간고사) + 37.5%(기말고사) + 13.0%(수행평가1)
>
> + 12.0%(수행평가2) = 100%

3. 합계

과목별로 각 평가별 점수에 반영 비율을 계산하여 [(받은 점수/만점) × 반영 비율] 점수를 합산한 점수입니다.

> (93/100×37.5)+(92/100×37.5)+(12/13×13)+(12/12×12)=93.38

4. 원점수/과목평균

원점수는 지필평가 및 수행평가의 반영 비율 환산 점수 합계를 소수 첫째 자리에서 반올림하여 정수로 기록한 것입니다. 과목평균은 원점수를 사용해서 계산하는데, 이때 소수 둘째 자리에서 반올림하여 소수 첫째 자리까지만 기록합니다.

난생처음 우리 아이의 '등급'을 마주하는 학부모님에게 중등 성적표의 등급은, 때로는 놀랄 만큼 기쁘고 때로는 쓰린 아픔을 안겨줄 수 있습니다. 하지만 중등 성적(+학생부)으로 특수목적고에 가려는 것이 아니라면, 그 반대 상황인 일반고 진학이 우려스러울 정도가 아닌 일반 수준의 아이라면 중등 성적에 일희일비하실 필요는 전혀 없습니다.

일차적으로 이 성적이 고등까지 이어진다는 보장이 없기 때문이고요. 이 성적 또한 잘하는 부분과 부족한 부분이, 숫자라는 성적과 등급으로 표기되었을 뿐 큰 틀에서 초등 성적표와 크게 다르지 않기 때문입니다. 학교 수업을 1:1 과외를 받듯이 선생님의 말씀에 집중하고 성실한 수업 태도로 주어진 학습 상황에 적극적으로 임하는 아이는 결국 좋은 성적을 받습니다. 학년이 올라갈수록 아이들의 학습 태도가 엉망이라는 것은 여러분도 경험적으로 알고 계시잖아요? 수업을 제대로만 듣는 아이여도 성적이 아주 엉망인 상태는 아닐 겁니다. 반대로 엉망이라면 그 엉망인 수업 태도는 초등에서부터 습관이 되었을 가능성이 높고요. 중학교까지는 '성적'이 우리 아이의 장점과 부족한 부분을 찾는 중요한 척도 중 하나라고 생각하셔야 합니다. 아직은 내신 성적이 대입에 결정적인 영향을 미칠 단계가 아니니까요.

마지막으로, 고등학교 성적표는 '과목별 성적 일람표'로 불리며 중학교 성적표와 큰 틀에서는 유사합니다. 다만, 고교학점제하에서는 현행 표기 방식과 조금 차이가 있을 수 있고, 입시에 반영되는 부분도 확정되지 않았으니 앞으로 있을 공식적인 발표를 좀더 지켜보아야겠습니다.

오늘 배운 내용을 적용해 볼까요?

Q1) 오늘 배운 고교학점제에 대해 아는 대로 자유롭게 적어 보세요.
좀 더 자세한 정보를 알 방법도 함께 적어 보고요.

Q2) 오늘 배운 내용과 함께 학교알리미 사이트를 살펴보았나요?
학교알리미에 게시된 여러 항목 중 가장 찾아보고 싶은 정보는
무엇인가요?

Q3) 우리 아이의 진학 목표를 고려하여 학교알리미를 통해 가장
살펴보고 싶은 학교의 이름을 적어 주세요. 그리고 조사한 학교
정보를 일목요연하게 정리해 보세요.

Q4) 중등 이후 받아올 아이의 성적표를 보고 여러분은 아이에게 어떤
반응을 해야 할까요? 미리 시뮬레이션을 해 두면 당황하거나
불필요한 반응을 하지 않을 수 있습니다. 한번 상상해 보고 내가
아이에게 해줄 말을 직접 적어 보세요.

DAY 19.

똑똑한 입시 정보
_중급 편

초등 5, 6학년의 학부모라면 당장 다가올 고교학점제와 더불어 '대학 가는 법' 정도는 알고 계셔야 합니다. 중고교 학습의 방향성도 결국에는 대학 입시를 목표로 설계되어야 하기 때문인데요, 지금도 대표적인 4가지 대입전형하에 대학별로 세부적인 사항이 많아서 굉장히 '어려운 입시의 시대'라는 평이 대다수입니다. 하지만 고교학점제 1세대가 대학에 진학하는 2028학년도까지 발표될 큰 틀에서의 대입전형과 각 대학의 세부적인 전형 요소에도 못지 않은 큰 변화가 있을 것이라 예상되고 있어서 꾸준히 관심을 갖고 지켜봐야만 합니다.

오늘은 대표적인 4가지 대입전형인 수능 정시, 학생부종합전형, 학생부 교과 전형 및 논술 전형의 각 대입전형별 평가 요소인 전형 요소를 살펴보겠습니다. 전형 요소란 학생을 선발하기 위해 평가되는 요소를 말하는데요, 대입전형에 따라서 전형 요소가 다르고, 또 전형 요소가 다르면 공부하는 방식이나 범위가 완전히 달라질 수 있기 때문에 대입전형과 전형 요소라는 개념을 함께 알아 두어야 합니다. 그리고 마지막으로 급변하는 입시 환경에서 여러분이 우리 아이만의 입시 코치로서 해야 할 역할에 대해서도 말씀드리겠습니다.

대학에 가는 4가지 방법을 구분해서 알아두세요

대학을 가는 방법에는 가장 대표적으로 다음의 4가지 전형이 있습니다.

그전에 잠깐! 지금은 깊이 있는 내용까지 알아야 한다는 부담감을 조금 내려놓으셔도 됩니다. 각각을 구분할 줄만 안다면 앞으로 입시 뉴스를 보았을 때 훨씬 더 이해가 잘될 거예요.

그럼 하나씩 살펴보겠습니다.

> **1) 정시전형**: 매년 11월에 실시되는 대학수학능력시험(수능)의 점수(표준점수/백분위)로 신입생을 뽑는 전형입니다. 수능 점수 외에 다른 요소를 더해 학생을 선발하기도 하지만 수능 점수가 합격/불합격에 절대적인 전형이죠.

또한 수능 등급은 수시전형에서 최저학력기준으로 사용되기도 하는데요, 이는 학교별 내신 차이를 보완하기 위한 방법 중 하나입니다. 예를 들어, 수능 수학 1등급이 한 반에 여러 명 있는 학교의 내신 1등급과 전교에 1~2명 있는 학교의 내신 1등급 학생은 당연한 수준 차이가 있다고 보는 겁니다.

최근 상위권 주요 대학을 중심으로 정시전형으로 뽑는 학생의 비율이 40%를 웃돌았습니다. 이는 뒤이어 소개할 학생부종합전형의 평가 요소가 대거 삭제되거나 반영되지 않는 것과 관련 있는데요, 지금 있는 전형 요소만으로 학생의 특장점을 변별하기 어려워지고 그것도 신뢰하기 어려워서 정시전형의 선발 인원을 늘려가는 것입니다.

하지만 고교학점제 전면 도입 이후 2028학년도부터 시행되는 수능에도 큰 변화가 있을 것으로 예상됩니다. 그에 따라 대학 입장에서는 정시전형에 수능 외의 전형 요소를 추가해야만 우수 학생을 선발할 수 있기 때문에 각 대학의 입학 전형 계획에 주목해야 할 것 같습니다.

다만, 초 5, 6의 학부모님들은 현 단계에서 수능 위주로 대학에 가는 '정시전형'이 있다는 것만 잘 알아두시면 됩니다.

2) 학생부 교과 전형: 고등학교 내신점수(정량) 위주로 학생을 선발하는 전형입니다. 전국 단위로는 가장 많은 선발 인원을 뽑는 전형이지만 예전에는 상위권 대학으로 갈수록 그 비율이 줄어드는 경향이었습니다.

그런데 최근의 상위권 대학(연세대, 고려대, 서강대, 성균관대 등)의 움직임을 보면 교과 전형을 새로 신설하고 있는 추세입니다. 앞서 언급한 학종(학생부종합전형)을 보완하는 의도라고 짐작되는데요, 다만, 수능 최저학력기준을 도입하는 곳이 많아서 내신 성적이 우수해 교과 전형을 노리는 학생이라도 수능 또한 소홀히 하지 않아야만 상위권 대학 진학이 가능합니다. (지방 소재 고등학교는 내신 1등급이어도 수능 최저학력 기준을 맞추지 못하는 경우가 생각보다 많습니다)

3) 학생부종합전형: 내신 점수뿐만 아니라 교과 연계 활동 등으로 학생의 학업 역량과 성장 과정 등을 정성적으로 평가하는 유형입니다. 상위권 대학에서 가장 많은 신입생을 뽑는 전형이었으나 입시 비리의 온상으로 지목되면서 2005년생 이하부터는 수상 기록, 독서 활동, 진로 희망, 자율 동아리, 소논문, 봉사 활동 등이 삭제되거나 미반영되고 자기소개서 항목도 간소화되어 2024년 입시부터의 학생부종합전형은 사실상 세특(학교 생활 기록부의 '교과 세부 능력 및 특기 사항')을 보는 학생부 교과 전형이 될 것으로 전망되고 있습니다.

4) 논술 전형: 대학별 고사에 해당되며 해당 학교에서 지정하는 논술 형태의 시험을 치르는 전형입니다. 보통 내신 점수와 합산하여 신입생을 선발하지만 상당수의 학교에서 내신 실질 반영 비율은 낮은 편입니다. 학교별로 출제 유형에 맞는 준비가 따로 필요한 전형이며, 점차 그 비율이 줄어들고 있습니다.

고교학점제 이후 대입에서 내신과 수능의 영향력이 감소하면 대학 입장에서는 우수한 학생을 뽑기 위해 대학별 고사를 부활시킬 가능성이 있다는 이야기가 나오고 있습니다. 앞으로 대입전형의 변화 및 판도에 대해서는 교집합에서 추가로 안내해 드리겠습니다.

이 정도 입시 용어는 알아야 합니다

앞서 설명한 대입전형에서 혹시 모르는 용어가 있지 않으셨나요? 당장 첫 줄에 나와 있는 '전형, 표준점수, 백분위'부터 헷갈리시는 분이 계셨을 텐데요, 자주 쓰는 용어가 아니니 당연합니다. 하지만 앞으로 입시에 대해 '해석'하는 역량을 기르려면 우선 기본적인 입시 용어부터 공부하셔야 합니다. 아는 만큼 들리고 보이니까요. 그래서 가장 많이 쓰이고 헷갈리는 용어 중심으로 그 뜻을 정리해 드리려고 합니다. 좀더 다양한 입시 용어는 '대입정보포털 어디가'*의 '대입정보센터 → 대입제도안내 → 대입 용어사전'을 참고하세요.

*

- **전형**: 대학에서 요구하는 인재를 선발하기 위해 지원자가 가지고 있는 역량을 평가하여 선발 여부를 결정하는 일련의 과정을 말함

- **전형 방법**: 학생 선발 시 고려되는 전형 자료, 전형 요소, 반영 비율, 선발 단계 등 일련의 절차나 과정을 말함

- **전형 요소**: 학생을 선발하기 위해 고려되는 요소를 말함
  예: 학생부 교과, 서류평가성적, 면접평가성적, 수능성적, 논술고사성적, 외국어능력, 실기능력 등

- **성취 기준**: 각 교과에서 학생이 성취해야 할 지식, 기능, 태도 등의 특성

- **세부능력 및 특기사항(세특)**: 학교생활기록부의 기재 항목 중의 하나로서 각 교과목 선생님들이 학생별로 해당 교과목과 관련된 사항을 적어 놓은 항목

- **수시모집**: 정시모집에 앞서 학생의 다양한 능력과 재능을 반영하여 신입생을 선발하는 방식을 말함. 수시모집에 합격하면 정시모집에 지원할 수 없고, 수시모집에 지원자가 미달된 모집단위의 경우에는 정시모집에서 선발하기도 함

- **정시모집**: 수시모집 이후 대학이 일정 기간을 정해 신입생을 모집하는 선발 방식으로 수능 성적표가 배부된 후 모집 군을 나누어 신입생을 모집하는 것을 말함

- **입학사정관**: 대학에서 학교생활기록, 인성·능력·소질·지도성 및 발전 가능성 등 학생의 다양한 특성과 경험을 입학전형자료로 생산·활용하여 학생을 선발하고, 대입전형 관련 연구·개발 업무를 전담하는 전문가를 말함

- **모집군**: 4년제 대학의 정시모집 전형 실시 기간에 따른 구분을 말함. 대학전형일(실기고사, 면접 등)에 따라 '가/나/다'군으로 구분되며 수험생은 군별로 한 번씩 총 3번 이내의 지원 기회를 가짐

- **모집단위**: 대학에서 학생을 모집하는 단위를 말함. 주로 학과 단위로 모집하며, 학부 단위나 계열별로 통합하여 모집하는 경우도 있음

- **정량평가**: 객관적으로 수량화가 가능한 자료를 사용하는 평가 방법을 말함

- **정성평가**: 전형 자료를 토대로 평가자가 그 의미를 찾고 해석하는 평가 방법을 말함

- **평가 요소**: 지원자를 평가하는 기준과 내용을 말함
  예: 학업 역량, 전공 적합성, 인성, 발전 가능성, 논리력, 수리력 등

- **평가 항목**: 평가 시 고려되는 평가 요소의 세부 항목을 말함

  예: 학업 역량의 경우에는 학생부의 등급, 원점수, 수상경력 등, 인성의 경우에는 리더십, 공동체의식, 나눔과 배려, 학생부의 출결 사항, 창의적 체험 활동 등

- **평가 기준**: 지원자를 평가하는 구체적인 판단 기준을 말함

  예: 영어 교과 성적 90점 이상, 1등급, 특정 시험의 합격 점수 80점 이상, 전공 적합성 탁월, 우수, 보통, 미흡 등

- **대학별 고사**: 고사는 지원자의 학업 성적이나 능력을 평가하는 시험을 의미함. 대학별 고사는 대학이 학생 선발을 위해 자체적으로 시행하는 시험으로 논술, 면접, 실기고사 등이 있음

- **심층면접**: 지원자의 자질과 역량을 보다 세밀하고 심층적으로 살피는 면접. 통상 인성뿐만 아니라 수학능력, 창의력, 전공 적합성, 자질, 기본 상식 등을 심층적으로 평가하는 면접을 말함

- **인성면접**: 지원자의 인성을 평가하는 면접을 말함

- **학업역량면접**: 지원자의 학업 능력과 수준 등을 평가하는 면접을 말함

- **적성면접**: 지원자의 지원 학과에 대한 동기나 관심, 적성 등을 평가하는 면접을 말함

- **구술면접**: 말로 하는 시험. 특정 문제를 출제하여 그에 대한 답변으로 지원자의 실력을 확인하는 면접을 말함

- **서류확인면접**: 지원자가 제출한 서류 내용을 확인하는 면접을 말함

- **명목 반영 비율**: 전형 요소별(학생부, 서류, 면접, 논술 등) 반영되는 점수로 기재되어 있는 그대로의 비율을 말함

  예: 논술 70% + 학생부 30%

- **실질 반영 비율**: 전형 요소별(학생부, 서류, 면접, 논술 등)로 전형 총점에 대해 미치는 실제적인 비율을 의미함. 현재는 대부분의 대학에서 전형 요소별 반영 점수 및 실질 반영 비율을 함께 기재하고 있음

- **백분위**: 백분위는 영역·과목 내에서 개인의 상대적 서열을 나타내는 수치임. 즉, 해당 수험생의 백분위는 응시 학생 전체에 대한 그 학생보다 낮은 점수를 받은 학생 집단의 비율을 백분율로 나타낸 수치를 말함

- **변환표준점수**: 각 과목의 난이도와 표준편차를 고려해 산출되는 점수를 말함. 표준점수의 변별력을 높이기 위해 산출하는 점수로 대학에서는 주로 탐구영역의 성적을 반영할 때 사용함

- **표준점수**: 원점수에 해당하는 점수를 상대적인 서열로 나타내는 점수임. 즉, 표준점수는 영역 또는 선택 과목별로 정해진 평균과 표준편차를 갖도록 변환한 분포상에서 개인이 획득한 원점수가 어느 위치에 해당하는가를 나타내는 점수를 말함

입시 조력자로서 부모의 역할

여기까지 따라오신 여러분, 정말 수고 많으셨습니다. 오늘 내용을 정리하며 살짝 걱정이 되기도 했거든요. '우리 애는 고작 초등학생인데 이걸 왜 벌써부터 알아두라는 거지?'라는 마음의 소리를 들을 각

오를 하긴 했지만 그럼에도 '입시' 부분은 이 책에 반드시 포함되어야 한다고 생각했습니다. 오랫동안 현장에서 아이들의 입시를 지켜보고 또 학원 원장님들을 비롯해 특정 분야의 교육 전문가들을 가르치면서 결국 제가 내린 결론은, 입시와 관련해서만큼은 '학교 선생님도, 학원 선생님도 믿지 말라'는 것이었기 때문입니다.

오해하지 마세요. 그분들이 역량이 부족해서가 아닙니다. 일단 담당 과목 수업 연구 및 학생 관리로 인해 여유가 없기도 하고 입시와 직접적으로 관련이 없는 학년을 담당하는 선생님일수록 본인이 맡은 교과가 아이들 입시와 구체적으로 어떻게 연결되고 동기부여가 될지를 잘 알지 못하는 경우가 많기 때문입니다. 왜냐하면 교과목 점수(내신/수능) 하나도 어떤 대학의 어떤 학과에서는 A 방식으로 반영되는가 하면 다른 대학에서는 B 방식으로 반영되는 것이 현실이기 때문에 모든 아이에게 정답에 가까운 조언을 해주는 것은 사실상 불가능합니다. 게다가 고 3처럼 눈앞의 상황에 대한 조언이 아니라면 큰 틀의 방향성만 제시해 주는 것이 최선일 겁니다.

그렇다고 지금부터 그냥 공부만 하다가 고 3이 되어서야 '입시 전문가'를 찾아가 조언을 받을 수는 없습니다. 아시는 것처럼 입시 방향성은 진로로, 결국엔 학습으로 연결될 수밖에 없기 때문에 입시를 알아야만 초등부터의 학습 방향성을 잡을 수 있습니다. 그래서 이것을 해줄 수 있는 사람은 '김주영 선생님'(드라마 스카이캐슬에 등장한 고액의 입시 코디네이터)이 아니면 부모님 밖에 없다는 결론이 나오게 된 거죠.

입시, 그렇게 어렵게 생각하실 것 없습니다. 여러분에게 '입시 전문가'가 되라는 것이 아니라 '우리 아이만의 입시 코치'가 되라는 것이니까요. 모든 입시의 흐름을 읽고 해석할 능력, 없으셔도 됩니다. 우리 아이 한 명의 입시를 위해서만 노력하시면 돼요. 우리에게는 아직 충분한 시간과 그것을 가능케 할 좋은 자료가 많거든요. 여러분은 그것을 모으고 모아, 우리 아이에게 필요한 것을 걸러내는 역할만 하시면 됩니다. 일단은 앞에서 말씀드린 입시와 관련된 모든 사이트를 즐겨찾기에 저장해 두세요.

거기에 교집합 유튜브 채널과 밴드, EBSi, 유웨이, 진학사, 메가스터디, 수만휘, 오르비 등의 입시 관련 사이트 및 커뮤니티, 유튜브를 모아 '입시' 폴더를 만들어 두세요. 그리고 교육 정책의 발표가 있을 때 각 기관의 분석 보고서 등을 참고해 보시기 바랍니다. 또한 시간이 날 때마다 순차적으로 한 사이트씩 방문해서 어떤 정보가 있는지를 살펴보고 눈에 띄는 정보를 스크랩해 두는 것도 좋은 방법입니다. 한마디로 학부모님이 '내 아이만의 입시 코치'로서 트레이닝을 하고 있다고 생각하시고 공부 루틴을 만드는 겁니다.

지역 학교와 학원의 입시 설명회에 다녀오는 것도 큰 도움이 됩니다. 주최 측은 참석 가능 자격 같은 것은 묻지 않습니다. 묻더라도 초등 고학년의 학부모가 입시에 관심이 있어서 온 것 가지고 뭐라고 할 사람은 절대 없어요. 처음엔 (어휘력 부족한 아이의 수업 시간처럼) 잘 못 알아들으실 수도 있습니다. 강연자의 설명에서 뭐가 중요한지도 모르겠고, 때때로 눈이 감겨오는 순간이 있을 수도 있습니다. 하지만 이것도 자주 방문하고 또 열심히 기록하다 보면 어느 순간부터 잘 들리고 잘 해석되는 날이 있을 거예요.

우리는 가끔 본인의 아이 입시를 성공시킨 '엄마 코치' 출신의 입시 전문가가 만든 책과 영상을 만납니다. 열심히 노력해서 첫 번째 성과를 만들어 냈고, 그 성과가 또 다른 기회를 만들어 준 것이죠. 우선 주변의 후배 학부모에게 조언해 주었을 거고요. 내가 아는 정보를 온라인에 올려 입시 정보가 부족한 다수의 학부모에게 희망이자 롤모델이 되었을 겁니다. 그분들은 원래 전문가가 아니었냐고, 나는 그런 거 못 한다고 생각하시는 분들도 있겠죠? 물론, 그분들은 남들보다 뛰어난 뭔가가 있었으니 성공하셨을 겁니다. 하지만 우리 아이 하나만을 생각하는 마음만큼은 여러분과 똑같지 않았을까요? 처음부터 너무 거창한 계획보다는 우리 아이의 입시만 바라보세요. 결국 아이의 성공은 엄마의 간절함과 비례한다고 생각합니다.

여러분도 하실 수 있습니다. 예전에는 아이가 공부하는 동안 집에서 살금살금 걷고 수시로 먹을 것을 넣어주던 것이 수험생을 둔 부모의 역할이었을지 모르지만 이제는 시대가 바뀌었습니다. 여러분이 아이의 학습, 입시 관련 정보를 하나라도 더 얻기 위해 노력하는 모습이 진짜 부모의 역할입니다. 절대 극성 엄마가 아니에요. 부모가 아는 만 큰 아이의 입시 결과가 바뀌니까요. 여기까지 잘 따라오신 분은 이미, 절반은 성공하신 겁니다. 이제 완독까지 딱 1일 분량이 남았습니다. 끝까지 힘내시기 바랍니다.

오늘 배운 내용을 적용해 볼까요?

Q1) 오늘 배운 '대학에 가는 4가지 방법'을 각 전형의 특징을 구분하여
자유롭게 적어보세요.

Q2) 오늘 배운 입시 용어 중 기억에 남는 것들을 모두 적어보세요.
오늘은 오픈북으로 시험(?)을 보지만 결국에는 모든 용어를
이해하고 '입시 기사'를 편하게 읽을 수 있도록 틈날 때마다
살펴보시기를 바랍니다.

Q3) p.401에서 소개한 것들을 바탕으로 컴퓨터 즐겨찾기에 '입시 폴더'
를 만들어 보세요. '교집합 스튜디오' 유튜브 채널과 '교집합'
네이버 밴드는 반드시 저장하는 것, 잊지 마시고요!

Tip!
지역 학교나 학원의 입시 설명회 정보는 '지역 맘 카페' 및 '아이엠스쿨' 등의 알림장 앱을 통해 미리
알 수 있습니다. 고입 설명회는 10~12월, 대입 수시 설명회는 7~8월에 주로 열리니 해당 기간에
'지역명 + 입시 설명회' '학교 이름 + 입시 설명회' 등으로 검색어를 바꿔가며 검색해 보세요.

DAY 20.

똑똑한 학습 코치의 전략

　우리는 지금까지 19일 동안 우리 아이를 '공부하게 만드는 방법'부터 초 5, 6 아이라면 갖추어야 할 '기본 역량'에 대해 살펴보았고, 또 주요 과목의 '공부법'과 '사교육 선택과 입시'에 대한 내용도 배웠습니다. 한마디로 여러분은, 부모 코치로서 기본적인 것은 모두 공부한 셈이지요. 그렇다면 마지막으로 우리 아이의 '코치'로서 해야 할 가장 중요한 단계를 말씀드리려고 합니다. 마지막 날이니 힘내서 따라와 주세요.

　'모든 사람은 무언가를 스스로 해낼 능력이 있다'고 믿는 것에서부터 코칭이 시작됩니다. 사람마다 조금씩 차이가 있겠지만 이 세상에는 아무 능력도 없는 사람이란 존재하지 않기 때문이죠. 우리 아이도 그런 관점으로 바라보며 코칭해야 합니다. 이 코칭을 통해서 우리 아이의 숨은 능력을 끌어내고 그 능력을 바탕으로 목표로 하는 것을 하나씩 성취할 수 있도록 말이죠. 그러기 위해서는 코치로서 아이와 반드시 해야 하지만 세심하게 접근해야 할 것이 있는데요, 바로 '대화'입니다.

코치의 대화법 1: 스스로 행하게 하는 대화의 스킬

앞서서 우리는 아이의 스마트폰 사용을 저지하기 위해 대화하는 방법을 배웠습니다. 그때 언급했던 원칙이 바로 '스스로 말할 때까지 기다리라'는 것이었어요. 아무리 아이의 말이 말도 안 되는 고집 같고 맘에 들지 않더라도 먼저 지시하지 말고, 아이가 스스로 하겠다고 하는 선을 수용해야 한다고 했습니다. 이처럼 코치의 대화법 중 가장 중요한 부분도 '경청'입니다. 아이의 말을 잘 들으면서 그 생각을 지지하고 또 격려하며 '나는 네 편'이라는 인식을 심어줄 수 있어야만 여러분과 아이가 같은 목표를 향해 걷는 진정한 파트너가 될 수 있기 때문입니다.

공부는 정말 어렵고 외로운 과정입니다. 힘에 부치기도 하고 그런 상황에서 허심탄회하게 마음을 털어놓을 대상도 많지 않죠. 아이가 사춘기 이후에 부모보다 친구와 더 친밀한 관계를 맺고 있어서 부모와의 갈등이나 이성 친구 고민을 친구와 나눈다 해도 공부와 관련된 고민을 나누기는 쉽지 않습니다. 저는 이 부분이 아이들의 마지막 '자존심 영역'이라고 생각하는데요, 어른들이 만들어 놓은 사회 속 서열이라는 것이 아이들 사이에서는 '성적'으로 살짝 바뀌었을 뿐 본질은 같은 것이기 때문입니다. 아이들 입장에서는 지금 현재의 나를 드러내는 가장 중요한 요소 중 하나가 바로 성적이니까요.

아이가 부모에게 공부의 어려움을 편안하게 털어놓는다는 것은 함께 어려움을 극복해 나가고 싶다는 의지를 표현한 것이라고 보셔야 됩니다. 급락한 성적, 답이 없는 학습 과정, 극심한 무기력까지, 만약 부모-자녀 간의 관계가 멀어져서 이런 상황을 들키면 혼날까 봐 두려워하고 어떻게든 혼자 해결해 보겠다고 숨긴다면 어떻게 될까요? 시간이 지나도 해결되지도 않을뿐더러 그 사이 아이는 혼자서 외로움을 느끼며 더 망가질 가능성이 크겠죠. 그런 상황을 피하기 위해서라도 부모 코치는 아이를 향한 지속적인 응원과 격려를 해 주어야 합니다. '우리는 한 팀, 나는 너의 조력자'라는 메시지를 지속적으로 전해 주어야 하죠. 그 든든한 힘이 아이의 학업적 성과에 결정적인 영향을 미치기 때문입니다.

그리고 그 물꼬를 트는 방법은 바로 평소 이런 방향성의 대화를 자주 하는 것입니다.

"그래서 어떻게 됐어?"
"네가 그렇게 한 거야?"

"어떻게 그런 생각을 했어?"

"너라면 어떻게 할래?"

이런 방식의 대화는 아이가 대화의 주인공이 되도록 만듭니다. 직접 자신의 이야기를 할 수밖에 없는 자연스러운 상황이 만들어지는 것이죠. 사람은 자신의 이야기를 하면 할수록 깊이 몰입하고 또 의욕적으로 변합니다. 아이가 이야기하는 동안 여러분은 경청을 기본으로, 공감하면서 중간에 "와, 흥미로운 얘기다. 조금만 더 말해 줄래?" 처럼 그 이야기를 계속 이어갈 수 있는 질문을 해주세요. 그러다 만약 아이가 이야기를 하다 멈추었다면 이렇게 말해 주시고요.

"기다릴 테니 생각이 정리되면 말해 줘."

"천천히 말해도 괜찮아."

"천천히 생각해 봐."

단, 재촉하지 말고 아이가 말할 때까지 충분히 기다려주는 것도 잊지 마세요. 그리고 나서 여러분의 제안을 질문 형식으로 "(이렇게) 하는 것은 어떠니? (이렇게) 하는 것이 너에게 도움이 될 것 같은데 네 생각은 어때?"라고 말해 보는 겁니다. 아이가 스스로 어떻게 하겠다는 이야기를 할 수 있도록 말이죠.

아이가 어떻게 말해야 정답이 되는 건 아닙니다. 그러니 아이의 대답이 어설프고 아쉽더라도 고쳐줄 생각, 지적할 생각은 하지 마세요. 지나간 일에 대해서는 절대 언급하지 마시고, 현재와 미래에만 초점을 맞춰서 앞으로 할 수 있는 것, 해야 하는 것에만 집중하는 대화를 하시기 바랍니다. 아이는 이 과정에서 진취적인 감정을 느끼고 더 잘하고 싶은 욕구도 느끼게 될 거예요. 이런 대화가 일상이 되면, 여러분이 의도했던 학습과 관련된 훈련 모두, 아이가 스스로 하겠다고 만들 수 있습니다. 아이의 결정은 곧 우리의 결정입니다. 그리고 아이의 목표가 우리의 목표예요. 여러분은 마지막에 '함께' 만든 목표를 잘 이행해 보자는 말로 마무리만 해주시면 됩니다.

어떤가요? 결국 이 대화에서 여러분은 아이의 입을 통해 '해결 방안' 내지 '계획'을 들었습니다. 작은 일이라도 아이가 '이건 내가 하겠다고 해서 하는 거야.'라는 믿음을 가질 수 있도록 도와주세요. 그것이 바로 이 대화의 핵심이자 목적입니다. 아이는 이 과정에서 그것을 함께해 나갈 '파트너'가 있다는 것을 절실히 깨달았습니다. 이것이 바로 코치로서 여러분이 이끌어야 할 대화입니다. 오늘부터 조금씩 시도해 보세요.

코치의 대화법 2: 메타인지를 늘리는 피드백

앞으로 점점 더 아이와 성적 관련 대화를 나눌 일이 많아질 것입니다. 그때도 역시 코치로서 대화를 이끄는 기술이 필요해요. 우선, 결과라는 것이 항상 좋을 수만은 없습니다. 그렇다고 매번 지적을 받으면 아이는 성적과 관련된 대화를 하려고 하지 않겠죠. 모처럼 잘 만든 대화의 분위기를 '성적'이 망치게 만들 수는 없습니다.

그때는 다음과 같은 흐름으로 대화를 이끌어 주세요.

1. '구체적'으로 칭찬하기 (고쳐야 할 부분이 많아도 반드시 칭찬 할 부분은 있습니다.)

2. 개선할 점에 대해 이야기하기 ("잘했는데, 이것만 조금, 이렇게 하면 더 좋겠다. 네 생각은 어떠니?")

3. 칭찬으로 마무리하기 ("그래도 훌륭해."라고 하거나 다른 부분을 추가로 칭찬해도 괜찮습니다.)

결국 아이는 이 과정 전부를 칭찬으로 받아들입니다. 하지만 여러분은 개선해야 할 부분을 정확히 알려주었고, 질문을 통해서 결국 아이가 스스로 결정하도록 이끌었죠. 만약 바뀐 대로 행동하여 조금이라 나은 결과를 보인다면, 그때는 조금의 속셈도 없는 순수한 칭찬을 마음껏 해주시기 바랍니다.

모든 사람은 피드백이 필요합니다. 혼자서는 편향된 결정을 내리기 쉽기 때문이죠. 하지만 누군가에게 피드백을 받는 것이 기분 좋은 상황은 아닙니다. 피드백을 하는 순간에도 아이의 말을 경청하는 기회로 삼으세요. 일방적이고 부정적인 부모의 피드백만큼 아이의 공부

정서를 무너뜨리는 가장 쉽고도 빠른 방법은 없기 때문입니다.

코치의 대화법 3: 사춘기 아이와의 대화의 원칙

사춘기는 말 못 할 고민이 참 많은 시기입니다. 친구와의 관계, 성적 부담감, 외모 고민, 부모와의 갈등 등 종류도 다양하죠. 이런 고민이 어느 정도는 해소되고, 특히 부모에게 이해를 받아야만 결과적으로 공부를 잘할 수 있게 됩니다. 사춘기 아이와 잘 대화하고 싶은 분이라면 다음의 딱 5가지 원칙만 기억해 주세요.

1. 부모의 선입견대로 쉽게 단정적으로 말하지 말라.
2. 대화는 언제나 아이가 하고 싶을 때 시작한다.
3. 아이의 관심사와 꿈에 대해 자주 편안하게 이야기한다.
4. 자신의 어린 시절과 비교하며 지적하지 말라. (단 "나도 어릴 때 그랬다"처럼 공감하는 대화는 좋음)
5. 알면서도 모르는 척해야 할 때가 있다는 것을 명심하라.

만약 아이의 사춘기와 방황으로 인해 힘든 분이 있다면, 이 모든 순간은 반드시 끝이 있다는 말씀을 드립니다. 부모가 끊임없이 대화를 시도하고 자신에게 진심 어린 관심을 갖는다는 사실을 아는 아이는 때가 되면 제자리로 돌아오기 마련이거든요.

정서적 배출이 필요한 아이에게는 그 방법을 같이 찾아주세요. 세상에 마냥 착하기만 한 사람은 없으며, 이 시기에는 하루에도 여러 번 감정이 오락가락할 수 있습니다. 만약 욕을 습관적으로 하는 아이가 있다면 이유가 있어서라고 우선 이해해 주세요. 아무 이유 없는 화는 없습니다. 그것이 설령 호르몬 때문일지라도요. 혹시 부모가 모르는 상황에서 스트레스를 받거나 무시당한 일은 없었는지 살펴봐 주세요. 매사에 인정받지 못하는 아이들은 일상에서 화를 주체하지 못하는 경우가 많습니다.

입을 꾹 다문 아이라면, 아이가 대화를 바랄 때까지 참고 기다리셔야 합니다. 아이는 말을 하는 순간, 추궁이나 취조식 대화가 될 것이 뻔하기 때문에 차라리 아무런 정보를 주지 않겠다고 생각하는 겁니다. 그럴 땐 차라리 아무 말 없이 밥을 챙겨 주시고 대화를 할 만한 환경으로 바꿔보세요. 여행과 같이 일상에서 벗어난 상황에서는 아이도 편안하게 대화에 응할 수 있습니다.

의욕이 없는 아이라면 어느 정도까지는 그냥 내버려 두세요. 그만큼 힘들어서 쉬고 싶은 겁니다. 의욕이 없는 것이 아니라 에너지가 다 소진된 거예요. 초 5, 6 때 갑자기 공부를 손에서 놓았던 제자 이야기 기억하시지요? (p.5) 그냥 내버려 두면 언젠가 아이는 하고 싶은 것을 찾아서 합니다. 뒤를 돌아볼 여유도 생기고요. 여러분은 그냥 아이가 돌아왔을 때, 웃으며 힘껏 안아주고 서포트해줄 것(학습, 입시 공부 등)을 준비하면서 그냥 뒤에 서 계시기만 하면 됩니다.

아이들이 초중고를 다니는 동안 학교에서 절대로 가르치지 않는 것이 있습니다. 바로 학업에서 정말 필요한 '고급 기술'이에요. 영단어와 국사 연표를 외우고 수학 문제를 푸는 것 그리고 시험을 보는 방법 같은 것은 학습 과정에서 자연스럽게 배울 수 있습니다. 하지만 이런 것은 엄밀히 따지면 하급 기술이라고 할 수 있어요. 고급 기술이란 한 단계 더 나아가 근본적으로 공부를 효율적이며 효과적으로 할 수 있도록 하는 유용한 기술입니다. 예를 들어, 공부 계획은 어떻게 짜는지, 시간 활용은 어떻게 하는지, 자기 검열과 점검은 어떻게 하는지, 주어진 일이나 공부를 어떤 순서로 어떻게 수행하는 것이 좋은지 등이죠. 그런데 정작 필요한 이런 기술을 가르쳐 주는 곳이 어디에도 없습니다.

그런데 이것, 어디서 많이 들어보셨죠? 네, 바로 이 책에 자세히 차곡차곡 쓰여 있고, 여러분의 공부 노트에, 머릿속에 저장되어 있는 것입니다. 왜 우리가 20일 동안 이렇게 책을 읽고 공부를 했는지 이제 아시겠나요? 이런 고급 기술을 우리 아이에게 알려줄 사람은 여러분이 유일하기 때문입니다.

여러분은 입시 코치 못지않게 학습 코치의 역할도 충분히 잘하실 수 있습니다. 이렇게 열심히 공부하셨잖아요? 자신감을 가지세요. 여러분의 뒤에는 항상 저희 교집합이 있으니까요. 그럼 다시 앞으로 돌아가 복습하며, 우리 아이에게 하나씩 적용해 보겠습니다. 오늘도 노력하는 여러분을 항상 응원합니다!

오늘 배운 내용을 적용해 볼까요?

Q1) 오늘 배운 '스스로 움직이게 하는' 코칭 대화법을 나만의 말로 바꿔서 적어보세요.

Q2) 오늘 배운 '메타인지는 늘리는 피드백' 대화법의 원칙을 단계별로 설명해 보세요. 그리고 한 가지 사례를 들어 응용해 보세요.

Q3) 이 책을 통해 배운 1~20일 동안의 '실천 코칭 계획'의 우선순위를 잡아 보세요. 우리 아이에게는 어떤 코칭이 가장 먼저 필요하며, 이를 위해 나는 무엇부터 해야 할까요?

Q4) 마지막으로 부모 코치로서 아이들의 초등 5, 6학년 시기를 알차게 보낼 수 있도록 돕겠다는 각오 한마디를 써보세요. 그리고 그 말을 크게 적어서 온 가족이 함께 볼 수 있는 곳에 게시하세요. 그 순간 부터 여러분은 우리 아이만의 공식적인 '학습 & 입시 코치'입니다!